几何量精度设计与测量技术
（第 3 版）

陈雪辉　方梁菲　主　编

周　洁　魏常武　李昊　副主编

高　婷　景甜甜　唐千升　杨　义　参　编

U0217878

电子工业出版社
Publishing House of Electronics Industry
北京·**BEIJING**

内 容 简 介

本书以精度设计为主题,详细阐述了精度设计作为机械设计的重要内容在生产中的应用。本书共 11 章,主要内容如下:绪论、孔和轴的尺寸精度设计、几何精度设计、表面轮廓精度设计、测量技术基础、滚动轴承精度设计、键与花键精度设计、螺纹精度设计、圆柱齿轮精度设计、圆锥配合精度设计、精度设计与精度分析。本书还结合计算机辅助精度分析软件的应用,介绍了精度设计与精度分析案例。

本书主要面向从事机械精度设计与检测工作的读者群体,可作为相关专业本科生教材,也可作为相关专业研究生的学习指导书,还可作为机械设计工程师的参考书。

图书在版编目(CIP)数据

几何量精度设计与测量技术 / 陈雪辉,方梁菲主编.
3 版. -- 北京 : 电子工业出版社,2024.8. -- ISBN
978-7-121-48702-6

Ⅰ.TG806

中国国家版本馆 CIP 数据核字第 2024D3S913 号

责任编辑:郭穗娟
印　　刷:天津千鹤文化传播有限公司
装　　订:天津千鹤文化传播有限公司
出版发行:电子工业出版社
　　　　　北京市海淀区万寿路 173 信箱　　　邮编　100036
开　　本:787×1 092　1/16　印张:18　　字数:457.6 千字
版　　次:2013 年 8 月第 1 版
　　　　　2024 年 8 月第 3 版
印　　次:2024 年 8 月第 1 次印刷
定　　价:69.80 元

凡所购买电子工业出版社图书有缺损问题,请向购买书店调换。若书店售缺,请与本社发行部联系,联系及邮购电话:(010)88254888,88258888。
质量投诉请发邮件至 zlts@phei.com.cn,盗版侵权举报请发邮件至 dbqq@phei.com.cn。
本书咨询联系方式:(010)88254502,guosj@phei.com.cn。

前　言

本书自第 1 版出版以来已使用十多年，部分章节内容涉及的标准变化较大。因此，编者以新颁布的国家标准为依据，结合高等学校的教学改革、科技前沿发展的最新成果，吸收兄弟院校使用本书第 1～2 版之后的建议及编者在授课过程中的心得体会，在保持本书前两版原有特点及内容体系的基础上进行仔细修订，主要进行以下两个方面的调整、更新与改进。

首先，结合当前最新标准更新部分内容，增加了标准化及计算机辅助精度分析常用软件的介绍，扩充了尺寸公差、几何公差的内容，修订了轴承、键与花键、圆柱齿轮等典型常用零件的互换性运用及其精度设计的内容，也更新了部分习题和图例。

其次，进一步强化易教、易学及实用性的特点。由于本书对应的课程具有标准多、术语多、规范多、工程应用面广、实践性强的特点，因此编者对本书的部分知识体系进行调整和优化，结合实际工程案例增加了相关的图例和说明，更加有利于教师教学和学生自学。

本书适用于“公差与技术测量”“互换性与测量技术”“机械精度设计”“几何量公差与测量技术”等课程的教学。为了规划好本书的教学安排，建议理论教学总学时为 32～50 学时。各章的建议学时如下：第 1 章需要 1～2 学时；第 2 章需要 6～8 学时；第 3 章需要 8～10 学时；第 4 章需要 3～4 学时；第 5 章需要 2～5 学时；第 6 章需要 1～2 学时；第 7 章需要 1～2 学时；第 8 章需要 3～5 学时；第 9 章需要 4～6 学时；第 10 章需要 1～2 学时；第 11 章需要 2～4 学时。通常第 1～4 章需要重点介绍，其余各章可根据专业需要，安排适当的教学内容和时间。有关测量技术的部分内容可在实验课中介绍，建议实验教学总学时为 8～16 学时。

本书由安徽建筑大学的陈雪辉和安徽农业大学的方梁菲担任主编，安徽农业大学的周洁和安徽建筑大学的魏常武和李昊担任副主编，安徽建筑大学的高婷和景甜甜、安徽农业大学的唐千升和杨义参编。

本书第 1～2 版的主编——安徽农业大学孔晓玲教授非常关心本书的修订，积极推动第 3 版的编写工作，精心审阅了本书，提出了不少宝贵意见，特致以衷心感谢。同时感谢安徽建筑大学和安徽农业大学的相关研究生参与本书部分 CAD 机械制图的整理。

　　在本书的编写过程中，编者参考了很多相关的教材、专著和国家标准，在参考文献中未能一一列出。同时，本书的出版得到安徽建筑大学机械设计制造及其自动化国家一流专业建设经费资助，在此一并表示诚挚的谢意。

　　尽管编者为本书的编写付出了心血和努力，但书中仍然存在一些不足之处，敬请专家和读者批评指正。

编　者

2024 年 3 月

目　　录

第1章 绪　　论

教学重点

互换性基本概念，互换性的种类，标准化与互换性的关系，优先数和优先数系的概念。

教学难点

互换性的概念与意义，优先数系的选用。

教学方法

讲授法，问题教学法。

引 例

当你面对一个零件的设计图样时，对其中的标注你会解释吗？如图 1-1 所示的标注，其中 $\phi30h6$ 和 $\phi20F7$ 是零件的轴与孔的尺寸公差要求；同时对轴的轴线提出了直线度的要求；对孔的轴线提出了与轴的轴线同轴度的要求；要求孔和轴的表面精糙度 Ra 分别为 3.2μm 与 1.6μm。零件的加工正是依据这些精度要求来安排零件的工艺规程，实现自动化和流水线的加工与装配。图 1-2 为某轿车的装配流水线，传送带将轿车带动向前，工人只要在各自的位置完成零件的装配，既便于质量控制，又提高了生产效率。轿车为什么能实现流水线作业？正是由于轿车的零部件具有互换性。精度设计和互换性就是本书所要介绍的内容。

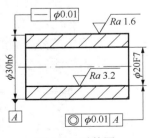

图 1-1　零件图

图 1-2　某轿车的装配流水线

1.1　概　　述

"几何量精度设计与测量技术"课程又称为"互换性与测量技术"课程，是高等院校机械类、仪器仪表类及近机类等工科专业学生必修的一门重要的专业技术基础课程。该课程包含几何量精度设计和测量技术两大方面的内容，与机械设计及制造、产品精度及质量控制等密切相关，将互换性原理、标准化生产管理、几何量计量标准等科学知识有机地结合在一起，涉及机械产品及其零件的设计、制造、维修、质量控制与生产管理等多方面技术问题。

1.1.1　几何量精度设计

几何量是指表征零部件几何特征的量，包括长度、角度、形状、位置、表面轮廓精度等。加工后的零件实际几何形体与设计要求的形体相一致的程度，称为几何量精度。

当设计任何一台机器时，不仅需要对其运动进行分析，设计结构，计算强度和刚度，而且还要进行几何量精度设计。几何量精度设计就是基于互换性原则与标准，协调和解决所设计机器的使用要求与制造成本这一对矛盾而进行的设计，是机械设计中必不可少的重要环节，它所涉及的内容是机械制造的重要依据。

1.1.2　测量技术

测量是将被测量与作为计量单位的标准量进行比较，以确定被测量具体数值的过程。测量技术是互换性得以实现的必要保障，加工完成后的零件是否满足几何精度的要求，需要通过测量加以判断。

测量技术包括测量的仪器、测量的方法和测量数据的处理和评判。产品质量的提高，除设计和加工精度的提高外，还更依赖于检测精度的提高。测量技术的水平在一定程度上反映了机械加工的水平，测量技术的发展能提高检测效率、公正评判和保证产品质量。

未来的测量技术正朝着高智能、高精度、高灵敏、高分辨率的方向发展，这必将推动产品的质量水平更上一层楼。

1.1.3　本课程的学习要求

本课程的主要任务是从互换性角度出发，围绕误差与公差的概念研究产品的设计、使用要求与制造要求之间的矛盾，培养学生正确应用相关国家标准和检测方法的习惯，掌握几何量精度设计的基本方法。

通过本课程学习，学生应达到以下基本要求：

（1）掌握与标准化和互换性相关的基本概念、基本理论和原则。

（2）掌握几何量公差标准的主要内容、特点和应用原则。

（3）学会查阅设计手册、标准等工具书，能够查阅和选用本课程讲授的标准公差和基本偏差表格。

（4）初步学会根据机器和零件的功能要求选用公差与配合，并且能正确标注图样。

（5）熟悉各种典型几何量的基本测量原理与方法，初步学会使用常用计量器具。

（6）分析测量误差与处理测量结果，初步具备公差设计及精度检测的基本能力。

有关几何量精度设计与测量技术的基本知识主要通过课堂讲授，测量仪器和测量方法的掌握主要通过实验教学完成。

1.1.4 本课程特点及学习方法

与本课程密切相关的前导课程有"机械制图""金属工艺学""机械原理"等，后续课程有"机械设计""机械制造工艺学""机械制造装备设计"等课程，特别是公差与配合的选用这一部分内容需要利用后续课程及毕业设计进行实践与提高应用能力。因此，本课程在教学计划中实质上起着联系设计类课程与制造类课程的纽带作用，以及从基础课教学过渡到专业课教学的桥梁作用。

本课程的显著特点是术语及定义多、代号或符号多、标准多、叙述性内容多、经验总结和应用实例多、涉及面广、实践性强，但内容逻辑性相对较松散、推理性较少。虽然本课程涉及面广、术语多，但各部分内部都围绕以保证互换性为主的精度设计问题，介绍各种典型零件几何精度的概念，分析各种零件几何精度的设计方法，论述各种零件的检测和规定，等等。

基于本课程的特点，学生在学习本课程时，除了应具有一定的理论知识和生产实践知识，即除了能够读图，还应懂得图样标注方法，了解机械加工的一般知识和熟悉常用机构的原理，在学习中还要注意以下方法：

（1）注意及时总结、归纳，找出各要领与规定之间的区别和联系。

（2）多做习题，要认真按时完成作业，认真做实验和写实验报告。

（3）重视实践环节的训练，尽可能独立操作、独立思考，做到理论与实践相结合。

（4）尽可能与相关课程的知识联系，利用学到的公差配合理论举一反三，能达到实际应用的目的。

（5）由于产品技术标准不断发展、更替，因此要养成终身学习的习惯，特别要注意新旧标准的异同，尽量做到"老标准看得懂，新标准要会用"。

1.2 互换性与公差

在实际生产中，汽车装配往往采用流水线作业，随着输送带的运动，汽车的零部件被一一组装。工人在装配零部件时，能轻易将零部件组装好，这就是零部件互换性和公差的作用。

1.2.1　互换性与公差的概念

1. 互换性

在机械和仪器制造业中，零部件的互换性是指在统一规格的一批零部件中，任取其一，不用进行挑选或修配（如钳工修理）就能把它安装在机器上，并且达到规定的功能要求，这样的一批零部件就称为具有互换性的零部件。前面提到的汽车零部件可以随机安装，并能满足要求，正是因为这些零部件具有互换性。

互换性在日常生活中也很常见，例如，螺栓、螺母和轴承等零部件都是具有互换性的零部件。自行车上的螺栓磨损或脱落了，到配件商店买个相同规格的，装上就能用了，而不需要知道厂商是谁，也不需要将自行车带到现场去挑拣装配，因为这些零部件具有在尺寸、功能上彼此互相替换的功能。由此可见，互换性是工业生产发展的产物，它是进行现代化生产的基本要求。

为什么这些零部件具有互换性？因为在制造这些零部件时，厂商遵循了统一的规范——国家标准中的公差标准，才能实现互换性。

2. 公差

为了满足互换性的要求，原则上要求同规格的零部件的几何参数都要做得完全一致，但在实践中这是不可能的，也是不必要的。实际上只要零部件的尺寸和几何参数保持在一定的范围内变化，就能达到互换的目的，而这个允许的零部件尺寸和几何参数的变化量就称为"公差"。因此，在设计时必须规定零部件的公差，在制造时只要控制零部件的误差在公差范围内，零部件的实际尺寸在规定的尺寸范围内，就能保证零部件具有互换性。总之，公差是保证互换性得以实现的基本条件。

公差标准是国家或行业为了规范零部件的使用而统一制定的几何量的变化范围要求。通常，厂家和企业需按照标准进行精度设计和加工制造。

1.2.2　互换性的作用

互换性的作用主要表现在机械设计、制造和使用及维修三个方面。

（1）在设计方面，由于大多数零部件都已标准化，所以在设计过程中根据要求查询相关国家标准或行业标准，可以简化绘图和计算过程，缩短设计周期，有利于计算机辅助设计，对发展系列产品和促进产品结构、性能的改善都有很大的作用。同时，设计人员可以集中精力解决关键问题，设计诸如螺纹、轴承、花键和齿轮等个别非标准零件，以提高设计质量。

（2）在制造方面，互换性有利于实现生产过程的机械化、自动化。采用定值刀具和量具进行加工与检测，有利于提高检测效率，降低生产成本。互换性还有利于实现装配过程的流水线作业，减轻工人的负担，提高生产效率。例如，汽车装配时采用流水线作业等。

（3）在使用及维修方面，由于零部件具有了互换性，当某些零部件磨损或损坏时，可以及时将备用件换上，方便快捷，并且保证使用需求，提高了机器的使用价值。例如，照明灯管、固紧螺栓和螺母、收割机的刀片等的更换方便快捷。

在现代工业化生产中，互换性在提高产品质量、提高生产效率和降低生产成本等方面具有重要的意义。那么是否在任何场合和任何零件都需要按互换性生产呢？互换性种类有哪些？怎样根据需要选择互换性种类？这就是下节要介绍的互换性的种类。

1.2.3　互换性的种类

从广义上讲，零部件的互换性应包括几何量、力学性能和物理化学性能等方面。本课程仅研究零部件几何量的互换性，即研究机械零部件的尺寸、形状、方向、位置、表面精度等方面的公差与检测问题。

（1）按照生产中不同场合对零部件互换的形式和程度的不同要求，互换性分为完全互换性和不完全互换性两类。

完全互换性简称"互换性"，是指零部件在更换或装配时，无须任何的挑选和辅助加工步骤，任取其一安装到机器上，即能满足规定要求。设计时，对于易耗件、通用件、标准件，以及批量生产、外协生产的产品应遵循完全互换性原则，如汽车和拖拉机的变速箱、齿轮、轴承、螺钉和螺母等。

不完全互换性也称为"有限互换性"，是指零部件装配时允许有附加条件的选择或调整，可以用分组装配法、调整法或其他方法实现装配。对加工后的零部件，通过测量，按照其实际尺寸的大小分成若干组，使某组内零部件之间实际尺寸的差别变小，然后按对应组进行装配或更换，但是组与组之间的零部件不能互换，如汽车和拖拉机发动机上的缸套和活塞等。

当零部件结构复杂、装配要求高时，必须经过综合评定其技术经济指标（如产品精度、生产规模、设备条件、技术水平）后，再决定采用完全互换性原则还是不完全互换性原则。

（2）对于标准部件或机构，互换性又可分为内互换性和外互换性。

内互换性是指标准部件内部各零件之间或机构内部各零件之间的互换性，如滚动轴承内圈、外圈滚道直径与滚动体之间的配合。

外互换性则是指标准部件或机构与其配件之间的互换性，如滚动轴承的外圈外径与机座孔的配合、滚动轴承内圈内径与轴颈的配合。

1.3　标准化与优先数系

1.3.1　标准与标准化的概念

现代工业化生产的特点是规模大、分工细、协作单位多。要实现互换性生产，必须采用一种手段，能使分散的、局部的生产部门和生产环节保持必要的统一，成为一个有机的整体。标准与标准化正是保证这种生产的主要途径和手段。

1. 标准

标准是指为了在一定范围内获得最佳秩序对重复性事物和概念所做的统一规定，它以科学、技术和实践经验的综合成果为基础，经有关方面协商一致，由主管机构批准，以特定形式发布文件，把它作为共同遵守的准则和依据。

标准是需要人们共同遵守的规范性文件，在改进产品质量、缩短设计周期、开发新产品，以及协作配套、提高社会经济效益等方面具有重要意义。其表现形式分为文字表达和实物表达，如标准文件和量块等。

2. 标准化

标准化是指在经济、技术、科学及管理等社会实践中，对重复性事物和概念通过制定、发布和实施标准，达到统一，以获得最佳秩序和社会效益的活动。标准化包括标准的制定、贯彻实施和管理。

标准化不是一个孤立的概念，而是一个过程，这个过程包括制定、贯彻、修订标准，循环往复，不断提高。制定、修订、贯彻标准是标准化活动的主要任务，其中贯彻标准是核心环节。

标准和标准化是两个不同的概念。对于标准，更加强调规范性文件；对于标准化，则更加强调有组织的活动过程。它们既有区别，又有不可分割的联系。如果没有标准，就不可能有标准化；如果没有标准化，标准也就失去了存在的意义。

1.3.2　标准的分类及代号

我国的标准分为国家标准、行业标准、地方标准、团体标准和企业标准5级，其中国家标准分为强制性国家标准和推荐性国家标准，强制性国家标准必须执行。国家鼓励采用推荐性标准，除强制性国家标准之外的标准都是推荐性标准，如推荐性国家标准、行业标准、地方标准、团体标准和企业标准。

1. 国家标准

国家标准是指对我国经济技术发展有重大意义且必须在全国范围内统一实施的标准。对需要在全国范围内统一的技术要求，应当制定国家标准，由国家机构批准并公开发布，在全国范围内适用，其他各级标准不得与国家标准相抵触。国家标准一经发布，与其重复的行业标准、地方标准相应废止。国家标准是标准体系中的主体，下面介绍强制性国家标准和推荐性国家标准。

1）强制性国家标准

强制性国家标准是指对保障人身健康和生命财产安全、国家安全、生态环境安全，以及满足经济社会管理基本需要的技术要求而制定的标准。强制性国家标准由国务院批准发布或授权批准发布，对于不符合强制性国家标准的产品和服务不得生产、销售、进口或提供。强制性国家标准的编号由国家标准代号 GB、顺序号和年代号组成，如 GB 24544—2023《坠落防护 速差自控器》。

2）推荐性国家标准

推荐性国家标准是指对满足基础通用要求、与强制性国家标准配套、在有关行业中起引领作用等技术要求而制定的标准。推荐性国家标准由国务院标准化行政主管部门制定，其技术要求不得低于强制性国家标准的相关技术要求。推荐性国家标准的编号由国家标准代号 GB/T、顺序号和年代号组成，如 GB/T 43780—2024《制造装备智能化通用技术要求》。

此外，还有国家标准化指导性技术文件。国家标准化指导性技术文件是指为了给仍处于技术发展过程中的标准化工作提供指南或信息，供科研、设计、生产、使用和管理等领域有关人员参考使用而制定的标准文件，它是国家标准的补充。国家标准化指导性技术文件的编号由指导性技术文件代号 GB/Z、顺序号和年代号组成，如 GB/Z 43147—2023《锥齿轮设计建议》。

2. 行业标准

行业标准是指在没有出台相关国家标准的情况下，需要在全国某个行业范围内统一技术要求而制定的标准。行业标准是对国家标准的补充，是专业性和技术性较强的标准，由国务院有关行政主管部门制定，并报国务院标准化行政主管部门备案。行业标准不得与有关国家标准相抵触；有关行业标准之间应保持协调、统一，不得重复；当同一内容的国家标准公布后，则该内容的行业标准自行废止。行业标准由行业标准归口部门统一管理；归口部门及其所管理的行业标准范围，由国务院有关行政主管部门提出申请报告，国务院标准化行政主管部门审查确定，并公布该行业标准代号。

行业标准的编号由行业标准代号、顺序号和年代号组成，例如，JB/T 14685—2023《无油涡旋空气压缩机》是机械行业推荐性标准。行业标准代号一般由两个字母组成。例如，JB 表示机械行业，NY 表示农业行业，JT 表示交通行业，HJ 表示环境保护行业，SN 表示出入境检测检疫行业，QB 表示轻工行业，LY 表示林业行业，CJ 表示城镇建设行业，WS 表示卫生行业，YC 表示烟草行业，QC 表示汽车行业，JC 表示建材行业，SJ 表示电子行业，YD 表示通信行业，JY 表示教育行业。

3. 地方标准

地方标准是指为了满足地方自然条件、风俗习惯等特殊技术要求，省级标准化行政主管部门和经其批准的设区的市级标准化行政主管部门在农业、工业、服务业以及社会事业等领域所制定的标准，这类标准在本行政区域内适用。地方标准由省、自治区、直辖市人民政府标准化行政主管部门编制计划，组织草拟，统一审批、编号、发布，并报国务院标准化行政主管部门和国务院有关行政主管部门备案。地方标准的技术要求不得低于强制性国家标准的相关技术要求；在相应的国家标准或行业标准实施后，地方标准应自行废止。

地方标准的编号由地方标准代号、顺序号和年代号组成。省级地方标准代号由汉语拼音字母"DB"加上其行政区代码的前两位数字组成；市级地方标准代号由汉语拼音字母"DB"加上其行政区代码的前四位数字组成。例如，DB 14/T 165—2007 为山西省地方标准，DB 3401/T 290—2023 为安徽省合肥市地方标准。

4. 团体标准

团体标准是由学会、协会、商会、联合会、产业技术联盟等社会团体协调相关市场主体共同制定满足市场和创新需要的标准，这类标准由本团体成员约定采用，或者按照本团体的规定供社会自愿采用。国家支持在重要行业、战略性新兴产业、关键共性技术等领域利用自主创新技术制定团体标准，鼓励社会团体制定高于推荐性标准相关技术要求的团体标准。团体标准技术要求不得低于强制性国家标准的相关技术要求，同时还应当符合相关法律和法规的要求，不得与国家有关产业政策相抵触。

团体标准编号由团体标准代号 T、社会团体代号、顺序号和年代号组成。例如，T/CMES 04006—2023《企业标准质量水平评价要求 金属切削机床》。

5. 企业标准

企业标准是指在企业范围内需要协调与统一技术要求、管理要求和工作要求而制定的标准，这类标准是企业组织生产、经营活动的依据。若企业生产的产品没有国家标准、行业标准和地方标准可遵循，则应当制定相应的企业标准。国家支持在重要行业、战略性新兴产业、关键共性技术等领域利用自主创新技术制定企业标准；若有国家标准、行业标准和地方标准可遵循，则鼓励企业制定严于国家标准、行业标准和地方标准技术要求的企业标准。企业标准的技术要求不得低于强制性国家标准的相关技术要求。企业标准由企业制定，由企业法人代表或法人代表授权的主管领导批准、发布。企业标准的编号由企业标准代号 Q、企业代号、顺序号和年代号组成。例如，Q/MGB 520－2020《石油钻铤钻杆及钻杆接头用热轧圆钢》是马鞍山钢铁股份有限公司的企业标准。

1.3.3 国际标准化简介

世界各国的经济发展过程表明，标准化是实现国民经济现代化的一个重要手段，也是反映一个国家现代化水平的重要标志。可以毫不夸张地说，一个国家现代化的程度越高，其对标准化的要求也越高。

1. 国际标准组织

目前，全球最具影响力的三大国际标准组织分别是国际标准化组织（ISO）、国际电工委员会（IEC）和国际电信联盟（ITU）。其中，ISO 是全球最大、最权威的国际标准化机构，负责工业、农业、服务业和社会管理等各领域（除 IEC、ITU 之外的领域）的国际标准，其成员人口占全世界人口的 97%，成员经济总量占全球经济总量的 98%，被称为"技术联合国"。IEC 成立于 1906 年，负责制定和发布电工电子领域的国际标准及其合格评定程序。ITU 是主管信息通信技术事务的联合国专门机构，也是联合国机构中历史最长的一个国际组织，始建于 1865 年。

通常将三大国际标准组织制定的标准及其确认并公布的其他国际组织制定的标准统称为国际标准。目前，除了 ISO、IEC、ITU，ISO 通过其网站公布认可的其他国际组织包括食品法典委员会（CAC）、国际法制计量组织（OIML）等。三大国际标准组织发布的国际标准具有科学的先进性和制度的完整性，被世界各国普遍采用，在推动全球经贸往来、支撑产业发展、促进科技进步、规范社会治理等方面发挥重要作用。

2. 国外重要的区域标准组织

国外重要的区域标准组织主要有美国国家标准学会、德国标准化学会、日本工业标准调查会等。其中，美国国家标准学会（ANSI）成立于 1918 年，现已发展成为美国国家标准化活动的中心。ANSI 连接政府有关系统和民间标准化系统，协调并指导美国全国的标准化活动，不但给本国标准的制定、研究和使用单位提供帮助，还起着美国标准化行政管理机关的作用。德国标准化学会（DIN）是德国最大的公益性民间标准机构，成立于 1917 年，DIN 制定的标准几乎涉及建筑工程、采矿、冶金、化工、电工、安全技术、环境保护、卫生、消防、运输等各个领域，已被欧洲各国广泛采用。日本工业标准（JIS）是日本国家标准中最重要、最权威的标准，由日本工业标准调查会组织制定和审议。

3. 我国参与的国际标准化活动概况

考虑国际技术交流和贸易往来的需要，尽可能参照国际标准制定和修订国家标准，这成为我国制定和修订标准的重要技术政策。自 1978 年恢复参加 ISO 后，我国陆续修订了本国的国家标准，修订的原则是在立足我国生产实际的基础上向 ISO 靠拢，以利于加强我国在国际上的技术交流能力和提高产品的互换性。随着我国加入 WTO，机械行业的许多基础标准直接采用 ISO 标准，这样我国生产的很多产品便可以直接外销，进一步促进了我国制造业的技术进步。

近年来，我国先后成为 ISO 和 IEC 的常任理事国以及 ISO 技术管理局的常任成员，我国与 49 个国家和地区的标准化机构签署了 85 份合作协议，与 9 个国家和地区签署了 11 份合作文件。通过与美国、英国、法国、德国、俄罗斯等国家和东北亚、欧盟和南亚等地区建立的双/多边合作机制，推动了电动汽车、智能制造、智慧城市、农业食品、铁路、老年经济、石墨烯等专业领域的国际合作，在冶金、有色、船舶、海洋、轻工、纺织、机械装备、节能环保、信息技术、电力、电子、能源、材料、生物技术、社会管理和公共服务等领域，提出和重点参与了 500 多项国际标准制定或修订项目，与英国、法国等国家的标准化机构持续推进标准互认工作等，积极分享中国标准化事业发展的成功实践。

目前，我国标准化有很大的发展，从 20 世纪 50 年代中期的 100 余项国家标准，发展到 2023 年底的 44499 项国家标准和 80828 项行业标准。

4. 国际标准化的发展趋势

1）世界各国尤其是发达国家高度重视国际标准化

在当前世界多极化、经济全球化、经济低速增长态势持续的背景下，发达国家高度重视实体经济，推动标准化更好地支撑和服务产业发展、技术创新，大力支持和鼓励本国企业及各利益相关方，更加积极地参与国际标准制定，维护和提升本国企业在全球市场的竞争力。

2）国际标准范围不断拓展

国际标准不仅限于传统工业领域，而出现不断向资源环境、社会管理和公共服务领域拓展的趋势，体现为"国际标准无处不在"。例如，ISO 先后制定了关于社会责任、组织治理、城市可持续发展、反贿赂、碳足迹和水足迹的国际标准，这些国际标准深刻影响着各国政治、经济和社会发展。

3）国际标准组织更加关注新兴产业发展

随着第四次工业革命的到来，ISO、IEC 和 ITU 三大国际标准组织均高度重视科技革命和产业变革相关领域的标准化。例如，2018 年，三大国际标准组织共同确定该年度世界标准日的主题为"国际标准与第四次工业革命"。近年，ISO 成立了智能制造战略组，IEC 成立了智能制造评估组，它们还联合成立了 ISO/IEC 智能制造路线图特别工作组。德国发布了第 3 版《工业 4.0 标准化路线图》。美国发布了 2.0 版《增材制造标准化路线图》，旨在加快新兴产业标准的制定。

5. 产品几何技术规范

关于机械产品几何精度设计和测量的基础标准，是广泛用于机械设计、制造、检测等方面的术语、符号、优先数系、尺寸公差、公差与配合、几何公差、表面结构等通用条款，由涉及产品几何特征及其特征量的诸多技术标准所组成，在国际标准体系中由 ISO/TC213 技术委员会负责制定相关标准。互换性与测量技术都必须在产品几何技术规范（GPS）的指导下进行：互换性研究如何通过合理采用国家标准规定的产品几何技术规范（极限与配合、几何公差表面结构和几何参数检测与器具标准系列等）解决机器使用要求、制造工艺和生产成本之间的矛盾；测量技术涵盖有关测量的理论与实践的各个方面，研究如何运用合理的测量技术手段和国家标准规定的几何参数检测与器具标准系列，目的是保证本国产品尺寸与几何技术规范标准的贯彻实施，实现互换性目标。

实施产品几何技术规范，可以有效地减少产品设计中的几何量公差的修改工作和规范成本，减少产品制造过程中的材料浪费，节省检测过程中的仪器、测量、评估成本，缩短产品开发周期，杜绝产品验收纠纷，实现产品几何质量设计、控制、验收过程的全数字化，实现产品几何质量设计、控制、验收过程中的风险控制和全面管理，为实现基于模型的设计和信息化、智能化提供坚实基础。

产品互换性、公差、检测和标准化之间的关系就是给零部件规定合理的公差，正确进行检测，这是实现互换性的必要条件。要实现互换性，需要以统一的标准作为共同遵守的准则和依据。因此，标准化是实现互换性的前提。

1.3.4 优先数系和优先数

在产品设计、制造和使用过程中，产品的各种性能参数和规格参数都需要通过数值表达。例如，产品的承载能力、产品规格大小、零部件尺寸大小、原材料尺寸大小、公差值大小，以及所用的设备、刀具、检具的尺寸大小等都要用数值表达。

另外，在选定某个数值作为产品的基本技术参数后，该数值将按照一定的规律向一切有关参数进行传播与扩散，技术参数的这种传播与扩散特性称为数值的传播性。产品参数的数值具有广泛的传播性。例如，造纸机的尺寸决定了纸张的尺寸，纸张的尺寸又决定了书刊、纸品的尺寸，纸品的尺寸又影响到印刷机的尺寸、打印机尺寸、扫描仪尺寸甚至书架的尺寸。又如，减速器箱体上的螺孔尺寸一旦确定，则与之相配合的螺钉尺寸、加工用的丝锥尺寸、检测用的螺纹塞规尺寸甚至攻丝前的钻孔尺寸和钻头尺寸也随之确定，与之相关的垫圈尺寸、箱体盖上通孔的尺寸也随之确定。

由于数值的相互关联、不断传播，因此产品的各种技术参数不能随意确定，否则会给生产组织、协作配套及使用维护带来极大的困难。同时在产品设计或生产中，为了满足不同的要求，同类产品往往会分为不同规格的产品系列，即该产品的某一参数从大到小取不同的值时，又会造成不同的数值关联与传播。这种技术参数的传播在生产实际中极其普遍。如果没有一个共同遵守的选用数据的准则，势必造成同一种产品的技术参数杂乱无章，品种规格过于繁多，给组织生产、协作配套、使用和维修带来困难。

因此，必须从全局出发对产品的各种技术参数的数值加以协调，进行适当的简化和统一，采用一种科学的数值分级制度。为了解决这类问题，在生产实践的基础上，人们总结了一套科学而统一的数值标准，即关于优先数和优先数系的国家标准。国家标准 GB/T 321—2005《优先数和优先数系》正是对各种技术参数的数值进行简化、协调和统一的一种合乎科学的数值标准，是标准化的重要内容，也是国际统一的重要基础标准。产品（或零部件）的主要参数（或主要尺寸）按优先数形成系列，可使产品（或零部件）形成系列化，便于分析参数之间的关系，可减轻设计过程中的计算工作量。

1. 优先数系

优先数系是国际统一的数值分级制度，是一种无量纲的分级数系，适用于各种量值的分级。优先数系中的任意数值均称为优先数。19 世纪末，法国人雷诺（Renard）首先提出了优先数系和优先数，后人为了纪念雷诺将优先数系称为 Rr 数系。

优先数系是公比为 $\sqrt[5]{10}$、$\sqrt[10]{10}$、$\sqrt[20]{10}$、$\sqrt[40]{10}$ 和 $\sqrt[80]{10}$，且项值中含有 10 的整数幂的几何级数的常用圆整值。优先数系是由一组十进制等比数列构成的，代号为 Rr，公比为 $q_r = \sqrt[r]{10}$（r 值可在 5、10、20、40、80 中选取）。具体为 R5、R10、R20、R40 和 R80 系列。

其中，R5 的公比 $q_5 = \sqrt[5]{10} \approx 1.6$

R10 的公比 $q_{10} = \sqrt[10]{10} \approx 1.25$

R20 的公比 $q_{20} = \sqrt[20]{10} \approx 1.12$

R40 的公比 $q_{40} = \sqrt[40]{10} \approx 1.06$

R80 的公比 $q_{80} = \sqrt[80]{10} \approx 1.03$

表 1-1 是优先数系（基本系列），从表 1-1 可知优先数是近似值。关于其数值圆整的方法，在此不做介绍，应用时根据表 1-1 进行推算，即可获得需要的优先数。因为优先数系可向前或向后两个方向无限传播，把表 1-1 中的数值乘以 10 的正整数幂或负整数幂后，即可得到其他十进制项值。例如，R5 系列从 10 开始选取，可根据表 1-1 依次选取 10、16、25、40、63、100、160、…

表 1-1　优先数系（基本系列）

基本系列	优先数（常用值）											
R5	1.00		1.60		2.50		4.00		6.30		10.00	
R10	1.00	1.25	1.60	2.00	2.50	3.15	4.00	5.00	6.30	8.00	10.00	
R20	1.00	1.12	1.25	1.40	1.6	1.80	2.00	2.24	2.50	2.80	3.15	
	3.55	4.00	4.50	5.00	5.60	6.30		7.10		8.00	9.00	10.00
R40	1.00	1.06	1.12	1.18		1.25	1.32	1.40	1.50	1.60	1.70	1.80
	1.9	2.00	2.12	2.24	2.36		2.5	2.65	2.8	3.0	3.15	
	3.35	3.55	3.75		4.00	4.25	4.50		4.75	5.00	5.30	
	5.60	6.00	6.30	6.70	7.10	7.50	8.00	8.50	9.00	9.50	10.00	

优先数系的特点：

（1）具有继承性的特性。r 值大的优先数系的项值包括 r 值小的优先数系的项值，例如，R10 系列包括 R5 系列中的所有数值；R20 系列包括 R10 系列中的所有数值。

（2）具有规律性的特性。根据 r 值可以判断优先数系的变化规律，例如，R5 系列就是每隔 5 位数值扩大 10 倍，R10 系列就是每隔 10 位数值扩大 10 倍。根据此规律，可按表 1-1 的数值向两个方向传播，并方便地获得所需要的优先数。例如，在 R5 系列中比 1 小的优先数为 0.63、0.4、0.25、0.16、0.1、…

2. 优先数

优先数系中的所有数值都为优先数，即符合 R5、R10、R20、R40 和 R80 系列的圆整值。在生产中，为了满足用户各种各样的要求，对同一种产品的同一个参数，还要从大到小取不同的值，从而形成不同规格的产品系列。公差值的标准化也是以优先数系选取数值的。

3. 优先数系的分类

根据 GB/T 321－2005《优先数和优先数系》的规定，优先数系分为基本系列、补充系列、派生系列三种。

1）基本系列：R5、R10、R20、R40

基本系列是常用的系列，选用时采用"先疏后密"的原则，优先选用 R5 系列。当 R5 系列不能满足使用要求时，依次考虑其他基本系列。

2）补充系列：R80

补充系列是在参数分级很细或基本系列中的优先数不能适应实际情况时才可考虑采用的。

3）派生系列：R10/3、R5/2、R10/2 等

派生系列是从基本系列或补充系列中，每隔 p 项取值导出的系列，以 Rr/p 表示，比值 r/p 是 1~10、10~100 等各个十进制数内项值的分级数。

例如，R10/3，它的公比数大约为 2，即 $q_{10/3} = 10^{3/10} = 1.99526 \approx 2$。也就是说，在 R10 系列的基础上每隔 2 个数（每逢 3 个数）取 1 个数，见表 1-1。根据选择的起始数值不同，由此可导出三种不同项值的系列：

（1）1.00、2.00、4.00、8.00…

（2）1.25、2.50、5.00、10.0…

（3）1.60、3.15、6.30、12.5…

4. 优先数系的选择及应用

优先数系是国际统一的数值制度，应用很广泛，适用于各种尺寸、参数的系列化和质量指标等各种量值的分级，以便在不同的地方都能优先选用同样的数值，这为技术经济工作中统一、简化和产品参数的协调提供了基础。我国的相关国家标准明确指出，在确定产品的技术参数或参数系列时，必须最大限度地采用优先数和优先数系，以便使产品的参数选择及其后续工作一开始就纳入标准化的轨道。

1）在机械设计中应尽可能采用优先数系

优先数系不仅应用于标准的制定，而且在技术改造设计、工艺、实验、老产品简化等诸多方面都应推广应用，尤其在新产品设计中，更要遵循优先数系。

2）按重要性程度采用优先数系

对基本参数、重要参数及在数值传播上最原始或涉及面最广的参数，应尽可能采用优先数。对其他各种参数，除了由于运算上的原因或其他特殊原因不能作为优先数系（例如，两个优先数的和或差不再为优先数），原则上都要采用优先数系。

3）按一定要求选用优先数系

对自变量参数，尽可能选用单一的基本系列。在选用基本系列时，应遵循"先疏后密"的原则，即按 R5、R10、R20、R40 的顺序选用。当基本系列不能满足要求时，可选择补充系列 R80 或派生系列。选择派生系列时，注意应优先采用公比较大和延伸项含有 1 的派生系列。根据经济性和需要量等不同条件，还可分段选用最合适的系列，以复合系列的形式组成最佳系列。

本章小结

本章主要介绍几何量精度设计与测量技术的含义、互换性和公差的基本概念、互换性的分类、互换性的作用，以及本课程的要求和学习方法；还介绍我国标准的分类、标准化发展及意义、标准化与互换性的关系，以及优先数系和优先数的概念、组成及其选用原则等。

习　题

1-1　什么是互换性？它在机械制造中有什么重要意义？是否只适用于大批量生产？

1-2　完全互换性与不完全互换性有何区别？各用于何种场合？

1-3　公差、测量、标准化与互换性有什么关系？

1-4　按照标准颁发的级别分类，我国标准有哪几种？

1-5　什么是标准及标准化？二者的区别是什么？

1-6　企业标准一定比国家标准的各项要求低吗？为什么？

1-7　为什么我国制定和修订国家标准时要尽量向国际标准靠拢？

1-8　为什么要制定关于优先数和优先数系的国家标准？

1-9　什么是优先数系？优先数系的主要优点是什么？

1-10　R5 系列的数每隔 5 位数值扩大几倍？

1-11　请根据表 1-1 推导并写出 R10 系列和 R10/2 系列自 1 开始的 20 个数值。

1-12　按优先数的基本系列确定优先数（常用值）：

（1）第一个数为 16，按 R5 系列确定后 6 项优先数。

（2）第一个数为 100，按 R20/3 系列确定后 5 项优先数。

1-13　优先数系的选择原则有哪些？

第 2 章　孔和轴的尺寸精度设计

教学重点

极限与配合的基本术语及定义，极限与配合的有关国家标准的构成，极限与配合的选用。

教学难点

极限与配合的选用。

教学方法

演示法，对比法，示例法，练习法。

引 例

孔和轴的尺寸精度是精度设计的基础。机床的各个零部件之间的装配关系体现了机床各个零部件的尺寸公差要求。在图 2-1 所示的车床中，丝杆带动溜板箱运动，这一运动需要溜板箱与丝杠的配合、溜板箱与机床导轨的配合等。如何合理地设计这些零部件的配合精度及尺寸精度？减速器是常见的机械装置，如图 2-2 所示，其中的滚动轴承与箱体的孔和轴的配合、齿轮与轴的配合、轴套与轴的配合等，都是机械装置中最基础、最常用的配合。本章讨论如何进行孔和轴的尺寸精度设计，以满足互换性要求。

图 2-1　车床

图 2-2　减速器

2.1 概　　述

极限与配合的标准化有利于机器的设计、制造、使用和维修。极限与配合标准不仅是机械工业各部门进行产品设计、工艺设计的依据，而且是广泛组织协作和专业化生产的重要文件。

本章涉及的国家标准有 GB/T 1800.1－2020《产品几何技术规范（GPS） 线性尺寸公差 ISO 代号体系 第 1 部分：公差、偏差和配合的基础》；GB/T 1800.2－2020《产品几何技术规范（GPS） 线性尺寸公差 ISO 代号体系 第 2 部分：标准公差带代号和孔、轴的极限偏差表》；GB/T 1803－2003《极限与配合 尺寸至 18mm 孔、轴公差带》；GB/T 1804－2000《一般公差 未注公差的线性和角度尺寸的公差》等。

2.2 极限与配合的基本术语及定义

2.2.1 与要素有关的术语及定义

1. 几何要素

几何要素是指构成零件几何特征的点、线、面、体或它们的集合，分为组成要素和导出要素。组成要素是指属于工件的实际表面或表面模型的几何要素，导出要素是指具有对称关系的一个或几个组成要素按照几何关系所确定的中心点、轴线或中心面。

2. 理想要素

理想要素是指由参数化方程定义的要素。通俗地说，就是指在机械零件图样上用来表达实际意图和加工要求的理想化的几何要素。它们具有几何意义，没有误差。

3. 公称要素

公称要素是指由设计人员在产品技术文件中定义的理想要素。它是按照理想的形状、大小和位置设计的，因此不存在任何实际的误差。

公称组成要素是由设计人员在产品技术文件中定义的理想组成要素；公称导出要素是由一个或几个公称组成要素导出的中心点、轴线或中心平面。

4. 实际要素

实际要素是指对应于工件实际表面部分的几何要素，实际要素只有组成要素而没有导出要素。在实际生产过程中，实际要素会受到加工误差的影响。

5. 提取要素

提取要素是指由有限个点组成的几何要素。通俗地说，就是指在零件加工完成后，按规定方法通过检测手段所得到的要素。因此，提取要素也称为测得要素。这些要素可以是实际存在的，也可以是经过测量手段获取的近似替代。

6. 拟合要素

拟合要素是指通过拟合方法从非理想表面模型中或实际要素中建立的理想要素。拟合方法一般为最小二乘法。

拟合组成要素是指按规定的方法由提取组成要素建立且具有理想形状的组成要素；拟合导出要素是指由一个或几个拟合组成要素得到的中心点、轴线或中心平面。

7. 尺寸要素

尺寸要素是指线性尺寸要素或角度尺寸要素。线性尺寸要素是具有线性尺寸的要素。角度尺寸要素属于回转恒定类别的几何要素，其母线名义上倾斜一个不等于 0° 或不等于 90° 的角度；或属于棱柱面恒定类别，两个方位要素之间的角度由具有相同形状的两个表面组成。例如，球体、圆、两条直线、两个相对平行平面、圆柱体、楔形体、圆锥体以及圆环等都是线性尺寸要素，圆锥和楔块是角度尺寸要素。

2.2.2 与尺寸有关的术语及定义

1. 尺寸

尺寸是指用特定单位表示的线性尺寸的数值。线性尺寸是指两点之间的距离，如表示长度、直径、半径、宽度、高度、深度、厚度、中心距等的数值。在零件图样上，线性尺寸通常都以毫米（mm）为单位进行标注，此时单位的符号可以省略不注。

2. 公称尺寸

公称尺寸是指由图样规范定义的理想形状要素的尺寸。在机械设计过程中，设计人员根据使用要求，考虑零件的强度、刚度、运动等条件，结合工艺需要、结构合理性、外观要求，经过计算（或类比）和圆整确定公称尺寸。公称尺寸应该按 GB/T 2822－2005《标准尺寸》标准选取。通过公称尺寸和上、下极限偏差可以计算极限尺寸。孔的公称尺寸常用符号 D 表示，轴的公称尺寸常用符号 d 表示。

3. 极限尺寸

极限尺寸是指尺寸要素允许的极限值。尺寸要素允许的最大尺寸称为上极限尺寸

（ULS），尺寸要素允许的最小尺寸称为下极限尺寸（LLS）。在图样或技术文件中孔和轴的上极限尺寸符号分别用 D_{max}、d_{max} 表示，孔和轴的下极限尺寸符号分别用 D_{min}、d_{min} 表示，如图 2-3 所示。

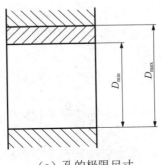 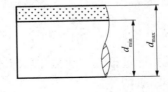

（a）孔的极限尺寸   （b）轴的极限尺寸

图 2-3　孔和轴的极限尺寸

4. 实际尺寸

实际尺寸是指拟合组成要素的尺寸。例如，圆柱体的直径是圆柱面上对应两点之间的距离，该两点的连线需通过拟合圆心；两个平行平面之间的距离是提取的两个表面上对应点之间距离。孔和轴的实际尺寸的符号分别用 D_a 与 d_a 表示。

实际尺寸通过测量获得。由于存在测量误差，实际尺寸并非被测尺寸的真值。例如，孔的尺寸（直径）为 $\phi 25.985$mm，若其测量误差在±0.001mm 以内，则该尺寸的真值为 $\phi 25.984$mm～$\phi 25.986$mm。真值虽然客观存在，但是测量不出来，所以测量获得的尺寸即实际尺寸。

孔和轴实际尺寸的合格条件分别为 $D_{min} \leq D_a \leq D_{max}$ 和 $d_{min} \leq d_a \leq d_{max}$。

2.2.3　孔和轴的定义

孔和轴的定义如下。

1. 孔

本书中的孔是指工件的内尺寸要素，包括非圆柱面形的内尺寸要素。

2. 轴

本书中的轴是指工件的外尺寸要素，包括非圆柱面形的外尺寸要素。

从孔和轴装配后的包容面与被包容面的关系看，孔起到包容作用，而轴被包容；从加工过程看，随着材料的被切除，孔的尺寸由小变大，轴的尺寸由大变小。

图 2-4 所示为孔和轴的包容面与被包容面示意，该图中由标注尺寸 D_1、D_2、D_3、D_4、D_5 确定的包容面均称为孔，而由 d_1、d_2 所确定的被包容面均称为轴。

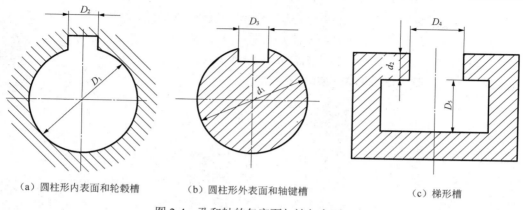

（a）圆柱形内表面和轮毂槽　　　　（b）圆柱形外表面和轴键槽　　　　（c）梯形槽

图 2-4　孔和轴的包容面与被包容面示意

2.2.4　与偏差和公差有关的术语及定义

1. 偏差

偏差是指某值与其参考值之差。对于尺寸偏差，参考值是指公称尺寸，某值是指实际尺寸。因此，尺寸偏差就是指实际尺寸与其公称尺寸之差。偏差可以为正值、负值或零。在计算和标注尺寸时，除零之外的数值必须带正、负号。偏差可以分为极限偏差和实际偏差两种。

1）极限偏差

极限偏差包括上极限偏差和下极限偏差。上极限尺寸减去其公称尺寸所得的代数差称为上极限偏差，简称上偏差，孔和轴的上极限偏差分别用代号 ES 与 es 表示。下极限尺寸减去其公称尺寸所得的代数差称为下极限偏差，简称下偏差，孔和轴的下极限偏差分别用代号 EI 和 ei 表示。

孔和轴的上极限偏差与下极限偏差用公式表示为

$$\text{ES}=D_{\max}-D,\ \text{es}=d_{\max}-d \tag{2-1}$$

$$\text{EI}=D_{\min}-D,\ \text{ei}=d_{\min}-d \tag{2-2}$$

2）实际偏差

实际尺寸减去其公称尺寸所得的代数差称为实际偏差。合格零件的实际偏差应在规定的极限偏差范围内，孔和轴的实际偏差分别用代号 E_a 与 e_a 表示，即

$$E_a=D_a-D,\ e_a=d_a-d \tag{2-3}$$

孔和轴实际偏差的合格条件为 $\text{EI}\leqslant E_a\leqslant \text{ES}$ 与 $\text{ei}\leqslant e_a\leqslant \text{es}$。

2. 公差

公差是指上极限尺寸与下极限尺寸之差，公差也可以是上极限偏差与下极限偏差之差。尺寸公差是一个没有代号的绝对值，是允许尺寸的变化量。

孔和轴的公差分别用代号 T_h 和 T_s 表示。公差、极限尺寸及偏差的关系如下：

$$T_h=|D_{max}-D_{min}|=|ES-EI|$$
$$T_s=|d_{max}-d_{min}|=|es-ei| \tag{2-4}$$

极限尺寸、公差与偏差的关系如图 2-5 所示。

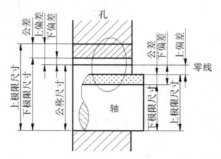

图 2-5　极限尺寸、公差与偏差的关系

【例 2-1】 已知相互配合的孔和轴的公称尺寸为 45mm，孔的上极限尺寸为 45.025mm，孔的下极限尺寸为 45mm，轴的上极限尺寸为 44.991mm；轴的下极限尺寸为 44.975mm，求孔和轴的极限偏差与公差。

解： $ES=D_{max}-D=45.025-45=+0.025$ （mm）

$EI=D_{min}-D=45-45=0$

$es=d_{max}-d=44.991-45=-0.009$ （mm）

$ei=d_{min}-d=44.975-45=-0.025$ （mm）

$T_h=|D_{max}-D_{min}|=|45.025-45|=0.025$ （mm）

$T_s=|d_{max}-d_{min}|=|44.991-44.975|=0.016$ （mm）

由上述计算结果可知，孔的尺寸为 $\phi 45^{+0.025}_{0}$ mm ，轴的尺寸为 $\phi 45^{-0.009}_{-0.025}$ mm 。

3. 公差带图

由于公差及偏差的数值与尺寸数值相比，差别很大，因此不方便用同一比例表示。实际上将公差及偏差的数值放大了，而图形全部画出也很烦琐。因此，为简化起见，无须画出整个零件，只取出图 2-5 中的由椭圆圈起来的部分，画出其尺寸公差带，如图 2-6（a）所示。这就是极限与配合图解，简称公差带图，如图 2-6（b）所示。公差带图由零线和尺寸公差带组成。

1）零线

在极限与配合图解中，以表示公称尺寸的那条直线为基准确定偏差和公差，该直线称为零线。通常，零线沿水平方向，正偏差位于其上，负偏差位于其下。在图 2-6（a）中，零线代表公称尺寸，同时也代表零偏差。

注：最新国家标准中已删除了"零线"的术语和定义，但为了便于初学者理解，本书仍暂时沿用此术语。

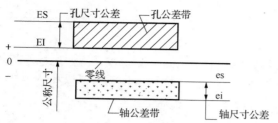

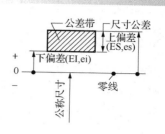

（a）与图2-5对应的尺寸公差带　　　　　　　　（b）孔的公差带图示例

图2-6　公差带图

2）公差带

公差极限之间（包括公差极限）的尺寸变化值称为公差带。公差极限是指用来确定允许值上限或下限的特定值。

公差带包含在上极限尺寸和下极限尺寸之间，由公差大小和相对于公称尺寸的位置确定。公差带不是必须包括公称尺寸的，公差极限可以是双边的（两个极限位于公称尺寸两边）或单边的（两个极限位于公称尺寸的一边），当一个公差极限位于一边，而另一个公差极限为零时，这种情况则是单边标示的特例。

在绘制公差带图时，应注意用不同的图线区分孔和轴的公差带。图 2-7 为公差带图的两种画法。在图 2-7（a）所示的公差带图中，孔和轴的公差带分别用不同的填充线或点区分。另外，在同一个公差带图中，为了便于分析和理解，对孔和轴公差带的位置及大小应采用相同的比例绘制，如图 2-7（b）所示。公差带的横向宽度没有实际意义，可在图中适当选取。

在公差带图中，公称尺寸的单位采用 mm，极限偏差的单位可以采用 mm 或 μm。当极限偏差以 mm 为单位时，在公差带图中可以不标注公称尺寸的单位，如图 2-7（a）所示；当极限偏差以 μm 为单位时，则要标注公称尺寸的单位，如图 2-7（b）所示。

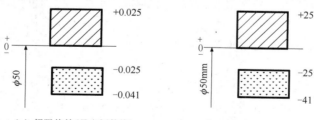

（a）极限偏差(见右侧数值)　　　　　（b）极限偏差(见右侧数值)
以mm为单位时的公差带图画法　　　　以μm为单位时的公差带图画法

图 2-7　公差带图的两种画法

公差带的组成包含两个基本要素，即公差带大小与公差带位置。公差带大小由标准公差确定，公差带位置由基本偏差确定。

4. 标准公差

标准公差（IT）是指线性尺寸公差 ISO 代号体系中的任意公差。用常用标示符表征的线性尺寸公差组称为标准公差等级，在线性尺寸公差 ISO 代号体系中，标准公差等级标示符由字母 IT 及其之后的数字组成，例如，IT7 表示 7 级标准公差。

5. 基本偏差

用来确定公差带相对于公称尺寸位置的那个极限偏差称为基本偏差，即最接近公称尺寸的那个极限偏差，用字母表示（如 B 和 d）。具体数值参看国家标准 GB/T 1800.1—2020。
公差与偏差的比较如下：
（1）偏差可以为正值、负值或零，而公差是绝对值且不能为零。
（2）极限偏差用于限制实际偏差，而公差用于限制误差。
（3）对于单个零件，只能测出其尺寸的实际偏差；而对一批零件，可以统计出它们的尺寸误差。
（4）偏差取决于加工机床的调整。例如，车削时进刀的位置不反映加工难易程度；公差表示制造精度，反映加工难易程度。
（5）极限偏差反映公差带位置，影响配合松紧程度；公差反映公差带大小，影响配合精度。

2.2.5 与配合有关的术语及定义

1. 间隙与过盈

当轴的直径小于孔的直径时，孔和轴的尺寸之差称为间隙，用 X 表示。
当轴的直径大于孔的直径时，相配的孔和轴的尺寸之差称为过盈，用 Y 表示。
依据上述定义，间隙是正值，过盈是负值。国家标准 GB/T 1800.1—2020 规定，在对计算结果解释后，用绝对值描述间隙和过盈。

2. 配合

类型相同且待装配的外尺寸要素（轴）和内尺寸要素（孔）之间的关系称为配合。配合反映了公称尺寸相同、相互结合的孔和轴的公差带之间的关系，也反映了机器上相互结合的零件之间的松紧程度。根据孔和轴公差带之间的不同关系，可将配合分为间隙配合、过盈配合和过渡配合三大类。
1）间隙配合
装配孔和轴时，两者之间总是存在间隙，这类配合称为间隙配合。此时，孔的下极限尺寸大于或在极端情况下等于轴的上极限尺寸，孔的公差带在轴的公差带之上，如图 2-8 所示。

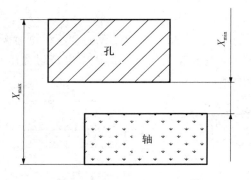

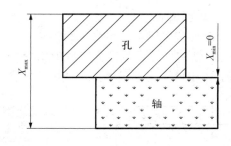

（a）孔的下极限尺寸大于轴的上极限尺寸　　　　（b）孔的下极限尺寸等于轴的上极限尺寸

图 2-8　间隙配合

　　孔的上极限尺寸（或孔的上极限偏差）与轴的下极限尺寸（或轴的下极限偏差）之差称为最大间隙，用 X_{max} 表示，如式（2-5）所示。孔的下极限尺寸（或孔的下极限偏差）与轴的上极限尺寸（或轴的上极限偏差）之差称为最小间隙，用 X_{min} 表示，见式（2-6）。

$$X_{max}=D_{max}-d_{min}=ES-ei \tag{2-5}$$
$$X_{min}=D_{min}-d_{max}=EI-es \tag{2-6}$$

2）过盈配合

　　装配孔和轴时，两者之间总是存在过盈，这类配合称为过盈配合。此时，孔的上极限尺寸小于或在极端情况下等于轴的下极限尺寸，孔的公差带在轴的公差带之下，如图 2-9 所示。

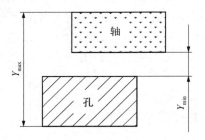

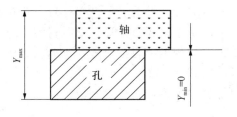

（a）轴的下极限尺寸大于孔的上极限尺寸　　　　（b）轴的下极限尺寸等于孔的上极限尺寸

图 2-9　过盈配合

　　孔的下极限尺寸（或孔的下极限偏差）与轴的上极限尺寸（或轴的上极限偏差）之差称为最大过盈，用 Y_{max} 表示，如式（2-7）所示。孔的上极限尺寸（或孔的上极限偏差）与轴的下极限尺寸（或轴的下极限偏差）之差称为最小过盈，用 Y_{min} 表示，如式（2-8）所示。

$$Y_{max}=D_{min}-d_{max}=EI-es \tag{2-7}$$
$$Y_{min}=D_{max}-d_{min}=ES-ei \tag{2-8}$$

　　需要注意的是，按照国家标准的规定，如果计算结果为负值（极端情况下 $Y_{min}=0$），那么数值前的 "−" 号仅仅表示孔和轴结合关系为过盈，而具体数值表示过盈的大小。

3）过渡配合

装配孔和轴时，两者之间可能存在间隙或过盈，这类配合称为过渡配合。在过渡配合中，孔和轴的公差带或完全重叠或部分重叠。因此，孔和轴是否形成间隙配合或过盈配合，取决于孔和轴的实际尺寸。过渡配合如图 2-10 所示。

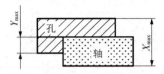
（a）孔的下部分公差带与
轴的上部分公差带重叠

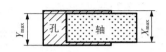
（b）孔和轴的公差带完全重叠

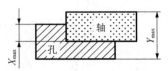
（c）孔的上部分公差带与
轴的下部分公差带重叠

图 2-10　过渡配合

过渡配合的极限情况包括最大间隙和最大过盈，两者的计算公式分别见式（2-5）和式（2-7）。

由上述间隙和过盈的定义可知，最小间隙和最大过盈的计算公式相同，即

$$X_{\min} \text{ 或 } Y_{\max}=D_{\min}-d_{\max}=EI-es$$

最大间隙和最小过盈的计算公式相同，即

$$X_{\max} \text{ 或 } Y_{\min}=D_{\max}-d_{\min}=ES-ei$$

3. 配合公差

配合公差表示零件配合所允许的变化量，它等于组成配合关系的两个尺寸要素的尺寸公差之和。配合公差是一个没有符号的绝对值，用 T_f 表示，它表明配合松紧程度的变化范围。其中，间隙配合公差等于最大间隙与最小间隙之差，如式（2-9）所示；过盈配合公差等于最大过盈与最小过盈之差，如式（2-10）所示；过渡配合公差等于最大间隙与最大过盈之和，如式（2-11）所示。

对于间隙配合，

$$T_f=X_{\max}-X_{\min}=T_h+T_s \tag{2-9}$$

对于过盈配合，

$$T_f=Y_{\max}-Y_{\min}=T_h+T_s \tag{2-10}$$

对于过渡配合，

$$T_f=X_{\max}+Y_{\max}=T_h+T_s \tag{2-11}$$

在应用式（2-10）～式（2-11）计算时，过盈数值不带"-"号，即取其绝对值代入计算公式。

4. ISO 配合制

ISO 配合制是指由线性尺寸公差 ISO 代号体系确定公差的孔和轴组成配合的一种制度。形成配合要素的线性尺寸公差 ISO 代号体系的应用前提条件是孔和轴的公称尺寸相同。

国家标准 GB/T 1800.1—2020 对孔和轴的配合规定两种配合制，即基孔制配合和基轴制配合，如图 2-11 所示。

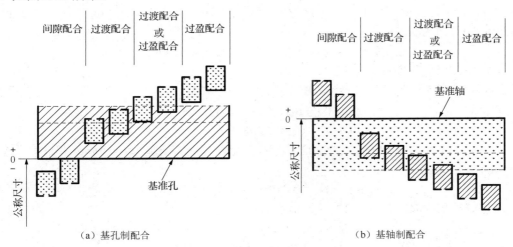

图 2-11　基孔制配合和基轴制配合

1）基孔制配合

基孔制配合是指孔的基本偏差为零时的配合，即其下极限偏差等于零时的配合，也是孔的下极限尺寸与公称尺寸相同的配合制，所要求的间隙或过盈由不同公差带代号的轴与一个基本偏差为零的公差带代号的基准孔相配合得到。符合基孔制配合的孔为基准孔，其代号为 H。

2）基轴制配合

基轴制配合是指轴的基本偏差为零时的配合，即其上极限偏差等于零时的配合，也是轴的上极限尺寸与公称尺寸相同的配合制，所要求的间隙或过盈由不同公差带代号的孔与一个基本偏差为零的公差带代号的基准轴相配合得到。符合基轴制配合的轴为基准轴，其代号为 h。

【例 2-2】　已知孔：$\phi 50^{+0.039}_{0}$ mm，轴：$\phi 50^{-0.025}_{-0.050}$ mm，求 X_{max}、X_{min} 及 T_f，并画出公差带图。

解：$X_{max} = D_{max} - d_{min} = 50.039 - 49.950 = +0.089$（mm）

$X_{min} = D_{min} - d_{max} = 50 - 49.975 = +0.025$（mm）

计算得到的数值为正，说明该配合种类是最大间隙为 0.089mm 和最小间隙为 0.025mm 的间隙配合。

$$T_f = X_{max} - X_{min} = 0.089 - 0.025 = 0.064\text{（mm）}$$

本例题的公差带图如图 2-12（a）所示。

【例 2-3】　已知孔：$\phi 50^{+0.039}_{0}$ mm，轴：$\phi 50^{+0.079}_{+0.054}$ mm，求 Y_{max}、Y_{min} 及 T_f，并画出公差带图。

解： $Y_{max}=D_{min}-d_{max}=50-50.079=-0.079$（mm）

$Y_{min}=D_{max}-d_{min}=50.039-50.054=-0.015$（mm）

计算得到两个负值，说明该配合种类是具有最大过盈为 0.079mm 和最小过盈为 0.015mm 的过盈配合。

$$T_f=Y_{max}-Y_{min}=0.079-0.015=0.064（mm）$$

本例题的公差带图如图 2-12（b）所示。

【例 2-4】 已知孔 $\phi50^{+0.039}_{0}$ mm，轴 $\phi50^{+0.034}_{+0.009}$ mm，求 X_{max}、Y_{max} 及 T_f，并画出公差带图。

解： $X_{max}=D_{max}-d_{min}=50.039-50.009=+0.030$（mm）

$Y_{max}=D_{min}-d_{max}=50-50.034=-0.034$（mm）

计算得到一个正值和一个负值，这意味着该配合是最大间隙为 0.030mm 和最大过盈为 0.034mm 的过渡配合。

$$T_f=X_{max}+Y_{max}=0.030+0.034=0.064（mm）$$

本例题的公差带图如图 2-12（c）所示。

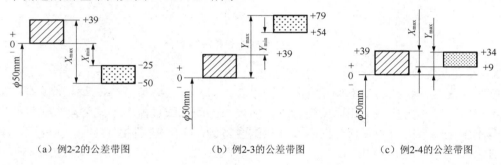

（a）例2-2的公差带图　　　　（b）例2-3的公差带图　　　　（c）例2-4的公差带图

图 2-12　例 2-2～例 2-4 的公差带图

从以上 3 个例题可以看出，轴的基本偏差不同，会导致配合性质完全不同。装配精度的高低取决于相互结合的孔和轴公差的大小。若要提高装配精度，则必须提高零件的加工精度。

2.3　尺寸公差标准和基本偏差标准的构成

根据前文可知，配合是指孔和轴公差带的组合，而孔和轴公差带是由公差带的大小与位置两个基本要素组成的。公差带的大小由标准公差决定，公差带的位置由基本偏差决定。国家标准 GB/T 1800.1—2020 给出了尺寸公差标准和基本偏差标准的构成和数值表。

2.3.1　标准公差系列

1. 公差等级

在公称尺寸≤500mm 范围内，规定了 IT01、IT0、IT1、IT2、…、IT18 共 20 个标准

公差等级；在公称尺寸＞500mm～3150mm 范围内，规定了 IT1～IT18 共 18 个标准公差等级。从 IT01 到 IT18，公差等级依次降低，而相应的标准公差值依次增大。

标准公差等级标示符中的 IT 表示标准公差，即国家标准公差（ISO Tolerance）的缩写，数字表示公差等级。当标准公差等级与代表基本偏差的字母组合形成公差带代号时，省略 IT，如 H7。

2. 公称尺寸分段

根据标准公差计算公式，每个公称尺寸都对应一个公差值，这种情况不利于公差值的标准化和系列化。为了简化公差表格以便于生产实际应用，相关国家标准在表 2-1 的第一列中对公称尺寸范围进行了分段限定。相关国家标准将常用尺寸（≤500mm）分成 13 个主段落，将公称尺寸＞500～3150mm 的大尺寸分成 8 个主段落（按优先数系 R10 分段），标准公差值见表 2-1。

表 2-1 标准公差值（摘自 GB/T 1800.1－2020）

公称尺寸/mm		标准公差等级																		
		IT01	IT0	IT1	IT2	IT3	IT4	IT5	IT6	IT7	IT8	IT9	IT10	IT11	IT12	IT13	IT14	IT15	IT16	IT17	IT18
大于	至	标准公差值																		
		μm												mm						
—	3	0.3	0.5	0.8	1.2	2	3	4	6	10	14	25	40	60	0.1	0.14	0.25	0.4	0.6	1	1.4
3	6	0.4	0.6	1	1.5	2.5	4	5	8	12	18	30	48	75	0.12	0.18	0.3	0.48	0.75	1.2	1.8
6	10	0.4	0.6	1	1.5	2.5	4	6	9	15	22	36	58	90	0.15	0.22	0.36	0.58	0.9	1.5	2.2
10	18	0.5	0.8	1.2	2	3	5	8	11	18	27	43	70	110	0.18	0.27	0.43	0.7	1.1	1.8	2.7
18	30	0.6	1	1.5	2.5	4	6	9	13	21	33	52	84	130	0.21	0.33	0.52	0.84	1.3	2.1	3.3
30	50	0.6	1	1.5	2.5	4	7	11	16	25	39	62	100	160	0.25	0.39	0.62	1	1.6	2.5	3.9
50	80	0.8	1.2	2	3	5	8	13	19	30	46	74	120	190	0.3	0.46	0.74	1.2	1.9	3	4.6
80	120	1	1.5	2.5	4	6	10	15	22	35	54	87	140	220	0.35	0.54	0.87	1.4	2.2	3.5	5.4
120	180	1.2	2	3.5	5	8	12	18	25	40	63	100	160	250	0.4	0.63	1	1.6	2.5	4	6.3
180	250	2	3	4.5	7	10	14	20	29	46	72	115	185	290	0.46	0.72	1.15	1.85	2.9	4.6	7.2
250	315	2.5	4	6	8	12	16	23	32	52	81	130	210	320	0.52	0.81	1.3	2.1	3.2	5.2	8.1
315	400	3	5	7	9	13	18	25	36	57	89	140	230	360	0.57	0.89	1.4	2.3	3.6	5.7	8.9
400	500	4	6	8	10	15	20	27	40	63	97	155	250	400	0.63	0.97	1.55	2.5	4	6.3	9.7
500	630			9	11	16	22	32	44	70	110	175	280	440	0.7	1.1	1.75	2.8	4.4	7	11
630	800			10	13	18	25	36	50	80	125	200	320	500	0.8	1.25	2	3.2	5	8	12.5
800	1000			11	15	21	28	40	56	90	140	230	360	560	0.9	1.4	2.3	3.6	5.6	9	14
1000	1250			13	18	24	33	47	66	105	165	260	420	660	1.05	1.65	2.6	4.2	6.6	10.5	16.5
1250	1600			15	21	29	39	55	78	125	195	310	500	780	1.25	1.95	3.1	5	7.8	12.5	19.5
1600	2000			18	25	35	46	65	92	150	230	370	600	920	1.5	2.3	3.7	6	9.2	15	23
2000	2500			22	30	41	55	78	110	175	280	440	700	1100	1.75	2.8	4.4	7	11	17.5	28
2500	3150			26	36	50	68	96	135	210	330	540	860	1350	2.1	3.3	5.4	8.6	13.5	21	33

3. 标准公差值

标准公差值由表 2-1 给出，可以根据实际需要查该表选用标准公差值。表 2-1 中的每列给出了标准公差等级 IT01～IT18 中的一个标准公差等级的公差值，每行则对应一个尺寸范围。

从 TT6 到 IT18，每 5 级标准公差乘以因数 10。该规则应用于所有标准公差，还可用于表 2-1 没有给出的 IT 等级的外插值。例如，当公称尺寸大于 120～180mm 时，IT20 的值计算公式如下：

$$IT20=IT15\times10=1.6mm\times10=16mm$$

2.3.2　基本偏差系列

1. 基本偏差及其代号

基本偏差是指离公称尺寸最近的极限尺寸的偏差。当公差带位于零线上方时，其基本偏差为下偏差，孔的下偏差代号为 EI，轴的下偏差代号为 ei；当公差带位于零线下方时，其基本偏差为上偏差，孔的上偏差代号为 ES，轴的上偏差代号为 es。基本偏差是公差带位置标准化的唯一指标，它与公差等级无关。

孔和轴的基本偏差系列如图 2-13 所示。基本偏差的标示符用英文字母表示，其中，大写英文字母代表孔，小写英文字母代表轴。在 26 个英文字母中，除去容易与其他字母混淆的 5 个字母：I、L、O、Q、W（i、l、o、q、w），还有 7 个用两个英文字母表示的标示符 CD、EF、FG、JS、ZA、ZB、ZC（cd、ef、fg、js、za、zb、zc），共 28 个标示符，即孔和轴各有 28 个基本偏差标示符。其中，JS 和 js 的公差带对称分布于零线的两侧，它们的公差极限是相对于公称尺寸线对称分布的，基本偏差的概念不适用于 JS 和 js 基本偏差，其偏差值为 $\pm IT_n/2$。

标示符 H 和 h 对应的基本偏差为零，其中，H 代表基准孔的基本偏差；h 代表基准轴的基本偏差。

对于轴，以 h 为分界，a～h 对应的基本偏差为上偏差 es，其绝对值依次减小；j～zc 对应的基本偏差为下偏差 ei，其绝对值逐渐增大。

对于孔，以 H 为分界，A～H 对应的基本偏差为下偏差 EI，其绝对值依次减小；J～ZC 对应的基本偏差为上偏差 ES，其绝对值依次增大。

在图 2-13 中，对基本偏差系列各公差带，只画出其中的一端，另一端未画出，因为它取决于公差带的大小。

基本偏差标示符为 A～H（a～h）的孔（轴）与基准件相结合时，一般为间隙配合；基本偏差标示符为 J～N（j～n）的孔（轴）与基准件相结合时，一般为过渡配合；基本偏差标示符为 P～Z（p～z）的孔（轴）与基准件相结合时，一般为过盈配合。

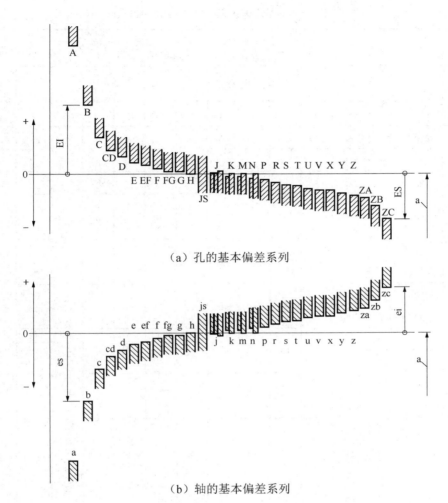

（a）孔的基本偏差系列

（b）轴的基本偏差系列

图 2-13　孔和轴的基本偏差系列

2. 轴的基本偏差

除了 j 和 js 对应的基本偏差，轴的基本偏差值与选用的标准公差等级无关。表 2-2 和表 2-3 列出了公称尺寸≤500mm 时轴的基本偏差值，在表 2-2 中，j 列数据为经验数据，js 列数据为双向对称分布公差。

确定轴的一个偏差后，根据轴的基本偏差和标准公差，按下列公式计算轴的另一个偏差：

$$ei=es-IT \quad 或 \quad es=ei+IT \tag{2-12}$$

表2-2 轴 a～j 的基本偏差值（摘自 GB/T 1800.1－2020） 单位：μm

公称尺寸/mm 大于	至	基本偏差值 上极限偏差，es 所有公差等级												下极限偏差，ei		
		a[①]	b[①]	c	cd	d	e	ef	f	fg	g	h	js	IT5和IT6	IT7	IT8
														j		
—	3	-270	-140	-60	-34	-20	-14	-10	-6	-4	-2	0		-2	-4	-6
3	6	-270	-140	-70	-46	-30	-20	-14	-10	-6	-4	0		-2	-4	
6	10	-280	-150	-80	-56	-40	-25	-18	-13	-8	-5	0		-2	-5	
10	14	-290	-150	-95	-70	-50	-32	-23	-16	-10	-6	0		-3	-6	
14	18															
18	24	-300	-160	-110	-85	-65	-40	-25	-20	-12	-7	0		-4	-8	
24	30															
30	40	-310	-170	-120	-100	-80	-50	-35	-25	-15	-9	0		-5	-10	
40	50	-320	-180	-130												
50	65	-340	-190	-140		-100	-60		-30		-10	0		-7	-12	
65	80	-360	-200	-150												
80	100	-380	-220	-170		-120	-72		-36		-12	0		-9	-15	
100	120	-410	-240	-180												
120	140	-460	-260	-200		-145	-85		-43		-14	0		-11	-18	
140	160	-520	-280	-210												
160	180	-580	-310	-230												
180	200	-660	-340	-240		-170	-100		-50		-15	0		-13	-21	
200	225	-740	-380	-260												
225	250	-820	-420	-280												
250	280	-920	-480	-300		-190	-110		-56		-17	0		-16	-26	
280	315	-1050	-540	-330												
315	355	-1200	-600	-360		-210	-125		-62		-18	0		-18	-28	
355	400	-1350	-680	-400												
400	450	-1500	-760	-440		-230	-135		-68		-20	0		-20	-32	
450	500	-1650	-840	-480												

（js列注：偏差=IT$_n$/2，式中，n 是标准公差等级数）

注：①当公称尺寸≤1mm时，不适合用于标示符 a 和 b 对应的标准偏差。

表 2-3 轴 k～zc 的基本偏差值（摘自 GB/T 1800.1－2020） 单位：μm

公称尺寸/mm 大于	至	基本偏差值 下极限偏差, ei IT4 至 IT7	≤IT3, >IT7	所有公差等级													
		k	k	m	n	p	r	s	t	u	v	x	y	z	za	zb	zc
—	3	0	0	+2	+4	+6	+10	+14	—	+18		+20	—	+26	+32	+40	+60
3	6	+1	0	+4	+8	+12	+15	+19	—	+23		+28	—	+35	+42	+50	+80
6	10	+1	0	+6	+10	+15	+19	+23	—	+28		+34	—	+42	+52	+67	+97
10	14	+1	0	+7	+12	+18	+23	+28	—	+33		+40		+50	+64	+90	+130
14	18	+1	0	+7	+12	+18	+23	+28	—	+33	+39	+45	—	+60	+77	+108	+150
18	24	+2	0	+8	+15	+22	+28	+35	—	+41	+47	+54	+63	+73	+98	+136	+188
24	30	+2	0	+8	+15	+22	+28	+35	+41	+48	+55	+64	+75	+88	+118	+160	+218
30	40	+2	0	+9	+17	+26	+34	+43	+48	+60	+68	+80	+94	+112	+148	+200	+274
40	50	+2	0	+9	+17	+26	+34	+43	+54	+70	+81	+97	+114	+136	+180	+242	+325
50	65	+2	0	+11	+20	+32	+41	+53	+66	+87	+102	+122	+144	+172	+226	+300	+405
65	80	+2	0	+11	+20	+32	+43	+59	+75	+102	+120	+146	+174	+210	+274	+360	+480
80	100	+3	0	+13	+23	+37	+51	+71	+91	+124	+146	+178	+214	+258	+335	+445	+585
100	120	+3	0	+13	+23	+37	+54	+79	+104	+144	+172	+210	+254	+310	+400	+525	+690
120	140	+3	0	+15	+27	+43	+63	+92	+122	+170	+202	+248	+300	+365	+470	+620	+800
140	160	+3	0	+15	+27	+43	+65	+100	+134	+190	+228	+280	+340	+415	+535	+700	+900
160	180	+3	0	+15	+27	+43	+68	+108	+146	+210	+252	+310	+380	+465	+600	+780	+1000
180	200	+4	0	+17	+31	+50	+77	+122	+166	+236	+284	+350	+425	+520	+670	+880	+1150
200	225	+4	0	+17	+31	+50	+80	+130	+180	+258	+310	+385	+470	+575	+740	+960	+1250
225	250	+4	0	+17	+31	+50	+84	+140	+196	+284	+340	+425	+520	+640	+820	+1050	+1350
250	280	+4	0	+20	+34	+56	+94	+158	+218	+315	+385	+475	+580	+710	+920	+1200	+1550
280	315	+4	0	+20	+34	+56	+98	+170	+240	+350	+425	+525	+650	+790	+1000	+1300	+1700
315	355	+4	0	+21	+37	+62	+108	+190	+268	+390	+475	+590	+730	+900	+1150	+1500	+1900
355	400	+4	0	+21	+37	+62	+114	+208	+294	+435	+530	+660	+820	+1000	+1300	+1650	+2100
400	450	+5	0	+23	+40	+68	+126	+232	+330	+490	+595	+740	+920	+1100	+1450	+1850	+2400
450	500	+5	0	+23	+40	+68	+132	+252	+360	+540	+660	+820	+1000	+1250	+1600	+2100	+2600

3. 孔的基本偏差

当公称尺寸相同时，无论是采用基孔制配合还是采用基轴制配合，都能获得相同的配合性质。例如，配合代号分别为 $\phi 25H7/f7$ 与 $\phi 25F7/h7$ 的孔和轴的配合性质相同；配合代号分别为 $\phi 25H7/p6$ 与 $\phi 25P7/h6$ 的孔和轴的配合性质相同。换算规则的图解如图2-14所示，由该图可知，孔的基本偏差值是按轴的基本偏差值换算得到的。换算时必须找相同的基本偏差标示符（除了大小写不一致）对应的值进行换算，例如，F 对应 f，P 对应 p。换算时孔和轴的公差等级相同或孔的公差等级比轴低一级，如 $\phi 25F7/h7$ 和 $\phi 25P7/h6$。换算的规则包括通用规则和特殊规则。

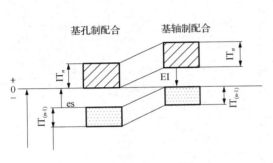
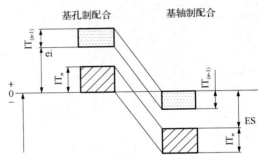

（a）通用规则的图解　　　　　　　　　　（b）特殊规则的图解

图2-14　换算规则的图解

（1）通用规则。孔的基本偏差与轴的基本偏差的绝对值相等而符号相反，即

$$EI=-es \text{ 或 } ES=-ei \tag{2-13}$$

该规则适用于所有标准公差等级且标示符为 A～H，以及标准公差等级大于 IT7 级且标示符为 P～ZC 的孔的基本偏差。其中，前一种情况的基本偏差为下极限偏差，后一种情况的基本偏差为上极限偏差。

（2）特殊规则。当确定标准公差等级至 IT8 级且标示符为 K、M、N，以及标准公差等级至 IT7 级且标示符为 P～ZC 的孔的基本偏差时，应采用特殊规则。特殊规则的图解如图2-14（b）所示。孔的基本偏差按式（2-14）计算，即

$$ES=ES_{（计算值）}+\Delta=-ei+\Delta \tag{2-14}$$

式中，Δ 为公称尺寸段内给定的某一标准公差等级 IT_n 与高一级的标准公差等级 $IT_{(n-1)}$ 的差值。一般情况下，孔的公差等级比轴低一级，即

$$\Delta=IT_n-IT_{(n-1)}=T_h-T_s \tag{2-15}$$

确定孔的一个偏差后，根据孔的基本偏差和标准公差，计算孔的另一个偏差：

$$EI=ES-IT \text{ 或 } ES=EI+IT \tag{2-16}$$

按上述计算公式和换算规则，计算得到的公称尺寸≤500mm 的孔的基本偏差值见表2-4和表2-5。在表2-4中，J 为经验数据，JS 为双向对称分布公差。

表 2-4 孔 A～M 的基本偏差数值（摘自 GB/T 1800.1－2020）

单位：μm

公称尺寸/mm 大于	至	A[1]	B[1]	C	CD	D	E	EF	F	FG	G	H	JS	J (IT6)	J (IT7)	J (IT8)	K (≤IT8)[3][4]	K (>IT8)[3][4]	M (≤IT8)[2][3][4]	M (>IT8)[2][3][4]
—	3	+270	+140	+60	+34	+20	+14	+10	+6	+4	+2	0	偏差=±IT_n/2，式中 n 为标准公差等级数	+2	+4	+6	0	0	-2	-2
3	6	+270	+140	+70	+46	+30	+20	+14	+10	+6	+4	0		+5	+6	+10	-1+Δ		-4+Δ	-4
6	10	+280	+150	+80	+56	+40	+25	+18	+13	+8	+5	0		+5	+8	+12	-1+Δ		-6+Δ	-6
10	14	+290	+150	+95	+70	+50	+32	+23	+16	+10	+6	0		+6	+10	+15	-1+Δ		-7+Δ	-7
14	18	+290	+150	+95	+70	+50	+32	+23	+16	+10	+6	0		+6	+10	+15	-1+Δ		-7+Δ	-7
18	24	+300	+160	+110	+85	+65	+40	+28	+20	+12	+7	0		+8	+12	+20	-2+Δ		-8+Δ	-8
24	30	+300	+160	+110	+85	+65	+40	+28	+20	+12	+7	0		+8	+12	+20	-2+Δ		-8+Δ	-8
30	40	+310	+170	+120	+100	+80	+50	+35	+25	+15	+9	0		+10	+14	+24	-2+Δ		-9+Δ	-9
40	50	+320	+180	+130	+100	+80	+50	+35	+25	+15	+9	0		+10	+14	+24	-2+Δ		-9+Δ	-9
50	65	+340	+190	+140		+100	+60		+30		+10	0		+13	+18	+28	-2+Δ		-11+Δ	-11
65	80	+360	+200	+150		+100	+60		+30		+10	0		+13	+18	+28	-2+Δ		-11+Δ	-11
80	100	+380	+220	+170		+120	+72		+36		+12	0		+16	+22	+34	-3+Δ		-13+Δ	-13
100	120	+410	+240	+180		+120	+72		+36		+12	0		+16	+22	+34	-3+Δ		-13+Δ	-13
120	140	+460	+260	+200		+145	+85		+43		+14	0		+18	+26	+41	-3+Δ		-15+Δ	-15
140	160	+520	+280	+210		+145	+85		+43		+14	0		+18	+26	+41	-3+Δ		-15+Δ	-15
160	180	+580	+310	+230		+145	+85		+43		+14	0		+18	+26	+41	-3+Δ		-15+Δ	-15
180	200	+660	+340	+240		+170	+100		+50		+15	0		+22	+30	+47	-4+Δ		-17+Δ	-17
200	225	+740	+380	+260		+170	+100		+50		+15	0		+22	+30	+47	-4+Δ		-17+Δ	-17
225	250	+820	+420	+280		+170	+100		+50		+15	0		+22	+30	+47	-4+Δ		-17+Δ	-17
250	280	+920	+480	+300		+190	+110		+56		+17	0		+25	+36	+55	-4+Δ		-20+Δ	-20
280	315	+1050	+540	+330		+190	+110		+56		+17	0		+25	+36	+55	-4+Δ		-20+Δ	-20
315	355	+1200	+600	+360		+210	+125		+62		+18	0		+29	+39	+60	-4+Δ		-21+Δ	-21
355	400	+1350	+680	+400		+210	+125		+62		+18	0		+29	+39	+60	-4+Δ		-21+Δ	-21
400	450	+1500	+760	+440		+230	+135		+68		+20	0		+33	+43	+66	-5+Δ		-23+Δ	-23
450	500	+1650	+840	+480		+230	+135		+68		+20	0		+33	+43	+66	-5+Δ		-23+Δ	-23

注：① 当公称尺寸≤1mm 时，不适用于标示符 A 和 B 对应的基本偏差。

② 特例：对于公称尺寸>250mm～315mm 的公差带代号 M6，ES =-9μm，计算结果不是-11μm。

③ 关于标示符 K 和 M 对应的基本偏差值的计算，参考例 2-6。

④ Δ 值见表 2-5。

表 2-5　孔 N～ZC 的基本偏差值（摘自 GB/T 1800.1－2020）　　单位：μm

公称尺寸/mm 大于	至	基本偏差值 上极限偏差 ES ≤IT8 N①②	>IT8 N	≤IT7 P~ZC①	P	R	S	T	U	V	X	Y	Z	ZA	ZB	ZC	Δ值 IT3	IT4	IT5	IT6	IT7	IT8
	3	-4	-4	在>IT7的标准公差等级的基本偏差上增加一个Δ值	-6	-10	-14		-18		-20		-26	-32	-40	-60	0	0	0	0	0	0
3	6	-8+Δ	0		-12	-15	-19		-23		-28		-35	-42	-50	-80	1	1.5	1	3	4	6
6	10	-10+Δ	0		-15	-19	-23		-28		-34		-42	-52	-67	-97	1	1.5	2	3	6	7
10	14	-12+Δ	0		-18	-23	-28		-33		-40		-50	-64	-90	-130	1	2	3	3	7	9
14	18	-12+Δ	0		-18	-23	-28		-33	-39	-45		-60	-77	-108	-150	1	2	3	3	7	9
18	24	-15+Δ	0		-22	-28	-35		-41	-47	-54	-63	-73	-98	-136	-188	1.5	2	3	4	8	12
24	30	-15+Δ	0		-22	-28	-35	-41	-48	-55	-64	-75	-88	-118	-160	-218	1.5	2	3	4	8	12
30	40	-17+Δ	0		-26	-34	-43	-48	-60	-68	-80	-94	-112	-148	-200	-274	1.5	3	4	5	9	14
40	50	-17+Δ	0		-26	-34	-43	-54	-70	-81	-97	-114	-136	-180	-242	-325	1.5	3	4	5	9	14
50	65	-20+Δ	0		-32	-41	-53	-66	-87	-102	-122	-144	-172	-226	-300	-405	2	3	5	6	11	16
65	80	-20+Δ	0		-32	-43	-59	-75	-102	-120	-146	-174	-210	-274	-360	-480	2	3	5	6	11	16
80	100	-23+Δ	0		-37	-51	-71	-91	-124	-146	-178	-214	-258	-335	-445	-585	2	4	5	7	13	19
100	120	-23+Δ	0		-37	-54	-79	-104	-144	-172	-210	-254	-310	-400	-525	-690	2	4	5	7	13	19
120	140	-27+Δ	0		-43	-63	-92	-122	-170	-202	-248	-300	-365	-470	-620	-800	3	4	6	7	15	23
140	160	-27+Δ	0		-43	-65	-100	-134	-190	-228	-280	-340	-415	-535	-700	-900	3	4	6	7	15	23
160	180	-27+Δ	0		-43	-68	-108	-146	-210	-252	-310	-380	-465	-600	-780	-1000	3	4	6	7	15	23
180	200	-31+Δ	0		-50	-77	-122	-166	-236	-284	-350	-425	-520	-670	-880	-1150	3	4	6	9	17	26
200	225	-31+Δ	0		-50	-80	-130	-180	-258	-310	-385	-470	-575	-740	-960	-1250	3	4	6	9	17	26
225	250	-31+Δ	0		-50	-84	-140	-196	-284	-340	-425	-520	-640	-820	-1050	-1350	3	4	6	9	17	26
250	280	-34+Δ	0		-56	-94	-158	-218	-315	-385	-475	-580	-710	-920	-1200	-1550	4	4	7	9	20	29
280	315	-34+Δ	0		-56	-98	-170	-240	-350	-425	-525	-650	-790	-1000	-1300	-1700	4	4	7	9	20	29
315	355	-37+Δ	0		-62	-108	-190	-268	-390	-475	-590	-730	-900	-1150	-1500	-1900	4	5	7	11	21	32
355	400	-37+Δ	0		-62	-114	-208	-294	-435	-530	-660	-820	-1000	-1300	-1650	-2100	4	5	7	11	21	32
400	450	-40+Δ	0		-68	-126	-232	-330	-490	-595	-740	-920	-1100	-1450	-1850	-2400	5	5	7	13	23	34
450	500	-40+Δ	0		-68	-132	-252	-360	-540	-660	-820	-1000	-1250	-1600	-2100	-2600	5	5	7	13	23	34

注：① 关于标示符 N 和 P～ZC 对应的基本偏差值的计算，参考例 2-6。

　　② 当公称尺寸≤1mm 时，不使用标准公差等级>IT8 的标示符为 N 的基本偏差。

【例 2-5】　采用查表和换算规则确定配合代号分别为 $\phi 25H7/p6$ 与 $\phi 25P7/h6$ 的孔和轴的极限偏差，并画出公差带图。

解：查表 2-1 可知，IT6=13μm，IT7=21μm。

轴 p 的基本偏差为下偏差，查表 2-2 可知，ei=+22μm。

轴 p6 的上偏差：es=ei+IT6=(+22+13)μm=+35μm。

孔 H7 的下偏差：EI=0，上偏差 ES=EI+IT7=(0+21)μm=+21μm。

孔 P7 的基本偏差为上偏差，由于孔和轴为不同级配合，因此适用特殊规则，即

$$ES=-ei+\Delta=(-22+\Delta)\mu m=(-22+8)\mu m=-14\mu m$$

该值和查表 2-3 得到的结果一致。

孔 P7 的下偏差：EI=ES-IT7=(-14-21)μm=-35μm。

轴 h6 的上偏差 ei=0，下偏差 ei=es-IT6=(0-13)μm=-13μm。

由上述计算结果可知，

$$\phi 25\mathrm{H7} \equiv \phi 25^{+0.021}_{0}\ \mathrm{mm}, \quad \phi 25\mathrm{p6} \equiv \phi 25^{+0.035}_{+0.022}\ \mathrm{mm}$$

$$\phi 25\mathrm{P7} \equiv \phi 25^{-0.014}_{-0.035}\ \mathrm{mm}, \quad \phi 25\mathrm{h6} \equiv \phi 25^{0}_{-0.013}\ \mathrm{mm}$$

两对孔和轴配合的公差带图如图 2-15 所示，从该图可以看出，一对孔和轴的配合为基孔制配合，另一对孔和轴的配合为基轴制配合，但两种配合的最大过盈和最小过盈不变，即具有相同的配合性质。

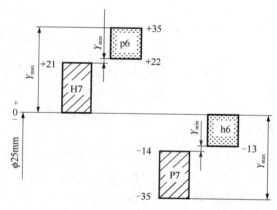

图 2-15　两对孔和轴配合的公差带图

【例 2-6】 查表确定配合代号分别为 $\phi 20\mathrm{K7}$ 与 $\phi 40\mathrm{U6}$ 的孔和轴的极限偏差。

解：（1）配合代号为 $\phi 20\mathrm{K7}$ 的孔和轴的极限偏差。

查表 2-1 可知，对于公称尺寸>18mm～30mm 的 IT7，IT7=21μm。

查表 2-5 可知，对于公称尺寸>18mm～24mm 的 IT7 的 Δ，Δ=8μm。

查表 2-4 可知，对于公称尺寸>18mm～24mm 的 K：

上极限偏差 ES=-2+Δ=-2+8=+6μm。

下极限偏差 EI=ES-IT=+6-21=-15μm。

（2）配合代号为 $\phi 40\mathrm{U6}$ 的孔和轴的极限偏差。

查表 2-1 可知，对于公称尺寸大于 30mm～50mm 的 IT6，IT6=16μm。

查表 2-5 可知，对于公称尺寸大于 30mm～40mm 的 IT6 的 Δ，Δ=5μm。

查表 2-4 可知，对于公称尺寸大于 30mm～40mm 的 U：

上极限偏差 ES=-60+Δ=-60+5=-55μm。

下极限偏差 EI=ES-IT=-55-16=-71μm。

【例2-7】 已知孔和轴配合的公称尺寸为 ϕ50mm，配合公差 T_f=41μm，X_{max}=+66μm，孔的公差 T_h=25μm，轴的下偏差 ei=+41μm，求这对孔和轴的其他极限偏差，并画出公差带图。

解： 已知 T_f=41μm，X_{max}=+66μm；T_h=25μm，ei=+41μm。

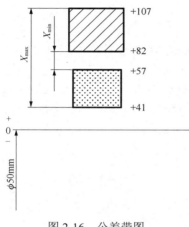

图 2-16 公差带图

按照配合公差、公差、偏差、间隙等有关计算公式进行计算。

因为 T_f=T_h+T_s，所以轴的公差：

T_s=T_f-T_h=(41-25)μm=16μm

因为 T_s=es-ei，所以轴的上偏差：

es=T_s+ei=(16+41)μm=+57μm

因为最大间隙 X_{max}=ES-ei；所以孔的上偏差：

ES=X_{max}+ei=(66+41)μm=+107μm

因为孔的公差 T_h=ES-EI，所以孔的下偏差：

EI=ES-T_h=(+107-25)μm=+82μm

由此可知，孔的极限偏差为 $\phi50^{+0.107}_{+0.082}$ mm，轴的极限偏差为 $\phi50^{+0.057}_{+0.041}$ mm。

所得到的公差带图如图 2-16 所示。

2.3.3 孔和轴的常用公差带与配合

国家标准 GB/T 1800.1—2020 提供了 20 种公差等级和 28 种基本偏差标示符，其中，对于基本偏差标示符 J 仅保留 J6、J7 和 J8，对于基本偏差标示符 j 仅保留 j5、j6、j7 和 j8，但还可以组成孔和轴的多种公差带代号，由孔和轴的公差带代号又可组成大量的配合。全部使用这些公差带与配合显然是不经济的，同时也给使用者带来不便。为了减少定值刀具、量具和工艺装备的品种与规格，应对公差带和配合的选用加以限制。

对公差带代号，应尽可能从图 2-17 与图 2-18 给出的孔和轴相应的公差带代号中选取。应优先选取方框中所示的公差带代号。这两个图中的公差带代号仅应用于不需要对公差带代号进行特定选取的一般性用途，例如，对键槽需要特定选取公差带代号。在特定应用中若有必要，则基本偏差 js 和 JS 可被相应的基本偏差 j 和 J 替代。

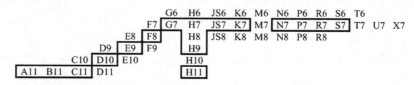

图 2-17 孔的一般、常用和优先公差带（摘自 GB/T 1800.1－2020）

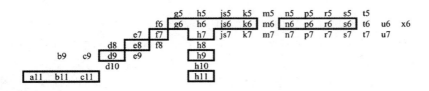

图 2-18　轴的一般、常用和优先公差带（摘自 GB/T 1800.1－2020）

国家标准除了规定孔和轴公差带的选取，还规定了孔和轴公差带的组合。选取孔和轴的公差等级与基本偏差（公差带的位置）时，应能够给出最能满足使用条件的最小间隙（过盈）和最大间隙（过盈）。对于普通的工程机构，只须从许多可能的配合中选择少数配合，图 2-19 和图 2-20 中的配合可满足普通工程机构需要，基于经济因素，如有可能，应优先选择方框中所示的公差带代号。可由图 2-19 获得符合要求的基孔制配合，或在特定应用中由图 2-20 获得基轴制配合。

基准孔	轴公差带代号																		
	间隙配合								过渡配合				过盈配合						
H6						g5	h5		js5	k5	m5		n5	p5						
H7					f6	g6	h6		js6	k6	m6	n6		p6	r6	s6	t6	u6	x6
H8				e7	f7		h7		js7	k7	m7					s7	t7	u7	
			d8	e8	f8		h8												
H9			d8	e8	f8		h9												
H10	b9	c9	d9	e9			h9												
H11	b11	c11	d10				h10												

图 2-19　基孔制配合中的优先配合（摘自 GB/T 1800.1－2020）

基准轴	孔公差带代号														
	间隙配合						过渡配合				过盈配合				
h5					G6	H6	JS6	K6	M6		N6	P6			
h6				F7	G7	H7	JS7	K7	M7	N7	P7	R7	S7	T7	U7 X7
h7			E8	F8		H8									
h8		D9	E9	F9		H9									
			E8	F8		H8									
h9		D9	E9	F9		H9									
	B11	C10	D10			H10									

图 2-20　基轴制配合中的优先配合（摘自 GB/T 1800.1－2020）

2.3.4　极限与配合在图样上的标注

孔和轴的公差带代号由基本偏差标示符与公差等级两部分组成，其中，大写的标示符表示孔的基本偏差，小写的标示符表示轴的基本偏差，并用同一字号书写。例如，H7 为孔公差带代号；h6 为轴公差带代号。

1. 零件图中的公差标注方法

零件图中的公差标注方法如图 2-21 所示，对线性尺寸的公差，应按下列三种形式之一标注。

（1）当采用公差带代号标注公差时，应把公差带代号标注在公称尺寸的右边，如图 2-21（a）所示。

（2）当采用极限偏差标注公差时，应把上偏差标注在公称尺寸的右上方，还应把下偏差与公称尺寸标注在同一条底线上。上、下偏差数字的字号应比公称尺寸数字的字号小一号，如图 2-21（b）所示。

（3）当同时标注公差带代号和相应的极限偏差时，应对极限偏差加圆括号，如图 2-21（c）所示。

需要注意的是，在标注极限偏差时，上、下偏差值的小数点必须对齐。小数点后右端的"0"（末位）一般不予注出；如果为了使上、下偏差值的小数点后的位数相同，就可以用"0"补齐，如$\phi50_{-0.050}^{-0.025}$。当上偏差或下偏差为"零"时，用数字"0"标出，并与下偏差或上偏差的小数点前的个位数对齐，如图 2-21（b）和图 2-21（c）所示。当公差带相对于公称尺寸对称分布时，即上、下偏差的绝对值相同时，上、下偏差数字可以只标注一次，还应在上、下偏差数字与公称尺寸之间注出符号"±"，并且两者数字高度相同，如$\phi50\pm0.08$。

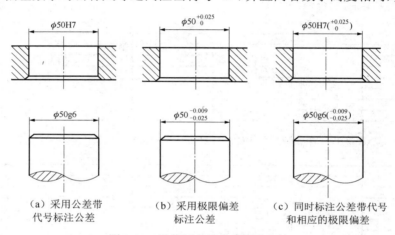

（a）采用公差带代号标注公差　　（b）采用极限偏差标注公差　　（c）同时标注公差带代号和相应的极限偏差

图 2-21　零件图中的公差标注方法

2. 装配图中的配合标注方法

在装配图中标注线性尺寸的配合代号时，必须以分数的形式把配合代号标注在公称尺寸的右边，在分子位置标注孔的公差带代号，在分母位置标注轴的公差带代号，如图 2-22（a）所示。必要时也允许按图 2-22（b）或图 2-22（c）的形式标注配合代号。

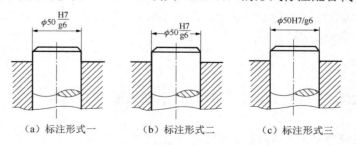

（a）标注形式一　　（b）标注形式二　　（c）标注形式三

图 2-22　装配图上的配合标注方法

2.4 孔和轴的配合精度设计

配合精度设计是机械设计与制造中至关重要的一环，对机械的使用性能和制造成本都有很大的影响，有时甚至起决定性作用。

设计的原则是在保证产品使用要求及性能的前提下，兼顾制造与装配的经济性与可靠性，以达到最大的经济效益。

孔和轴的配合精度设计就是确定它们的配合代号，如 $\phi50H7/g6$、$\phi50H7/r6$，不同的配合代号反映不同的配合精度要求。配合精度设计主要包括三个方面：配合制、公差等级及配合种类。

2.4.1 配合制

国家标准 GB/T 1800.1—2020 对孔和轴的配合规定了两种配合制，即基孔制配合和基轴制配合，简称基孔制和基轴制。当选择为基孔制时，孔的基本偏差标示符为 H；当选择为基轴制时，轴的基本偏差标示符为 h。

这两种配合制对于零件的功能没有技术性的差别，因此，应基于经济因素选择合适的配合制。一般情况下，设计时应优先选择基孔制配合，因为通常使用定值刀具（如钻头、铰刀、拉刀等）加工孔，用极限量规检测孔的加工精度，采用基孔制配合可减少定值刀具和量具的规格及数量。但是，在设计时需根据具体情况选择配合制。例如，在下列情况下可采用基轴制配合。

（1）在农业机械、纺织机械、建筑机械的制造中，有时采用具有一定公差等级（通常公差等级为 9～11 级）的冷拉钢材，无须加工外径，直接把冷拉钢材制成轴，此时应选择基轴制配合。

（2）当需要在同一公称尺寸的轴上装配几个具有不同配合性质的零件时，应选择基轴制配合。

图 2-23 所示为活塞销、连杆小头与活塞销孔的配合及其公差带图，其中图 2-23（a）为三者的配合示意。根据要求，活塞销与活塞销孔应为过渡配合，而活塞销与连杆小头之间有相对运动，应为间隙配合。若对三段配合均选择基孔制配合，则三段配合代号分别为 $\phi30\dfrac{H6}{m5}$、$\phi30\dfrac{H6}{h5}$ 和 $\phi30\dfrac{H6}{m5}$，此时的公差带图如图 2-23（b）所示。在这种情况下，必须将轴做成台阶轴，才能满足各部分配合要求，而这种轴的台阶处容易产生应力集中，既不便于加工，又不利于装配。若改用基轴制配合，则三段配合代号分别为 $\phi30\dfrac{M6}{h5}$、$\phi30\dfrac{H6}{h5}$ 和 $\phi30\dfrac{M6}{h5}$，此时的公差带图如图 2-23（c）所示。在这种情况下，将活塞销做成光轴，既方便加工又利于装配。

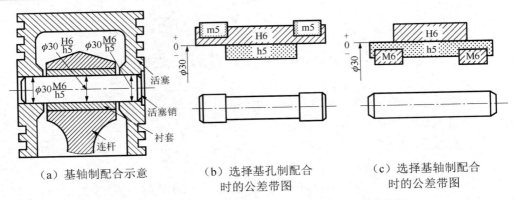

（a）基轴制配合示意　　　（b）选择基孔制配合时的公差带图　　　（c）选择基轴制配合时的公差带图

图 2-23　活塞销、连杆小头与活塞孔的配合及公差带图

（3）对与标准件配合的孔或轴，应以标准件为基准件确定配合制。例如，滚动轴承是标准件，对与滚动轴承内圈配合的轴，应选择基孔制配合，而对与滚动轴承外圈配合的孔，应选择基轴制配合。对平键与键槽的配合，同样需要选择基轴制配合。

此外，为了满足配合的特殊需要，允许采用由任意孔和轴公差带组成的非基准制配合，即由不包含基本偏差标示符为 H 与 h 的任意孔和轴公差带组成的配合。图 2-24 所示结构是非基准制配合，其中滚动轴承外圈与壳体孔配合，必须采用基轴制。若选定的壳体孔公差带代号为 M7，为保证轴承座孔与端盖之间有 0.03～0.14mm 的间隙，应采用 M7/e9 的配合。

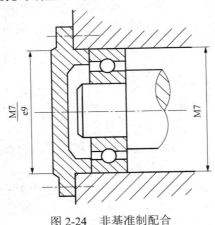

图 2-24　非基准制配合

2.4.2　公差等级

孔和轴公差等级的确定取决于它们配合的精度。确定公差等级的基本原则如下：在能够满足零部件使用要求的前提下，尽量选择较低的公差等级。因此，在确定孔和轴公差等级时，要正确处理零部件使用要求、制造工艺和成本之间的关系。若公差等级选得太低，则不能满足机器的工作性能；若公差等级选得太高，则增加成本和制造难度。

公差等级的确定方法有类比法和计算法，但通常采用类比法。

1. 类比法

公差等级类比法是指以经过生产验证的、类似的机械/机构和零部件为依据，进行分析对比和参考，以便选择公差等级，因此，类比法实际上就是经验法。可以参考国家标准 GB/T 1800.1—2020 推荐的孔和轴公差带代号和配合代号（参看图 2-17～图 2-20）。按类比法确定公差等级与配合代号时，应在现有的应用基础上，找出存在的问题，进行改进和提高。因此，在确定公差等级时需注意以下要求。

1）考虑工艺要求

在确定相配合的孔和轴的公差等级时，应考虑工艺等价原则，即孔和轴的加工难易程度基本相同。在公称尺寸≤500mm 范围内，对于间隙配合和过渡配合，当公差等级≤IT8 级时，一般采用孔的公差等级比轴低一级的配合，如 H8/f7 和 H8/n7 等；当公差等级＞IT8 级时，采用孔和轴同级配合，如 H9/e9、H9/js9 等。对于过盈配合，当公差等级≤IT7 时，一般采用孔的公差等级比轴低一级的配合，如 H7/p6；当公差等级＞IT7 级时，采用孔和轴同级的配合，如 H8/s8。

2）考虑公差等级的应用范围

各公差等级的应用范围见表 2-6，具体要求如下。

（1）IT01、IT0、IT1 级一般用于高精度块规和其他精密尺寸标准块的公差，它们大致相当于量块的 1、2、3 级精度的公差。

表 2-6　各公差等级的应用范围

应用范围	公差等级（IT）																		
	01	0	1	2	3	4	5	6	7	8	9	10	11	12	13	14	15	16	17	18
量块																				
量规																				
特别精密零件																				
配合尺寸																				
非配合尺寸																				
原材料公差																				

（2）IT1～IT7 级用于量规的公差。

（3）IT2～IT5 级用于特别精密零件的配合。

（4）IT5～IT13 级用于配合尺寸公差，是一般机械行业的零部件常采用的公差等级。其中，IT5 级（孔对应 IT6 级）用于高精度和重要的配合，如精密机床主轴的轴颈、主轴箱的壳体孔与精密滚动轴承的配合，车床尾座孔和顶尖套筒的配合，内燃机中活塞销与活塞销孔的配合等。

IT6 级（孔对应 IT7 级）用于要求精密配合的情况，如机床中一般传动轴和轴承的配合，齿轮、带轮和轴的配合，内燃机中曲轴与轴套的配合。这个公差等级在机械制造中应用较广，国家标准推荐的常用公差带也较多。

IT7～IT8 级用于一般精度要求的配合，如对于一般机械中速度不高的轴与轴承的配合，重型机械中用于精度要求稍高的配合，农业机械中用于较重要的配合。

IT9～IT10 级常用于一般要求的配合，或精度要求较高的槽宽的配合。

IT11～IT12 级用于不重要的配合。

（5）IT12～IT18 级用于未标注公差的尺寸精度，包括冲压件、铸锻件及其他非配合尺寸的公差等。

3）考虑配合性质

选择公差等级时，还要考虑配合性质。对于过渡配合和过盈配合，因其间隙和过盈的变化，对定位精度及连接强度很敏感，故应选择较高的公差等级。对于间隙配合，视具体情况而定。若间隙小，则选择高的公差等级；若间隙大，则选择较低的公差等级。

4）考虑加工方法

选择公差等级的原则是在满足加工精度要求的前提下，选择成本低的加工方法。公差等级的高低反映加工精度的高低：公差等级越高，加工精度越高，加工成本越高。一定的加工方法能达到一定的加工精度，加工精度不同，其加工方法和加工成本也不同。国家标准中各公差等级与各种加工方法的大致关系见表 2-7。在具体应用时，可参考该表并结合企业的生产条件进行设计。

表 2-7　国家标准中各公差等级与各种加工方法的大致关系

加工方法	公差等级（IT）																		
	01	0	1	2	3	4	5	6	7	8	9	10	11	12	13	14	15	16	17	18
研磨	■	■	■	■	■	■	■													
珩磨						■	■	■												
圆磨							■	■	■	■										
平磨							■	■	■	■										
金刚石车							■	■	■											
金刚石镗							■	■	■											
拉削							■	■	■	■										
铰孔								■	■	■	■	■								
车								■	■	■	■	■	■							
镗								■	■	■	■	■	■							
铣									■	■	■	■	■							
刨、插												■	■							
钻												■	■	■	■					
滚压、挤压												■	■							
冲压												■	■	■	■	■				
压铸													■	■	■	■				
粉末冶金成型								■	■	■										
粉末冶金烧结									■	■	■									
砂型铸造、气割																	■	■		
锻造																	■	■		

2. 计算法

计算法是指根据一定的理论和计算公式，通过计算确定孔和轴的公差等级（具体可参看例 2-8）。例如，轴承的精度设计需要使用相关的计算公式。随着科技的进步，公差分析软件的成熟，计算法得到推广应用。

2.4.3　配合种类

确定孔和轴基准制及其公差等级之后，然后根据使用要求——配合间隙或过盈的大小，确定与基准件配合的孔或轴的基本偏差标示符。

选择合适的配合种类主要是为了解决相配合的零件（如孔和轴）在工作时的相互关系，以保证机器在正常工作条件下具有良好的性能、质量和使用寿命，并兼顾加工的经济性。

在设计时，根据使用要求，参考图 2-19 和图 2-20 选择优先配合和常用配合。如果优先配合与常用配合不能满足要求，可选择国家标准推荐的一般用途的孔和轴公差带，按使用要求组成需要的配合种类。如果仍不能满足使用要求，还可从国家标准所提供的孔和轴公差带中选择合适的公差带，组成所需要的配合种类。

对间隙配合，由于配合件（孔或轴）基本偏差的绝对值等于最小间隙，因此可按最小间隙确定基本偏差标示符；对过盈配合，在确定基准件的公差等级后，即可按最小过盈确定配合件（孔或轴）的基本偏差标示符。

机器的质量大都取决于对其零部件所规定的配合种类及其技术条件是否合理，许多零部件的公差都是由配合的要求决定的。选择配合种类的方法一般有三种：类比法、实验法和计算法。

1. 类比法

选择配合种类所用的类比法是指参考同类型机器或机构中经过生产实践验证的已用配合的实用情况，结合所设计机器的使用要求而确定配合种类。应用这种方法时，首先，需要分析机器或机构的功用、工作条件及技术要求，进而研究配合件的工作条件及其使用要求；其次，需要了解各种配合的特性和应用。

1）研究配合件的工作条件及其使用要求

为了充分掌握配合件的具体工作条件及其使用要求，必须考虑下列问题：工作时配合件的相对位置状态（如运动方向、运动速度、运动精度、停歇时间等）、载荷情况、润滑条件、温度变化、配合的重要性、装卸条件及配合件材料的物理力学性能等。根据具体条件的不同，对配合件的间隙或过盈进行修正。

2）了解各种配合的特性和应用

（1）间隙配合的特性就是一对配合件具有间隙。它主要用于配合件有相对运动的配合，包括旋转运动和轴向滑动，也可用于一般的定位配合。

标示符为 a~h（或 A~H）的基本偏差与基准孔（或基准轴）形成的间隙配合，主要用于有相对运动的配合，或用于频繁拆装而定心精度要求不高的定位配合。其中，由标示符为 a（或 A）的基本偏差与基准孔（或基准轴）配合形成的间隙最大，由标示符为 h（或 H）的基本偏差与基准孔（或基准轴）配合形成的间隙最小，其配合的最小间隙为零。

（2）过盈配合的特性就是一对配合件具有过盈，它主要用于配合件没有相对运动的配合。过盈不大时，依靠键的连接传递扭矩；过盈较大时，依靠孔和轴的结合力传递扭矩。前者可以拆卸，后者是不能拆卸的。

标示符为 p～zc（或 P～ZC）的基本偏差与基准孔（或基准轴）形成的过盈配合，主要用于没有相对运动的配合，使孔和轴结合为一个整体而传递扭矩，公差等级≤IT7 级。其中，由标示符为 p（或 P）的基本偏差与基准孔（或基准轴）配合形成的过盈最小，若公差等级较低，如 H8/p7，则形成过渡配合。

（3）过渡配合的特性是，一对配合件可能具有间隙，也可能具有过盈，但其间隙和过盈一般比较小。过渡配合主要用于定位精确并可拆装的相对静止的连接。

标示符为 js～n（或 JS～N）的基本偏差与基准孔（或基准轴）形成的过渡配合，主要用于定心精度要求高并需要拆装的配合，公差等级≤IT8 级。在 js～n（或 JS～N）范围，出现的间隙概率由大到小，过盈概率则由小到大。以 $\phi50～\phi80\mathrm{mm}$ 尺寸分段为例，其中 H7/js6、H7/k6、H7/m6 及 H7/n6 获得间隙的概率分别为 99.43%、72.31%、18.36%及 0.69%；过盈概率则正好相反。

表 2-8 是各种基本偏差的特性和应用，表 2-9 是优先配合的特性和应用，可供选择配合种类时参考。

表 2-8　各种基本偏差的特性和应用

配合种类	基本偏差标示符	特性和应用
间隙配合	a(A) b(B)	可得到特别大的间隙，这种配合较少应用，主要用于工作温度高、热变形大的零部件的配合，如发动机中的活塞与缸套的配合，其配合代号为 H9/a9
	c(C)	可得到很大的间隙，一般用于工作条件较差（如农业机械）、工作时受力变形大及装配工艺性不好的零部件的配合，也适用于高温工作的间隙配合，如内燃机的排气阀杆与导管的配合，其配合代号为 H8/c7
	d(D)	一般用于 IT7～IT11 级，适用于较松的间隙配合（如滑轮、空转皮带轮与轴的配合），以及大尺寸滑动轴承与轴的配合（如涡轮机、球磨机等的滑动轴承与轴的配合），如活塞环与活塞槽的配合，其配合代号 H 9/d9
	e(E)	多用于 IT7～IT9 级，具有明显的间隙，用于大跨距及多支点的转轴与轴承的配合，以及高速、重载的大尺寸轴与轴承的配合，如大型电机、内燃机的主要轴承处的配合，其配合代号为 H8/e7
	f(F)	多用于 IT6～IT8 级的一般转动的配合，受温度影响不大，采用普通润滑油的轴与滑动轴承的配合，如齿轮箱、小电机、泵等的转轴与滑动轴承的配合，其配合代号为 H7/f6
	g(G)	多用于 IT5～IT7 级，间隙较小，用于轻载荷精密装置中的转动配合，最适合用于不回转的精密滑动配合，也用于插销的定位配合，如钻套与衬套的配合，其配合代号为 H7/g6
	h(H)	多用于 IT4～IT11 级，广泛用于无相对转动的配合，作为一般的定位配合。若没有温度、变形的影响，也可用于精密滑动轴承，如车床尾座孔与滑动套的配合，其配合代号为 H6/h5

续表

配合种类	基本偏差标示符	特性和应用
过渡配合	js(JS)	多用于IT4～IT7级具有平均间隙并略有过盈的定位配合，如联轴节、齿圈与轮毂的配合。滚动轴承外圈与外壳孔的配合多用JS7，一般用手或木锤装配
	k(K)	多用于IT4～IT7级具有平均间隙接近零并稍有过盈的定位配合，如滚动轴承的内、外圈分别与轴颈、外壳孔的配合，一般用木锤装配
	m(M)	多用于IT4～IT7级具有平均过盈较小的精密定位配合，如一般机械中齿轮与轴的配合，其配合代号为H7/m6，一般用木锤装配
	n(N)	多用于IT4～IT7级具有平均过盈较大、不频繁拆装的精密定位配合，很少形成间隙，如冲床上齿轮与轴的配合，一般用锤或压力机装配
过盈配合	p(P)	用于小过盈配合。与H6或H7的孔形成过盈配合，而与H8的孔形成过渡配合。钢和铸铁零部件形成的配合为标准压入配合，如卷扬机的绳轮与齿圈的配合，其配合代号为H7/p6。当合金钢零部件的配合为小过盈配合时可选用p（P）
	r(R)	铁类零部件的配合为中等载荷配合，非铁类零部件的配合为轻载荷配合，当需要时可以拆卸，如用于传递大扭矩或受冲击力且需加键的蜗轮与轴的配合，其配合代号为H7/r6
	s(S)	用于钢和铸铁零部件的永久性和半永久性结合，可产生相当大的结合力，如套环与轴、阀座的配合，其配合代号为H7/s6
	t(T)	用于钢和铁零部件的永久性结合，不依靠键传递扭矩，需用热胀法或冷缩法装配，如汽车变速箱中齿轮与中间轴的配合，其配合代号为H7/t6
	u(U)	用于大过盈配合，需验算最大过盈。用热胀法或冷缩法进行装配，如火车轮毂和轴的配合，其配合代号为H6/u5
	v(V)，x(X) y(Y)，z(Z)	用于特大过盈配合，目前这方面使用的经验和资料很少，必须经过实验后才能运用，一般不推荐使用

表2-9 优先配合的特性和应用

优先配合		应用说明
基孔制	基轴制	
$\frac{H11}{b11}$ $\frac{H11}{c11}$	$\frac{B11}{h9}$	间隙非常大，液体摩擦情况差，转速很高，精度要求低，要求具有大公差和大间隙的外露组件；要求装配方便且很松的配合；在高温下工作且很松的转动配合，如起重机吊钩，带榫槽法兰与槽径的配合，农业机械中加工或不加工的轴与轴承的配合等
$\frac{H10}{d9}$	$\frac{D10}{h9}$	间隙很大，液体摩擦情况尚好，转速较高，公差等级较低、温度变化大、高转速或径向压力较大的自由转动配合
$\frac{E8}{h8}$ $\frac{E9}{h9}$	$\frac{H8}{e8}$ $\frac{H9}{e8}$	配合间隙较大，用于转速高且载荷不大、方向不变的轴与轴承的配合，或者中等转速但轴跨度长或三个以上支撑点轴与轴承的配合，如外圆磨床的主轴与轴承、汽轮发电机的轴与轴承、小型电机的轴与轴承等的配合
$\frac{H8}{f7}$	$\frac{F8}{h7}$	间隙不大，用于低速转动、承受中等轴颈压力、有一定的精度要求的一般滑动轴承，以及要求装配方便的中等定位精度的配合，如中等转速和中等载荷的滑动轴承、机床滑移齿轮与轴等的配合

续表

优先配合		应 用 说 明
基孔制	基轴制	
$\dfrac{H7}{g6}$	$\dfrac{G7}{h6}$	间隙较小，用于不回转的精密滑动配合或用于缓慢间歇回转的精密配合，也可用于保证配合件之间具有较好的同轴精度或定位精度且需要频繁拆装的配合，如精密机床主轴与轴承、机床传动齿轮与轴、中等精度分度头与轴套、矩形花键定心直径、可换钻套与钻模板等的配合
$\dfrac{H7}{h6}$ $\dfrac{H8}{h7}$ $\dfrac{H10}{h9}$	$\dfrac{H7}{h6}$ $\dfrac{H8}{h7}$ $\dfrac{H8}{h9}$ $\dfrac{H9}{h9}$ $\dfrac{H9}{h8}$ $\dfrac{H9}{h9}$	均为间隙配合，零部件可自由装拆，而工作时一半零部件相对静止不动，其最小间隙为零，最大间隙等于孔和轴公差之和，用于具有缓慢的轴向移动或摆动的配合，以及有同轴度和导向精度要求的定位配合，如机床变速箱的滑移齿轮和轴、离合器与轴、滚动轴承与箱体、风动工具活塞与缸体、销钉和套、拨叉和导向轴、起重机链轮与轴等的配合
$\dfrac{H7}{js6}$	$\dfrac{JS7}{h6}$	最松的一种过渡配合，用于频繁拆卸、同轴度要求不高的配合，如机床变速箱中的齿轮和轴、精密仪表中的轴和轴承等的配合
$\dfrac{H7}{k6}$	$\dfrac{K7}{h6}$	过渡配合，最大间隙和最大过盈的平均值接近零，拆卸比较方便，可用木锤打入或取出，用于要求稍有过盈的精密定位配合。当传递扭矩较大时，应加紧固件。例如，机床不动齿轮和轴，减速机蜗轮与轴，齿轮和轴的配合等
$\dfrac{H7}{n6}$	$\dfrac{N7}{h6}$	过渡配合，拆装困难，需用钢锤打入或取出，用于允许有较大过盈的精密定位配合；在加紧固件的情况下，可承受较大的扭矩、冲击力和振动能量；用于装配后不需要拆装或大修时才拆装的配合，如蜗轮的青铜轮缘与轮心、柴油泵的泵座与泵芯、压缩机连杆衬套与曲轴衬套等的组合
$\dfrac{H7}{p6}$	$\dfrac{P7}{h6}$	过盈很小，用于定位精度要求高、配合刚性及同轴度精度要求高的配合。一般不能依靠过盈传递扭矩，若要传递扭矩还需加紧固件，如冲击振动的载荷齿轮和轴、凸轮孔和凸轮轴等的配合
$\dfrac{H7}{r6}$	$\dfrac{R7}{h6}$	过盈适中，用于钢和铸铁零部件的永久性和半永久性配合，在传递中等载荷时，无须加紧固件，如重载齿轮和轴、轴和联轴器、可交换铰套与铰模板的配合等的配合
$\dfrac{H7}{s6}$	$\dfrac{S7}{h6}$	过盈较大，用于传递大的扭矩或承受大的冲击力，装配时需加热孔或冷却轴，无须加紧固件便很牢固的配合，如减速机中的轴与蜗轮、空压机连杆头与衬套、重载低速齿轮与轴等的配合

2. 实验法

实验法对产品性能影响很大，一些配合件在没有可参考的类比案例时，往往用实验法确定机器最佳工作性能的间隙或过盈。例如，风镐锤体与镐筒的配合间隙大小对风镐工作性能有很大影响，一般采用实验法较为可靠。但这种方法需要进行大量实验，成本较高。

3. 计算法

这里的计算法是指根据一定的理论和公式，计算出所需的间隙或过盈。例如，对间隙配合中的滑动轴承，可以运用润滑理论通过计算法保证滑动轴承处于液体摩擦状态所需的间隙，即计算出形成油膜润滑的最小间隙和确定不引起油膜破坏的最大间隙，并且根据计算结果，选择合适的配合种类；对过盈配合，可以按弹塑性理论，计算出保证传递扭矩的最小过盈和不引起材料破坏所允许的最大过盈，并且根据计算结果，选择合适的配合种类。由于影响配合间隙大小和过盈的因素很多，理论计算结果也只是近似的，所以在实际应用中还需经过实验确定。

【例 2-8】 有一对公称尺寸为 $\phi 80$ 的孔和轴相配合，经计算，要求这对孔和轴的配合间隙 X=+(55～135)μm，试确定这对孔和轴的配合种类。

解：（1）确定基准制。因这对孔和轴无特殊要求，故优先选用基孔制。

（2）确定公差等级。

① 根据配合公差定义，可得

$$T_f = X_{max} - X_{min} = T_h + T_s$$

已知　　　　　　　　$[X_{max}]$=+135μm，$[X_{min}]$=+55μm

将其代入上式，解得

$$T_f = 135 - 55 = 80（μm）$$

② 分配孔和轴公差。

因为 $T_h + T_s = 80$，假设孔和轴同级，即 $T_h = T_s$，所以假设

$$T_h = T_s = 80/2 = 40（μm）$$

查表 2-1 可知，当公称尺寸≥50～80mm 时，IT7=30μm，IT8=46μm。

由此可知，孔的公差等级为 IT8 级，轴的公差等级为 IT7 级。

（3）选定配合种类。

已选定基孔制，因此孔的公差带代号为 H8，则 EI=0；ES=+46μm，

由题意可知，该对孔和轴为间隙配合且已知

$$[X_{max}]=+135μm，[X_{min}]=+55μm$$

可直接用最小间隙确定轴的基本偏差，由表 2-2 查得 e 的基本偏差 es=-60μm，因此轴的公差带代号为 e7，则 ei=es-IT7=(-60)-30=-90（μm）。

（4）检测。

$$X_{max} = ES - ei = (+46) - (-90) = +136（μm）$$

$$X_{min} = EI - es = 0 - (-60) = +60（μm）$$

适用条件为　　　　　　$X_{min} \geqslant [X_{min}]，X_{max} \leqslant [X_{max}]$

X_{max}=+136μm，该值大于+135μm，但未超过配合公差的 5%，即未超过 80×5%=4μm，仍可用，因此 $\phi 80$H8/e7 能满足使用要求。

2.5　一般公差

2.5.1　一般公差的概念

零件上各要素的尺寸、形状和相互位置都有一定的功能要求，在加工时，各要素的尺寸、形状和相互位置都存在一定的误差。因此，图样上的所有要素都应受到一定公差的约

束。这些公差要求不一定都要逐项单独予以标注，可以采用一般公差处理。

一般公差也称为未注公差，是指不在图样上单独注出的公差（极限偏差）或公差带代号，而在图样上的技术要求中或技术文件（企业标准或行业标准）中对公差要求作出总的说明。一般公差是在车间普通加工工艺条件下机床设备可保证的公差，在正常维护和操作情况下，它代表车间正常的加工精度。

线性尺寸的一般公差主要用于低精度的非配合尺寸。当功能上允许的公差等于或大于一般公差时，应采用一般公差。只有当要素的功能允许具备比一般公差大的公差，而该公差在制造上比一般公差更为经济时（如装配时所钻的不通孔深度），其相应的极限偏差值要标注在尺寸之后。

采用一般公差的尺寸在正常车间精度保证的条件下一般可不检测。应用一般公差可简化制图，使图样清晰易读；节省图样设计时间，设计人员只要熟悉和应用一般公差的规定，可不必逐一考虑其公差值；突出了图样上注出公差的尺寸，以便在加工和检测时引起重视。

国家标准 GB/T 1804－2000《一般公差 未注公差的线性和角度尺寸的公差》应用于线性尺寸（如外尺寸、内尺寸、阶梯尺寸、直径、半径、距离、倒圆半径和倒角高度）、角度尺寸（包括通常不注出角度值的角度尺寸如直角 90°）和机械加工组装件的线性和角度尺寸等三个方面未注公差的尺寸。

2.5.2　一般公差的等级和极限偏差值

对一般公差规定 4 个等级，其等级从高到低依次为精密级（f）、中等级（m）、粗糙级（c）、最粗级（v）。公差等级越低，公差值越大。线性尺寸的极限偏差值见表 2-10，倒圆半径和倒角高度的极限偏差值见表 2-11，角度尺寸的极限偏差值见表 2-12。

表 2-10　线性尺寸的极限偏差值（摘自 GB/T 1804－2000）

公差等级	长度分段/ mm							
	0.5～3	>3～6	>6～30	>30～120	>120～400	>400～1000	>1000～2000	>2000～4000
精密级（f）	±0.05	±0.05	±0.1	±0.15	±0.2	±0.3	±0.5	—
中等级（m）	±0.1	±0.1	±0.2	±0.3	±0.5	±0.8	±1.2	±2
粗糙级（c）	±02	±0.3	±0.5	±0.8	±1.2	±2	±3	±4
最粗级（v）	—	±0.5	±1	±1.5	±2.5	±4	±6	±8

表 2-11　倒圆半径和倒角高度的极限偏差值（摘自 GB/T 1804－2000）

公差等级	长度分段/mm			
	0.5～3	>3～6	>6～30	>30
精密级（f）	±0.2	±0.5	±1	±2
中等级（m）	±0.2	±0.5	±1	±2
粗糙级（c）	±0.4	±1	±2	±4
最粗级（v）	±0.4	±1	±2	±4

注：倒圆半径和倒角高度的含义参看 GB/T 6403.4。

表 2-12　角度尺寸的极限偏差值（摘自 GB/T 1804－2000）

公差等级	长度分段/mm				
	～120	>10～50	>50～120	>120～400	>400
精密级（f）	±1°	±30′	±20′	±10′	±5′
中等级（m）					
粗糙级（c）	±1°30′	±1°	±30′	±15′	±10′
最粗级（v）	±3°	±2°	±1°	±30′	±20′

2.5.3　一般公差的图样表示法

对于采用一般公差的尺寸，无须在该尺寸之后注出其极限偏差值，而应在图样标题栏附近或技术要求、技术文件（如企业标准）中注出本标准号及公差等级代号。例如，当公差等级选取中等级（m）时，一般公差的图样表示为 GB/T 1804－m，表明该图样上凡未直接注出公差的所有线性尺寸，包括倒角高度、倒圆半径和角度尺寸均按中等级（m）加工和检测。

本章小结

极限与配合的基本术语及定义不仅是光滑圆柱体零件尺寸极限制的基础知识，也是精度设计的基础知识。必须牢固掌握极限与配合的基本术语及定义，不仅要明确定义，还能熟练计算。

标准公差系列和基本偏差系列是极限与配合标准的核心，也是本章的重点。标准公差决定了公差带的大小，基本偏差决定了公差带的位置。标准公差、尺寸大小与加工难易程度有关，基本偏差由尺寸大小和配合性质决定，一般与公差等级无关。

孔和轴尺寸精度的设计主要包括基准制、公差等级和配合种类的选用，必须结合实例理解和掌握这方面内容。

习　题

一、填空

2-1　允许零件几何参数的变化量称为_____。

2-2　若已知公称尺寸为 $\phi 40$mm 的轴，其下极限尺寸为 $\phi 40.009$mm，公差为 0.025mm，则它的上偏差是_____mm，下偏差是_____mm。

2-3　公差带的位置由_____决定，公差带的大小由_____决定。

2-4 极限偏差是_____尺寸减去_____尺寸所得的代数差。

2-5 在公称尺寸≤500mm 范围内，公差等级分____级，其中____级精度最高。

2-6 $\phi 50^{+0.05}_{0}$ mm 孔的基本偏差值为_____mm，$\phi 50^{-0.025}_{-0.050}$ mm 轴的基本偏差值为_____mm，$\phi 30^{+0.041}_{+0.020}$ mm 孔的基本偏差值为_____mm。

2-7 ES＜ei 时的孔轴配合属于_____配合，EI＞es 时的孔轴配合属于_____配合。

2-8 公差等级选择原则是在_____的前提下，尽量选用_____的公差等级。

二、判断题（在括号内，对的画"√"，错的画"×"）

2-9 配合的松紧程度取决于标准公差的大小。   （   ）

2-10 过渡配合孔和轴的可能存在间隙，也可能存在过盈，因此，过渡配合可能是间隙配合，也可能是过盈配合。   （   ）

2-11 孔和轴的加工精度越高，则其配合精度也越高。   （   ）

2-12 一般来说，零件的实际尺寸越接近公称尺寸越好。   （   ）

2-13 零件尺寸的加工成本取决于公差等级的高低，而与配合种类无关。   （   ）

2-14 如果某类配合的最大间隙 X_{max} ＝+20μm，配合公差 T_f ＝30μm，那么这类配合一定是过渡配合。   （   ）

三、简答题

2-15 判断零件实际尺寸的合格性条件是什么？

2-16 公差与偏差有何区别？

2-17 为什么优先选用基孔制？哪些情况下可采用基轴制？

2-18 对于 $\phi 50^{0}_{-0.050}$ mm 孔和 $\phi 50^{-0.050}_{-0.100}$ mm 轴，其基准制和配合种类如何选择？

四、计算题

2-19 试根据表 2-13 中的已知数据，计算表中的未知项并把计算填入各空格（单位为mm）。

表 2-13 例题数据

孔或轴	极限尺寸		极限偏差		公差	尺寸标注
	最大	最小	上偏差	下偏差		
孔：$\phi 10$	9.985	9.970				
孔：$\phi 18$						$\phi 18^{+0.017}_{0}$
孔：$\phi 30$			+0.012		0.021	
轴：$\phi 40$			-0.050	-0.112		
轴：$\phi 60$	60.041				0.030	
轴：$\phi 85$		84.978			0.022	

2-20　已知下列三对孔和轴配合。

（1）孔：$\phi20^{+0.033}_{0}$　　轴：$\phi20^{-0.065}_{-0.098}$

（2）孔：$\phi35^{+0.007}_{-0.018}$　　轴：$\phi35^{\ 0}_{-0.016}$

（3）孔：$\phi55^{+0.030}_{0}$　　轴：$\phi55^{+0.060}_{+0.041}$

要求：

（1）根据实际配合种类，分别计算以上三对孔和轴相配合时的最大过盈、最小过盈、最大间隙、最小间隙及配合公差。

（2）查表确定孔和轴公差带代号。

（3）分别绘出公差带图，并说明它们的配合种类。

2-21　查表确定下面 3 个配合代号对应的孔和轴极限偏差，画出公差带图，求出极限间隙（或过盈）及配合公差（T_f），说明各类配合的基准制及配合性质。

（1）$\phi70H7/g5$　　（2）$\phi40H7/r6$　　（3）$\phi55JS8/h7$

2-22　有下列三组孔与轴相配合，根据给定的数值，试分别确定它们的公差等级，并选用适当的配合。

（1）公称尺寸为 $\phi25mm$，$X_{max}=+0.086mm$，$X_{min}=+0.020mm$。

（2）公称尺寸为 $\phi40mm$，$Y_{max}=-0.076mm$，$Y_{min}=-0.035mm$。

（3）公称尺寸为 $\phi60mm$，$Y_{max}=-0.032mm$，$X_{max}=+0.046mm$。

第3章 几何精度设计

引例

为了保证机器的顺利装配和使用性能，机器零件的精度光靠尺寸精度控制是远不能满足其使用性能要求的，也不能保证其配合精度。例如，图 3-1 中的轴在任意方向的直径测量值均在尺寸公差范围内，但该轴存在直线度误差，装配时无法与孔配合。再如，若内燃机配气机构中的凸轮存在线轮廓误差（见图 3-2），则直接影响汽缸进、排气量的变化，从而影响内燃机的功率，也会影响该图中 B 值的大小。因此，几何误差会直接影响机器的工作精度、运动平稳性、密封性、耐磨性、使用寿命和可装配性等。规定合理的几何公差，可保证机器零件的互换性，满足使用要求。本章重点介绍几何公差的相关标准和几何公差的应用。

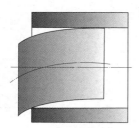

图 3-1 轴存在直线度误差

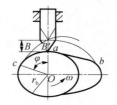

图 3-2 凸轮的线轮廓误差

3.1　概　　述

任何机械产品都要经过图样设计、机械加工和装配调试等过程。其中，图样给出的零件都是没有误差的理想几何体，但是在机械加工中，由机床、夹具、刀具和工件组成的工艺系统存在各种误差，以及加工过程中存在受力变形、振动、磨损等各种干扰因素，致使加工后的零件不仅有尺寸误差，还有几何误差。几何误差包括形状误差、方向误差、位置误差和跳动误差。因此，需要对应的公差限定这些误差。

几何精度是一项重要的质量指标，直接影响零件的使用功能和互换性。目前颁布实施的有关国家标准主要有 GB/T 1182－2018《产品几何技术规范（GPS）　几何公差　形状、方向、位置和跳动公差标注》、GB/T 1184－1996《形状和位置公差　未注公差值》、GB/T 24637.1－2020《产品几何技术规范（GPS）　通用概念　第 1 部分：几何规范和检测的模型》、GB/T 4249－2018《产品几何技术规范（GPS）基础　概念、原则和规则》、GB/T 16671－2018《产品几何技术规范（GPS）几何公差　最大实体要求（MMR）、最小实体要求（LMR）和可逆要求（RPR）》、GB/T 17851—2022《产品几何技术规范（GPS）　几何公差 基准和基准体系》、GB/T 13319－2020《产品几何技术规范（GPS）几何公差　成组（要素）与组合几何规范》、GB/T 1958－2017《产品几何技术规范（GPS）几何公差　检测与验证》。

3.1.1　几何要素分类

几何公差的研究对象是构成机械零件几何特征的几何要素，与要素有关的术语及定义参看本书 2.2.1 节。图 3-3 所示的零件就是由多种几何要素组成的。

几何要素分类如下。

1. 按存在状态分类

按存在状态，几何要素分为公称要素和实际要素。

（1）公称要素。公称要素是指图样上表示的要素。由于加工误差不可避免，所以，公称要素实际上是不可能得到的。

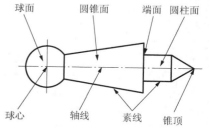

图 3-3　零件的几何要素

（2）实际要素。实际要素是指零件加工后得到的、实际存在的要素，通常用提取要素（测得要素）代替。由于存在测量误差，因此提取要素并非该实际要素的真实状态。

2. 按检测要求分类

按检测要求，几何要素分为被测要素和基准要素。

（1）被测要素。被测要素是指在图样上标出了几何公差要求，而加工后需进行检测的要素。例如，图 3-4 中的 ϕd_1 圆柱面及其右端面和 ϕd_2 圆柱面的轴线都给出了几何公差要求。

（2）基准要素。基准要素是用来确定被测要素方向或（和）位置的要素，图样上的基准要素都标有基准符号或基准代号。理想的基准要素称为基准，如图 3-4 中的 ϕd_1 圆柱面的轴线。

3. 按结构特征分类

按结构特征，几何要素分为组成要素和导出要素。

（1）组成要素。组成要素是属于工件的实际表面或表面模型的几何要素。组成要素也称为轮廓要素。图 3-3 中的球面、圆锥面、端面、圆柱面、素线等都属于组成要素。

（2）导出要素。导出要素是对组成要素进行一系列操作而产生的中心的、偏移的、一致的或镜像的几何要素，即由一个或几个组成要素得到的中心点、中心线或中心面。这些要素必须通过导出才能获得，如图 3-3 中的球心是由球面得到的导出要素，圆柱的中心线是由圆柱面得到的导出要素。

4. 按功能关系分类

被测要素按功能关系可分为单一要素和关联要素。

（1）单一要素。单一要素是仅对被测要素本身给出形状公差要求的要素，如图 3-4 中的 ϕd_1 圆柱面。单一要素仅对本身有要求，而与其他要素没有功能关系。

（2）关联要素。关联要素是相对于基准要素有功能要求且给出公差要求的要素，如图 3-4 中的 ϕd_2 圆柱面的轴线和 ϕd_1 圆柱面的右端面。这些要素与基准要素之间有功能关系，例如同轴和垂直。

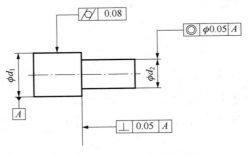

图 3-4　零件的几何要素示例

3.1.2　几何公差的特征项目及其符号

几何公差类型、特征项目和符号见表 3-1。

表 3-1　几何公差类型、特征项目和符号（摘自 GB/T 1182－2018）

几何公差类型	几何公差特征项目	符号	有无基准	几何公差类型	几何公差特征项目	符号	有无基准
形状公差	直线度	—	无	位置公差	位置度	⊕	有或无
	平面度	▱	无		同心度（用于中心点）	◎	有
	圆度	○	无		同轴度（用于轴线）	◎	有
	圆柱度	⌖	无		对称度	=	有
	线轮廓度	⌒	无		线轮廓度	⌒	有
	面轮廓度	⌓	无		面轮廓度	⌓	有
方向公差	平行度	//	有	跳动公差	圆跳动	↗	有
	垂直度	⊥	有		全跳动	⌰	有
	倾斜度	∠	有		—	—	—
	线轮廓度	⌒	有		—	—	—
	面轮廓度	⌓	有		—	—	—

3.1.3　几何公差在图样上的标注方法

　　根据现行国家标准，几何公差的标注内容包括几何公差框格、可选的辅助平面和要素标注及可选的相邻标注（补充标注）。其中，几何公差框格在技术图样中是不可缺少的，作为被测要素的标注。几何公差框格的内容自左向右（或自下到上）依次为带箭头的指引线、几何公差特征项目的符号、公差值和有关符号、基准字母（形状公差无基准）、与基准要素有关的符号，如图 3-5 所示。基准字母采用大写字母，为了避免混淆和误解，规定不采用 *E、F、I、J、L、M、O、P、R* 这 9 个大写斜体字母。用一个字母表示单个基准，用几个字母表示基准体系或公共基准。基准符号由带方框的基准字母和用细实线与涂黑或空白的三角形相连而成，如图 3-6 所示，涂黑的和空白的三角形含义相同。无论基准符号在图样上的方向如何，方框内的大写字母均应水平书写。

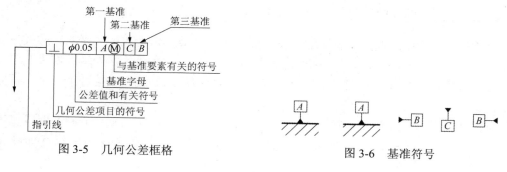

图 3-5　几何公差框格　　　　　　　图 3-6　基准符号

1. 被测要素的标注方法

当被测要素为组成要素（轮廓线或轮廓面）时，箭头指向被测要素的轮廓线或轮廓面的延长线（应与尺寸线明显错开），这种情况下的标注如图 3-7 所示。其中，二维标注如图 3-7（a）所示。三维标注如图 3-7（b）所示，指引线终止在组成要素轮廓线上或尺寸界线上（应与尺寸线明显错开），指引线的终点为组成要素上的点以及指向延长线的箭头。当该面要素可见时，该点为实心，指引线为实线；当该面要素不可见时，该点为空心，指引线为虚线。

当指向组成要素实际表面界限以内时，箭头指向指引线的水平线，指引线以圆点终止在组成要素实际表面界限以内。这种情况下的标注如图 3-8 所示。

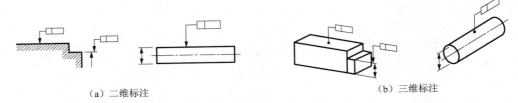

（a）二维标注　　　　　　　　　　　　　　　（b）三维标注

图 3-7　被测要素为组成要素时的标注

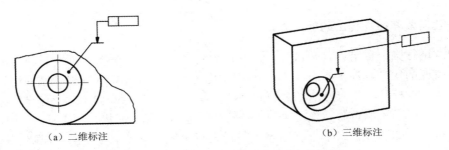

（a）二维标注　　　　　　　　　　　　　　（b）三维标注

图 3-8　指引线终止在组成要素界限以内的标注

当被测要素为导出要素（中心线、中心平面或中心点）时，带箭头的指引线应与尺寸线的延长线重合，即指引线与尺寸线对齐。这种情况下的标注如图 3-9 所示。

2. 基准要素的标注方法

当基准要素为组成要素（轮廓线或轮廓面）时，基准三角形放在要素的轮廓线或其延长线上（应与尺寸线明显错开），这种情况下的标注如图 3-10 所示。当基准要素在组成要素实际表面界限以内时，基准三角形放在该表面指引线的水平线上，这种情况下的标注如图 3-11 所示。

当基准要素为由尺寸要素确定的导出要素（中心线、中心平面或中心点）时，基准三角形应放在该尺寸线的延长线上，即细实线与尺寸线对齐，这种情况下的标注如图 3-12 所示。

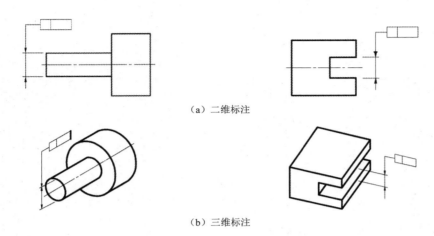

（a）二维标注

（b）三维标注

图 3-9　被测要素为导出要素时的标注

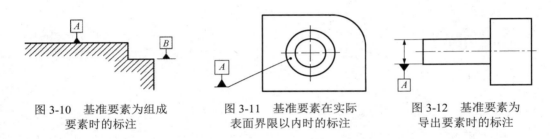

图 3-10　基准要素为组成
要素时的标注

图 3-11　基准要素在实际
表面界限以内时的标注

图 3-12　基准要素为
导出要素时的标注

3.1.4　几何公差和几何公差带的特征

几何公差是指实际被测要素相对于图样上给定的理想形状、理想位置所允许的变化量。几何公差带是由一个或两个理想的几何线要素或面要素所限定的，由一个或多个线性尺寸表示公差值的区域。几何公差带具有形状、大小、方向和位置这四个特征，这四个特征可在图样标注中体现出来。

1. 形状

几何公差带的形状取决于被测要素的理想形状和给定的公差要求，根据所规定的几何公差特征项目及其规范要求，几何公差带主要形状包括两条平行直线之间的区域、两条等距曲线之间的区域、两个平行平面之间的区域、两个等距曲面之间的区域、一个圆柱面内的区域、两个同心圆之间的区域、一个圆内的区域、一个圆球面内的区域、两个同轴圆柱面之间的区域、两个直径相同的平行圆之间的区域、一个圆锥面上的两个平行圆之间的区域、一个圆锥面内的区域、两条不等距曲线或两条不平行直线之间的区域、一个单一曲面内的区域、两个不等距曲面或两个不平行平面之间的区域。

常见的几何公差带形状如图 3-13 所示。几何公差带必须包含实际被测要素，即实际被测要素在几何公差带内可以具有任何形状（除非标有附加性说明）。

（a）两条平行直线
之间的区域

（b）两条等距曲线
之间的区域

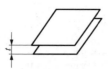
（c）两个平行平面
之间的区域

（d）两个等距曲面
之间的区域

（e）一个圆柱面
内的区域

（f）两个同心圆之间的区域

（g）一个圆内的区域

（h）一个圆球面
内的区域

（i）两个同轴圆柱面
之间的区域

（j）两个直径相同的平行圆
之间的区域

（k）一个圆锥面上的两个
平行圆之间的区域

（l）一个圆锥面
内的区域

图 3-13　常见的公差带形状

2. 大小

几何公差带的大小由设计人员在图样几何公差框格中给定的公差值 t 确定，该值表示公差带的宽度或直径。若几何公差带为圆形或圆柱形，则在公差值前加注"ϕ"；若公差带为球形，则应在公差值前加注"$S\phi$"。几何公差带的大小是控制零件几何精度的重要指标，一般情况下应根据相关国家标准的规定选择几何公差带。

3. 方向

几何公差带的方向是指其延伸方向，其方向是根据几何公差特征项目和标注要求而定的。对于形状公差带，其方向由实际要素决定，并符合最小条件。对于方向公差带和位置公差带，其方向由基准要素决定。图 3-14 为几何公差标注及几何公差带方向，图 3-14（a）所示的几何公差标注表明，设计人员对零件表面同时提出平面度和平行度的要求。几何公差带方向如图 3-14（b）所示，两个平行平面 I′－II′表示上表面平面度公差带的方向，而两个平行平面 I－II 表示上表面相对于底面的平行度公差带的方向。可见，两组平行平面的方向是不同的。平面度公差带的方向和实际被测要素有关，并且要求两个平行平面之间的最大距离尽可能小（最小条件）。要求平行度公差带的方向和基准平行。

4. 位置

几何公差带的位置有固定和浮动两种。所谓固定，是指几何公差带的位置由图样上给定的基准和理论正确尺寸确定，而不随实际要素的形状、尺寸或位置的变化而变化。所谓浮动，是指几何公差带的位置随被测要素实际尺寸的变化而变化。除了位置公差带，其他几何公差带位置都是浮动的。

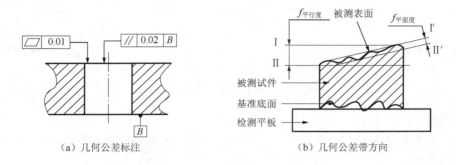

（a）几何公差标注　　　　　　　　　　（b）几何公差带方向

图 3-14　几何公差标注及几何公差带方向

3.2　形状公差及形状误差的评定

形状公差是单一实际被测要素对其理想要素的允许变化量。形状公差包括直线度公差、平面度公差、圆度公差、圆柱度公差、线轮廓度公差、面轮廓度公差（没有基准要求时），被测要素分别为直线、平面、圆、圆柱面、曲线和曲面。形状公差不涉及基准，被测要素给出的形状公差仅限定该要素的形状误差。其公差带的方向由最小条件确定，形状公差带的位置是浮动的。

3.2.1　形状公差

1. 直线度公差（符号为 －）

直线度公差用来限制平面内或空间内直线的形状误差。根据零件的功能要求，直线度公差可分为给定平面内的直线度公差、给定（一个）方向上的直线度公差和任意方向上的直线度公差三种情况。

（1）给定平面内的直线度公差。图 3-15（a）为直线度公差带图，在由相交平面框格给定的平面内，上表面的提取（实际）线应限定在间距等于 t 的两个平行直线之间。图 3-15（b）为给定平面内直线度公差的二维标注示例，直线度公差带定义为在平行于（相交平面框格给定的）基准平面 A 的给定平面内，与给定方向上间距等于公差值 0.1mm 的两个平行直线所限定的区域。图 3-15（c）为给定平面内直线度公差的三维标注示例，与二维标注规范一致。后文的标注示例省略三维标注。

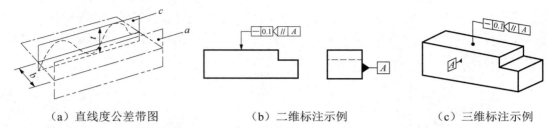

（a）直线度公差带图　　　　（b）二维标注示例　　　　（c）三维标注示例

a—基准平面 *A*；*b*—任意距离；*c*—平行于基准平面 *A* 的相交平面

图 3-15　给定平面内的直线度公差带图及其标注示例

标注说明：

①当被测要素是轮廓线或轮廓面时，指引线的箭头应直接指在轮廓线或轮廓面上，并与尺寸线明显错开，参考图 3-15（b）中的标注。

②当被测要素为组成要素上的线要素时，应当标注相交平面，以免产生歧义，被测要素是圆柱、圆锥或球面母线的直线度或圆度除外。引入基准是为了构建相交平面，被测要素的直线度公差与基准无直接关系，因此仍属于形状公差。

③相交平面用来标识线要素的方向，如平面上线要素的直线度、线轮廓度等的方向。相交平面的标注使用规定的框格（见图 3-16），标注在几何公差框格的右侧。使用相交平面时的规范标注示例如图 3-17 所示，该图中，表示上表面平行于平面 *C* 的线要素作为被测要素，因此需要使用相交平面框格表示。若没有相交平面框格，则应理解为要求上表面平行于基准平面 *D*。

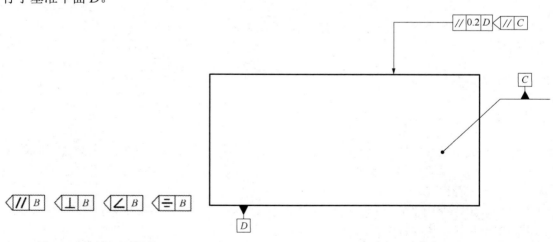

图 3-16　相交平面框格　　　　　　　图 3-17　使用相交平面时的规范标注示例

（2）给定方向上的直线度公差。该方向上的直线度公差带图及其标注示例如图 3-18 所示。在图 3-18（a）中，直线度公差带为间距等于公差值 *t* 的两个平行平面所限定的区域，该被测要素为空间直线。在图 3-18（b）中，提取（实际）素线应限定在间距等于 0.1mm 的两个平行平面之间。

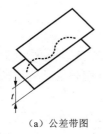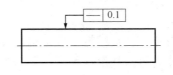

（a）公差带图　　　　　　　　　　　　　（b）标注示例

图 3-18　给定方向上的直线度公差带图及其标注示例

（3）任意方向上的直线度公差。任意方向上的直线度公差带及其标注示例如图 3-19 所示。在图 3-19（a）中，直线度公差带是直径为 t 的圆柱面内的区域。在图 3-19（b）中，外圆柱面的提取（实际）中心线必须位于直径等于 0.03mm 的圆柱面内。

标注说明： 如果是任意方向的几何公差要求，那么被测要素一定是轴线，必须在公差值前加注 "ϕ"。当被测要素是中心线、中心平面或中心点时，指引线的箭头应在尺寸线的延长线上，参考图 3-19（b）中的标注。

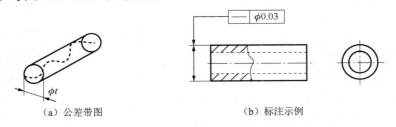

（a）公差带图　　　　　　　　　　　　　　（b）标注示例

图 3-19　任意方向上的直线度公差带图及其标注示例

2．平面度公差（符号为▱）

平面度公差用来限制被测实际表面的形状误差，它是对平面要素的控制要求。被测要素可以是组成要素或导出要素，其公称被测要素的属性和形状为明确给定的平表面。图 3-20 为平面度公差带图及其标注示例，在图 3-20（a）中，平面度公差带为间距等于公差值 t 的两个平行平面所限定的区域。在图 3-20（b）中，提取（实际）表面应限定在间距等于 0.08mm 的两个平行平面之间。

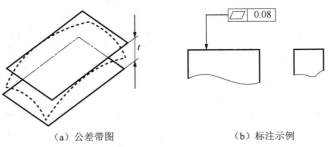

（a）公差带图　　　　　　　　　　　　　（b）标注示例

图 3-20　平面度公差带图及其标注示例

3. 圆度公差（符号为 ○）

圆度公差用来限制圆柱形、圆锥形等回转体横截面的形状误差，它是对横截面为圆的要素提出的控制要求。被测要素是组成要素，其公称被测要素的属性与形状为明确给定的圆周线或一组圆周线。

图 3-21 为圆度公差带图及其标注示例，在图 3-21（a）中，圆度公差带为在给定横截面内，半径差等于公差值 t 的两个共面同心圆所限定的区域。在图 3-21（b）所示的圆柱面与圆锥面的任意横截面内，提取（实际）圆周应限定在半径差等于 0.03mm 的两个共面同心圆之间。这是圆柱面的默认应用方式，而对于圆锥表面，则应使用方向要素框格进行标注。

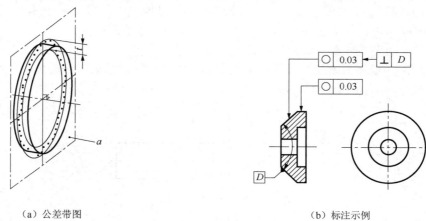

（a）公差带图　　　　　　　　　　　　　（b）标注示例

a—任意相交平面（任意横截面）

图 3-21　圆度公差带图及其标注示例

标注说明：

① 圆度标注的指引线的箭头必须垂直指向回转体的轴线，并且与尺寸线明显错开。

② 当面要素上的线要素公差带宽度的方向并不明确时，应当相对于基准构建方向要素，从而确定公差带宽度的方向，以免产生歧义。

③ 方向要素框格如图 3-22 所示，标注在几何公差框格的右侧。当被测要素是组成要素时，下列情况应当标注方向要素：公差带的宽度与规定的几何要素非法向关系、对非圆柱体或球体的回转表面使用圆度公差。方向要素标注示例——与被测要素的面要素垂直的圆度公差标注如图 3-23 所示，当方向定义为与被测要素的面要素垂直时，应当使用圆跳动符号，并且被测要素（或其导出要素）应标注在方向要素框格中，作为基准标注。

4. 圆柱度公差（符号为 ⌖）

圆柱度公差用来限制被测实际圆柱面的形状误差，仅是对圆柱面的控制要求，不能用于圆锥面或其他形状的表面。被测要素是组成要素，其公称被测要素的属性与形状为明确给定的圆柱面。

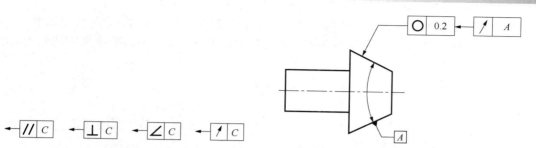

图 3-22　方向要素框格 　　　　　　　图 3-23　与被测要素的面要素垂直的圆度公差标注

图 3-24 为圆柱度公差带图及其标注示例，在图 3-24（a）中，圆柱度公差带为半径差等于公差值 t 的两个同轴圆柱面所限定的区域。在图 3-24（b）中，提取（实际）圆柱面应限定在半径差等于 0.1mm 的两个同轴圆柱面之间。

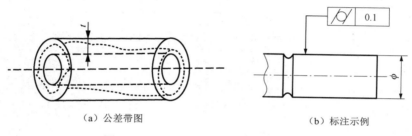

（a）公差带图　　　　　　　　　　　（b）标注示例

图 3-24　圆柱度公差带图及其标注示例

标注说明：圆柱度公差是一个综合性控制指标，因为它同时控制圆柱体横截面的圆度和轴向截面内的直线度的形状误差要求，所以在标注时注意圆柱度与圆度和直线度的关系。

5. 线轮廓度公差（符号为⌒）

当零件的形体是曲线和曲面时，可以用线轮廓度和面轮廓度控制其形状误差。

线轮廓度公差有两种情况：一种是与基准不相关的线轮廓度公差，无基准要求，属于形状公差，只能控制被测要素轮廓的形状；另一种是相对于基准体系的线轮廓度公差，有基准要求，属于方向公差或位置公差，在控制被测要素相对于基准方位误差的同时，控制了被测要素轮廓的形状误差。为了比较和区别，下面介绍无基准和有基准的两种情况，后续的方向公差和位置公差涉及的轮廓度公差就不再重复介绍。

图 3-25 为与基准不相关的线轮廓度公差带图及其标注示例，在图 3-25（a）中，线轮廓度公差带为直径等于公差值 t、圆心位于具有理论正确几何形状上的一系列圆的两条包络线所限定的区域。在图 3-25（b）所示的任意平行于基准平面 A 的截面内，正如相交平面框格所规定的，提取（实际）轮廓线应限定在直径等于 0.04mm、圆心位于理论正确几何形状上的一系列圆的两条等距包络线之间。可使用符号"UF"表示组成要素上的三个圆弧部分应组成联合要素。

在一个要素或一组要素上所标注的位置、方向或轮廓规范中，将确定各个理论正确位置、方向或轮廓的尺寸称为理论正确尺寸（TED），即没有公差的尺寸，它是一个理想尺寸。TED 可以是明确标注的值或是默认的值，应使用方框将其封闭。对基准体系中基准之间的角度，也可用 TED 标注。

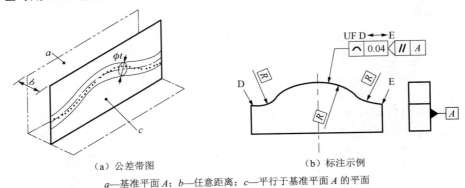

（a）公差带图　　　　　　　　　（b）标注示例

a—基准平面 A；b—任意距离；c—平行于基准平面 A 的平面

图 3-25　与基准不相关的线轮廓度公差带图及其标注示例

标注说明：

① 联合要素：由连续的或不连续的组成要素组合而成的要素，并将其视为一个单一要素。联合要素用符号"UF"表示，作为可选的相邻标注（补充标注）。相邻标注一般标注在几何公差框格的上方或下方。

② 区间（局部要素）标注：若几何公差框格只适用于要素的一个已定义的局部区域或连续要素的一些连续的局部区域，而不是横截面的整个轮廓，则应标识被测要素的起止点，并且用区间符号"◄───►"标注。当使用区间符号时，用于标识被测要素起止点的点要素、线要素或面要素都应使用大写英文字母一一定义，与端头为箭头的指引线相连。区间标注是可选的相邻标注。

图 3-26 为相对于基准体系的线轮廓度公差带图及其标注示例，在图 3-26（a）中，线轮廓度公差带为直径等于公差值 t、圆心位于由基准平面 A 和基准平面 B 确定的被测要素理论正确几何形状上的一系列圆的两条包络线所限定的区域。从图 3-26（b）可以看出，表示在任意由相交平面框格规定的平行于基准平面 A 的截面内，提取（实际）轮廓线应限定在直径等于 0.04mm、圆心位于由基准平面 A 与基准平面 B 确定的被测要素理论正确几何形状线上的一系列圆的两条等距包络线之间。

有或无基准时两种线轮廓度公差带形状和大小均相同，只是在无基准要求时，线轮廓度公差带位置是浮动的；在有基准要求时，线轮廓度公差带位置是固定的。

6. 面轮廓度公差（符号为 ⌒）

图 3-27 为与基准不相关的面轮廓度公差带图及其标注示例。在图 3-27（a）中，面轮廓度公差带为直径等于公差值 t、球心位于理论正确几何形状上的一系列圆球的两个包络面所限定的区域。

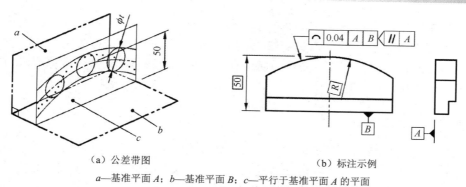

（a）公差带图　　　　　　　　　　　　　（b）标注示例

a—基准平面 A；b—基准平面 B；c—平行于基准平面 A 的平面

图 3-26 　相对于基准体系的线轮廓度公差带图及其标注示例

图 3-27（b）为与基准不相关的面轮廓度公差标注示例，表示提取（实际）轮廓面应限定在直径等于 0.04mm、球心位于被测要素理论正确几何形状表面上的一系列圆球的两个等距包络面之间。

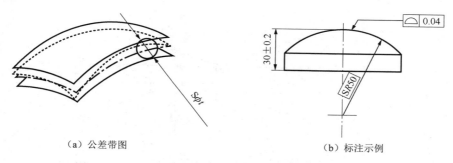

（a）公差带图　　　　　　　　　　　　　（b）标注示例

图 3-27 　与基准不相关的面轮廓度公差带图及其标注示例

图 3-28 为相对于基准的面轮廓度公差带图及其标注示例。从图 3-28（b）中可以看出，表示提取（实际）轮廓面应限定在包络直径等于 0.04mm、球心位于由基准平面 A 确定的被测要素理论正确几何形状上的一系列圆球的两个等距包络面之间。当被测轮廓面相对于基准有位置要求时，其理想轮廓面是指相对于基准为理想位置的理想轮廓面。

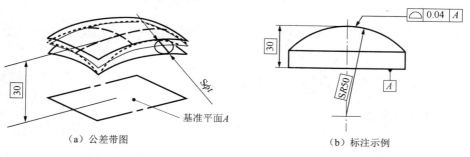

（a）公差带图　　　　　　　　　　　　　（b）标注示例

图 3-28 　相对于基准的面轮廓度公差带图及其标注示例

标注说明：线轮廓度公差带宽度是两条等距离的曲线之间的宽度，面轮廓度公差带宽度是两个等距离曲面之间的宽度。需要沿曲所包络的一系列圆或球的直径方向计值，因此，标注时指引线的箭头应与曲线或曲面的切线垂直。标注理论正确尺寸或理论正确角度时，需用长方形的框格，如 $\boxed{50}$、$\boxed{60°}$，所以也称为方框尺寸或方框角度。

3.2.2 形状误差及其评定

形状误差是指被测实际要素相对于其拟合要素的变动量。例如，评定给定平面内的直线度误差时，要求限定被测实际直线的变化区域为两条平行的直线，并且这两条平行直线之间的距离最小（包容区域最小），此评定方法称为最小条件法。图 3-29 所示为直线度误差的评定，该图中，A_1-B_1、A_2-B_2、A_3-B_3 方向的直线及与其平行的一条直线形成的区域均能包容被测要素，但 A_1-B_1 方向的直线与其平行直线之间的距离 h_1 最小，A_3-B_3 方向的直线与其平行直线之间的距离 h_3 最大，即 $h_1<h_2<h_3$。因此，h_1 代表的直线度误差应不大于给定的公差值。

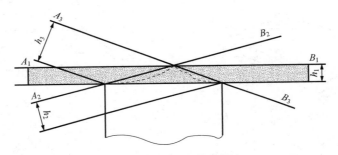

图 3-29　直线度误差的评定

虽然 A_1-B_1 方向的直线与其平行直线所限定的区域为直线度的最小包容区域，但在实际应用中，为了检测方便，只要使该包容区域的距离尽可能小即可，并不一定要使其达到最小值。在图 3-29 中，如果 h_2 已满足公差要求，就无须检测 h_1 了。

其他形状误差的评定均类似直线度要求，具体可参看国家标准 GB/T 1182－2018。

3.3　方向公差、位置公差和跳动公差及对应误差的评定

除了形状公差，还有方向公差、位置公差和跳动公差，而这三项公差都是有基准要求的。

3.3.1　基准及误差评定

1. 基准

基准是指确定被测要素方向、位置的参考对象。设计时，在图样上标出的基准一般分为以下三种。

1）单一基准

由一个要素建立的基准称为单一基准，例如，由一个平面或一根轴线均可建立基准。图3-30所示为由一个平面建立的单一基准。

2）组合基准（公共基准）

由两个或两个以上的同类要素建立的一个独立基准称为组合基准或公共基准，如图3-31所示。其中，公共基准轴线 $A-B$ 是由两个直径都为 d_1 的圆柱面轴线建立的，它是包容两个实际轴线的理想圆柱的轴线，并且作为一个独立基准使用。

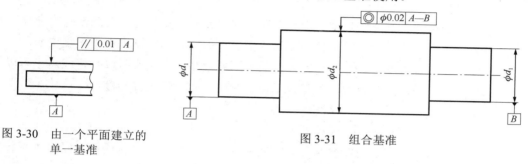

图3-30　由一个平面建立的
　　　　　单一基准

图3-31　组合基准

3）多基准

多基准是指有两个或三个基准，即在标注框格的第三和第四框格内，甚至第五框格均有基准符号。若有三个基准，则称为三基面体系，三个基准平面必须是由三个互相垂直的平面构成的基准体系。三基面体系示意、图样标注及公差带图如图3-32所示，其中，基准平面 A、基准平面 B 和基准平面 C 互相垂直，分别称为第一基准平面、第二基准平面和第三基准平面。应用三基面体系标注图样时，要特别注意基准平面的顺序。

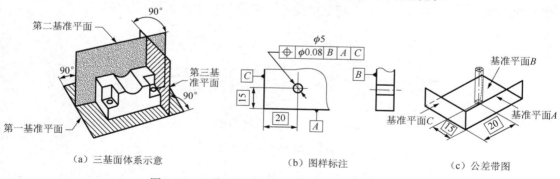

（a）三基面体系示意　　　　　（b）图样标注　　　　　（c）公差带图

图3-32　三基面体系示意、图样标注及公差带图

2. 方向误差、位置误差和跳动误差及其评定

方向误差是指关联实际要素相对于基准在方向上的变化量。其误差评定是用既能包容被测要素，又与基准保持图样标注所要求的功能关系，并且形状与公差要求一致的区域宽度或直径表示。

位置误差是指关联实际要素相对于基准在方向和位置上的变化量。其误差评定是用既能包容被测要素，又与基准保持图样标注所要求的功能关系，并且形状与公差要求一致的区域宽度或直径表示。

跳动误差是指实际被测要素在无轴向移动的条件下，绕基准轴线回转的过程中（回转一周或连续回转），指示计在给定的测量方向上的最大示值与最小示值之差。

3.3.2 方向公差

方向公差是指关联实际要素相对于基准在方向上允许的变化量，包括平行度公差、垂直度公差和倾斜度公差三项。关于轮廓度的要求已在前文介绍，这里不再重复说明。

平行度公差、垂直度公差和倾斜度公差的被测要素与基准要素可以是直线，也可以是平面。公差带相对于基准分别保持平行、垂直和倾斜一定理论正确角度。

1. 平行度公差（符号为//）

平行度公差涉及的被测要素和基准之间的关系是平行关系，分为给定方向上的平行度公差、任意方向上的平行度公差和相对于基准体系的平行度公差。

（1）给定方向上的平行度公差，在图3-33～图3-35中，被测要素无论是直线还是平面，基准无论是平面还是直线，其公差带的形状都是间距为公差值 t 且平行于基准面（或基准线）的两个平行平面之间的区域。

图3-33为给定方向上面对线的平行度公差带图及其标注示例，其中被测要素为平面，基准为轴线，简称面对线的平行度。图3-33（b）为标注示例，表示提取（实际）表面应限定在间距等于0.05mm、平行于基准轴线 C 的两个平行平面之间的区域。

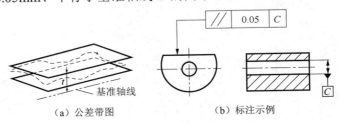

(a) 公差带图　　　　　　　(b) 标注示例

图3-33　给定方向上面对线的平行度公差带图及其标注示例

图3-34为给定方向上面对面的平行度公差带图及其标注示例，其中被测要素为平面，基准为平面，简称面对面的平行度。图3-34（b）为标注示例，表示提取（实际）表面应限定在间距等于0.1mm、平行于基准平面 A 的两个平行平面之间的区域。

图3-35为给定方向上线对面的平行度公差带图及其标注示例，其中的标注示例表示提取（实际）中心线应限定在平行于基准平面 A、间距等于0.01mm的两个平行平面之间的区域。

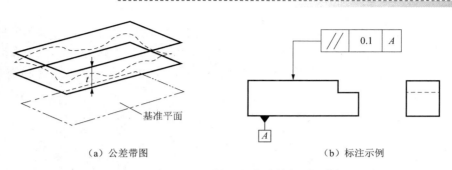

（a）公差带图　　　　　　　　（b）标注示例

图 3-34　给定方向上面对面的平行度公差带图及其标注示例

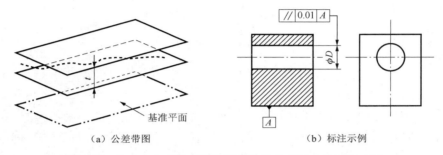

（a）公差带图　　　　　　　　（b）标注示例

图 3-35　给定方向上线对面的平行度公差带图及其标注示例

（2）任意方向上的平行度公差。当被测要素为轴线、基准也为轴线时，可以在图样上提出任意方向上的平行度要求。对任意方向上的平行度，必须在其公差值前加注 ϕ，公差带为平行于基准轴线、直径等于公差值 t 的圆柱面所限定的区域。图 3-36 为任意方向上线对线的平行度公差带图及其标注示例，其中的标注示例表示提取（实际）中心线应限定在平行于基准轴线 A、直径等于 0.03mm 的圆柱面内。

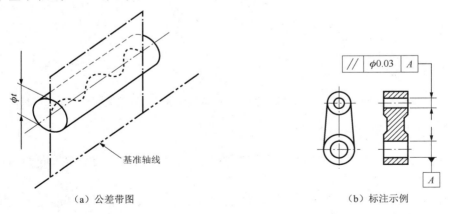

（a）公差带图　　　　　　　　（b）标注示例

图 3-36　任意方向上线对线的平行度公差带图及其标注示例

（3）相对于基准体系的中心线平行度公差。图 3-37 为相对于基准体系的中心线平行度公差带图及其标注示例，其公差带为间距等于公差值 t、平行于两个基准平面且沿规定方向的两个平行平面所限定的区域。图 3-37（b）为标注示例，表示提取（实际）中心线应限定在间距等于 0.1mm、平行于基准轴线 A 的两个平行平面之间的区域。限定公差带的平面均平行于由定向平面框格中规定的基准平面 B，基准平面 B 为基准轴线 A 的辅助基准。

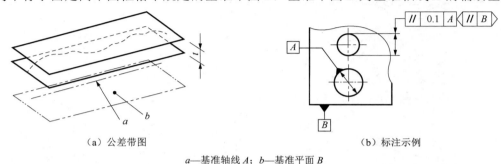

（a）公差带图 　　　　　　　　　　　（b）标注示例

a—基准轴线 A；b—基准平面 B

图 3-37　相对于基准体系的中心线平行度公差带图及其标注示例

标注说明：

定向平面框格如图 3-38 所示，标注在几何公差框格的右侧。当公差带需要相对于其他要素定向，并且该要素的建立基于零件的提取要素时，下列情况应当标注定向平面。

① 被测要素是中心线或中心点，并且公差带的宽度是由两个平面限定的。

② 被测要素是中心点，公差带是由一个圆柱限定的，并且公差带需要相对于其他要素定向，并且该要素的建立基于工件的提取要素，能够标识公差带的方向。

定向平面既能控制公差带构成平面的方向，又能控制公差带宽度的方向，或者控制圆柱形公差带的轴线方向。使用与基准保持特定角度的定向平面的标注示例如图 3-39 所示。

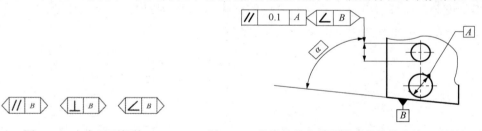

图 3-38　定向平面框格　　　　图 3-39　使用与基准保持特定角度的定向平面的标注示例

2. 垂直度公差（符号为⊥）

垂直度公差涉及的被测要素和基准之间的关系是垂直关系，分为给定方向的垂直度公差、任意方向的垂直度公差和相对于基准体系的垂直度公差。

（1）给定方向上的垂直度公差。当被测要素无论是直线还是平面，基准无论是平面还是直线，给定方向上的垂直度公差带都是间距为公差值 t、垂直于基准平面（或基准直线）的两个平行平面之间的区域。

图 3-40 为给定方向上面对面的垂直度公差带图及其标注示例。其中的标注示例表示提取（实际）表面应限定在间距等于 0.05mm、垂直于基准平面 A 的两个平行平面之间的区域。

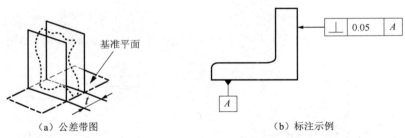

（a）公差带图　　　　　　　（b）标注示例

图 3-40　给定方向上面对面的垂直度公差带图及其标注示例

图 3-41 为给定方向上面对线的垂直度公差带图及其标注示例。其中的标注示例表示提取（实际）表面应限定在间距等于 0.05mm、垂直于基准直线 A 的两个平行平面之间的区域。

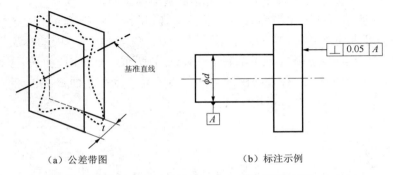

（a）公差带图　　　　　　　（b）标注示例

图 3-41　给定方向上面对线的垂直度公差带图及其标注示例

图 3-42 为给定方向上线对线的垂直度公差带图及其标注示例。其中的标注示例表示提取（实际）轴线必须位于距离为公差值 0.05、在给定方向上垂直于基准直线 A 的两个平行平面之间的区域。

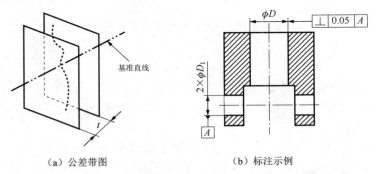

（a）公差带图　　　　　　　（b）标注示例

图 3-42　给定方向上线对线的垂直度公差带图及其标注示例

（2）任意方向上的垂直度公差。当被测要素为轴线、基准为平面时，可以提出任意方向的垂直度要求。对任意方向上的垂直度，必须在其公差值前加注 ϕ，公差带为轴线垂直于基准平面、直径等于公差值 t 的圆柱面所限定的区域。

图 3-43 为任意方向上线对面的垂直度公差带图及其标注示例，其中的标注示例表示提取（实际）中心线应限定在垂直于基准平面 A、直径等于 0.01mm 的圆柱面内。

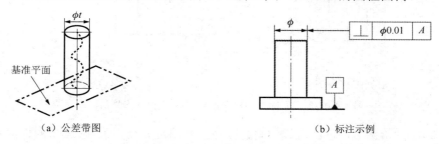

（a）公差带图　　　　　　　　　　　　　（b）标注示例

图 3-43　任意方向上线对面的垂直度公差带图及其标注示例

（3）相对于基准体系的垂直度公差。相对于基准体系的中心线垂直度公差带图及其标注示例如图 3-44 所示。其公差带为间距等于公差值 t 的两个平行平面所限定的区域，这两个平行平面垂直于基准平面 A 且平行于基准平面 B。图 3-44（b）中的标注示例表示圆柱面的提取（实际）中心线应限定在间距等于 0.1mm 的两个平行平面之间的区域，这两个平行平面垂直于基准平面 A，并且方向由基准平面 B 规定。基准平面 B 为基准平面 A 的辅助基准。

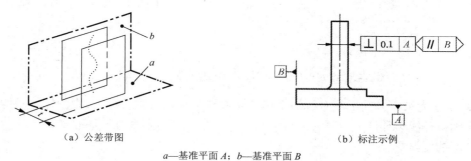

（a）公差带图　　　　　　　　　　　　　（b）标注示例

a—基准平面 A；b—基准平面 B

图 3-44　相对于基准体系的中心线垂直度公差带图及其标注示例

3. 倾斜度公差（符号为∠）

倾斜度公差涉及的被测要素与基准要素呈一定角度（ $0° < \alpha < 90°$ ）的关系。被测要素与基准要素的倾斜角度必须用理论正确角度表示。倾斜度公差分为给定方向上的倾斜度公差和任意方向上的倾斜度公差。

（1）给定方向上的倾斜度公差。当被测要素无论是直线还是平面，基准无论是平面还是直线，给定方向上的倾斜度公差带都是间距为公差值 t、倾斜于基准面（或基准线）呈理论正确角度的两个平行平面之间的区域。

图 3-45 为给定方向上面对线的倾斜度公差带图及其标注示例。其中的标注示例表示提取（实际）表面应限定在间距等于 0.04mm 且与基准轴线 A 呈理论正确角度 60° 的两个平行平面之间的区域。

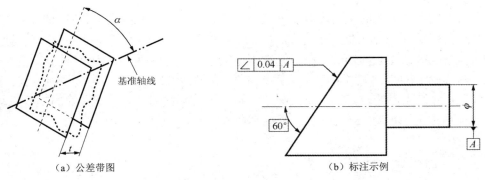

（a）公差带图　　　　　　　　　　　　（b）标注示例

图 3-45　给定方向上面对线的倾斜度公差带图及其标注示例

　　图 3-46 为给定方向上面对面的倾斜度公差带图及其标注示例。其中的标注示例表示提取（实际）表面应限定在间距等于 0.04mm 且与基准平面 A 呈理论正确角度 30° 的两个平行平面之间的区域。

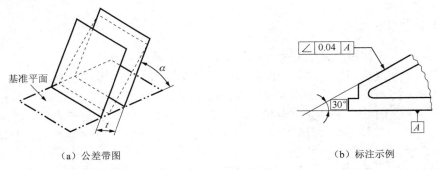

（a）公差带图　　　　　　　　　　　　（b）标注示例

图 3-46　给定方向上面对面的倾斜度公差带图及其标注示例

　　图 3-47 为给定方向上线对线的倾斜度公差带图及其标注示例。其中的标注示例表示提取（实际）中心线应限定在间距等于 0.08mm 且与公共基准轴线 A—B 呈理论正确角度 60° 的两个平行平面之间的区域。

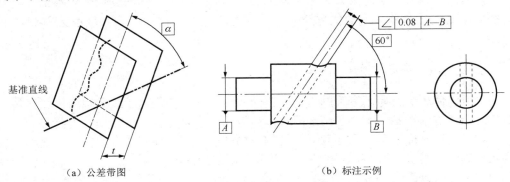

（a）公差带图　　　　　　　　　　　　（b）标注示例

图 3-47　给定方向上线对线的倾斜度公差带图及其标注示例

（2）任意方向上的倾斜度公差。当被测要素为轴线、基准为平面时，可以提出任意方向的倾斜度要求，必须在其公差值前加注 ϕ。其公差带为直径等于公差值 t 的圆柱面所限定的区域，该圆柱面的轴线必须与基准平面成某一给定的理论正确角度。

图 3-48 为任意方向上的线对面的倾斜度公差带图及其标注示例，其中的标注示例表示提取（实际）中心线应限定在直径等于 0.04mm 的圆柱面内，该圆柱面的轴线应与基准平面 A 呈理论正确角度 65°且平行于基准平面 B。

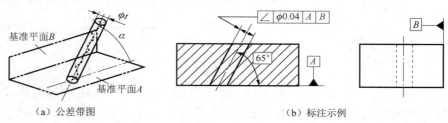

（a）公差带图　　　　　　　　　　（b）标注示例

图 3-48　任意方向上的线对面的倾斜度公差带图及其标注示例

4. 方向公差带的特点

（1）方向公差带相对于基准有确定的方向，而其位置可以浮动。

（2）方向公差带具有综合控制被测要素的方向误差和形状误差的功能。例如，平面的平行度公差可以控制该平面的平面度误差和直线度误差；轴线的垂直度公差可以控制该轴线的直线度误差。因此，在保证功能要求的前提下，对规定了方向公差的要素，一般不再规定其形状公差。只有对被测要素的形状精度有进一步要求时，才同时给出其形状公差，但形状公差值必须小于方向公差值。

注意将平行度、垂直度和倾斜度的给定方向上要求的公差带形状进行比较与区别；将平行度、垂直度和倾斜度的任意方向上要求的公差带形状进行比较与区别。

3.3.3　位置公差

位置公差是指关联实际要素相对于基准在方向和位置上允许的变化量。根据被测要素和基准要素之间的功能关系，位置公差分为同心度与同轴度公差、对称度公差和位置度公差。

1. 同心度与同轴度公差（符号为 ◎）

同心度与同轴度公差用来限制被测要素的轴线与基准要素的轴线同轴的位置误差，它是指被测轴线与基准轴线重合的精度要求。当被测要素为点时，称为同心度公差。

（1）点的同心度公差。同心度公差是指被测圆心与基准圆心重合的精度要求，其公差带是直径等于公差值 t 且与基准圆同心的圆周所限定的区域。

图 3-49 为点的同心度公差带图及其标注示例，其中的标注示例表示在任意横截面（ACS）内，内圆的提取（实际）中心点应限定在直径等于 0.1mm 且与基准点 A 同心的圆周内。

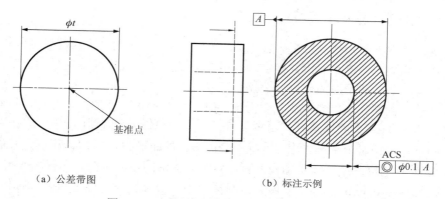

（a）公差带图   （b）标注示例

图 3-49　点的同心度公差带图及其标注示例

（2）中心线的同轴度公差。同轴度公差涉及的被测要素和基准要素均为轴线。同轴度公差带是直径等于公差值 t 且轴线与基准轴线重合的圆柱面所限定的区域。

图 3-50 为同轴度公差带图及其标注示例，其中的标注示例表示直径为 d_2 的圆柱面的提取（实际）中心线应限定在直径等于 0.1mm、以公共基准轴线 $A-B$ 为轴线的圆柱面内。

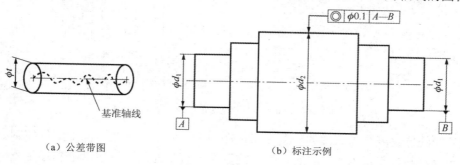

（a）公差带图   （b）标注示例

图 3-50　同轴度公差带图及其标注示例

2. 对称度公差（符号为 ═ ）

对称度公差涉及的被测要素和基准要素都是中心要素，包括中心线和中心平面。图 3-51 为对称度公差带图及其标注示例，其中的标注示例表示提取（实际）中心平面应限定在间距等于公差值 0.1mm、相对于基准平面 A 对称配置的两个平行平面之间。

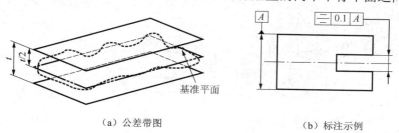

（a）公差带图   （b）标注示例

图 3-51　对称度公差带图及其标注示例

3. 位置度公差（符号为 ⊕ ）

位置度公差用于限制被测要素（点、线、面）的实际位置相对于其理想位置的变化量。理想位置是由基准和理论正确尺寸确定的。根据被测要素，位置度公差分为点的位置度公差、线的位置度公差和平面的位置度公差。

（1）点的位置度公差。当被测要素为球心时，一般要求在任意方向上加以控制，应在其公差值前加注 $S\phi$。点的位置度公差带是直径等于公差值 t 的圆球面所限定的区域，该圆球面的中心位置由相对于基准平面 A、基准平面 B、基准平面 C 的理论正确尺寸确定。

图 3-52 为点的位置度公差带图及其标注示例，其中的标注示例表示提取（实际）球心应限定在直径等于 0.3mm 的圆球面内。该圆球面的中心位置与基准平面 A、基准平面 B、基准平面 C 及被测球心所确定的理论正确位置一致。

注：提取（实际）球心的定义尚未标准化。

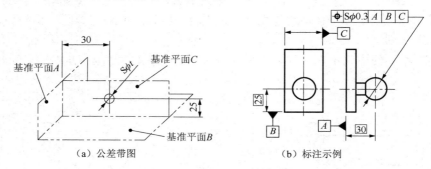

（a）公差带图　　　　　　（b）标注示例

图 3-52　点的位置度公差带图及其标注示例

（2）线的位置度公差。线的位置度可以在一个方向上或任意方向上加以控制。如果是一个方向上，其公差带为两个平行平面，这两个平行平面的位置由基准和理论正确尺寸确定。如果是任意方向，那么被测要素一定是轴线，其公差带为一个圆柱面，该圆柱面的轴线的位置由基准和理论正确尺寸确定。

图 3-53 为任意方向上线的位置度公差带图及其标注示例，其中的标注示例表示提取（实际）中心线应限定在直径等于 0.1mm 的圆柱面内，该圆柱面的轴线应垂直于基准平面 A，并分别与基准平面 B、基准平面 C 保持图样上标注的理论正确尺寸。

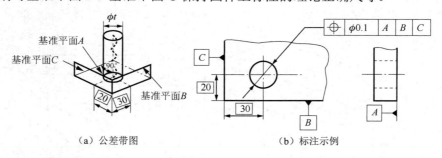

（a）公差带图　　　　　　（b）标注示例

图 3-53　任意方向上线的位置度公差带图及其标注示例

（3）平面的位置度公差。平面的位置度公差带为两个平行平面，这两个平行平面是以基准平面对称配置的，如图 3-54（a）所示。图 3-54（b）为标注示例，表示提取（实际）表面应限定在间距等于 0.1mm、与基准轴线 A 倾斜 70°角度、与基准平面 B 相距 25mm 的平面对称配置的两个平行平面之间的区域。

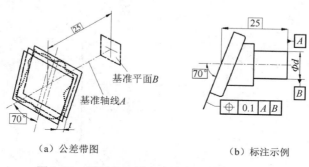

（a）公差带图　　　　　　　　　（b）标注示例

图 3-54　平面的位置度公差带图及其标注示例

4. 位置公差带的特点

（1）位置公差带具有固定的位置，即固定公差带，公差带的位置由基准或由基准所确定的理论正确尺寸（或角度）确定。

（2）位置公差带具有综合控制被测要素位置、方向和形状的功能。例如，平面的位置度公差可以控制该平面的平面度误差和相对于基准的方向误差；同轴度公差可以控制被测轴线的直线度误差和相对于基准轴线的平行度误差。

3.3.4　跳动公差

跳动公差是指关联实际要素绕基准轴线回转一周或连续回转时所允许的最大跳动量。跳动公差带是按特定的测量方法定义的，测量方法简便，其涉及的被测要素为圆柱面、端平面和圆锥面等组成要素，基准要素为轴线。

跳动误差是指实际被测要素在无轴向移动的条件下绕基准轴线回转的过程中（回转一周或连续回转），指示计在给定的测量方向上的最大示值与最小示值之差。

跳动公差分为圆跳动公差和全跳动公差。

1. 圆跳动公差（符号为 ↗）

圆跳动公差是指被测要素的某一固定参考点围绕基准轴线回转一周时（零件和测量仪器之间无轴向位移），指示计示值的最大变化量的允许值。测量时，被测要素回转一周，指示计的位置固定。根据测量方向的不同，圆跳动公差分为径向圆跳动公差、轴向圆跳动公差和斜向圆跳动公差。

（1）径向圆跳动公差带。图 3-55（a）为径向圆跳动公差带图。径向圆跳动公差带是指在垂直于基准轴线的任意横截面内，半径差等于公差值 t 且圆心在基准轴线上的两个同心圆所限定的区域。图 3-55（b）为标注示例，表示在任意垂直于基准轴线 A 的横截面内，提取（实际）圆应限定在半径差等于 0.2mm 且圆心在基准轴线 A 上的两个共面同心圆之间的区域。

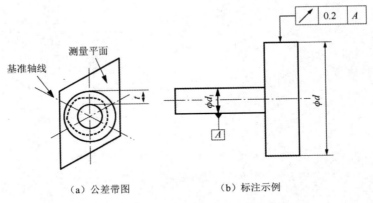

（a）公差带图　　　　　　　（b）标注示例

图 3-55　径向圆跳动公差带图及其标注示例

　　（2）轴向圆跳动公差带。图 3-56（a）为轴向圆跳动公差带图。轴向圆跳动公差带是指在与基准轴线同轴的任意半径的圆柱截面（测量圆柱截面）上，沿母线方向间距为公差值 t 的两个圆所限定的圆柱面之间的区域。图 3-56（b）为标注示例，表示在与基准轴线 A 同轴的任意圆形截面上，提取（实际）圆应限定在轴向距离等于 0.2mm 的两个等圆之间的区域。

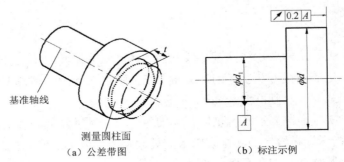

（a）公差带图　　　　　　　（b）标注示例

图 3-56　轴向圆跳动公差带图及其标注示例

　　（3）斜向圆跳动公差带。图 3-57（a）和图 3-57（b）都为斜向圆跳动公差带图。斜向圆跳动公差带是指与基准轴线同轴，并且在母线垂直于被测表面的任意测量圆锥面上，沿母线方向间距为公差值 t 的两个圆所限定的圆锥面之间的区域。图 3-57（c）和图 3-57（d）是标注示例，表示在与基准轴线 C 同轴的任意圆锥截面上，提取（实际）线应限定在素线方向距离等于 0.1mm 的两个不等圆之间的区域。

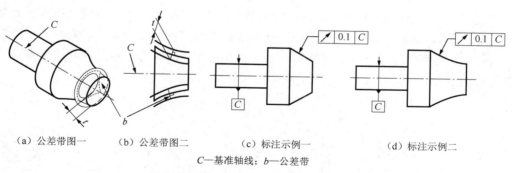

（a）公差带图一　　　（b）公差带图二　　　　（c）标注示例一　　　　　　（d）标注示例二

C—基准轴线；b—公差带

图 3-57　斜向圆跳动公差带图及其标注示例

2. 全跳动公差（符号为 ⌁）

全跳动公差是指被测要素绕基准轴线连续旋转多圈，同时指示计作平行移动或作垂直于基准轴线的直线移动时，指示计示值的最大变化量的允许值。全跳动公差分为径向全跳动公差和轴向全跳动公差。

（1）径向全跳动公差带。图 3-58（a）为径向全跳动公差带图。径向全跳动公差带是指半径差等于公差值 t 且与基准轴线同轴的两个圆柱面所限定的区域。图 3-58（b）是标注示例，表示提取（实际）圆柱面应限定在半径差等于 0.2mm 且与基准轴线 A 同轴的两个圆柱面之间的区域。

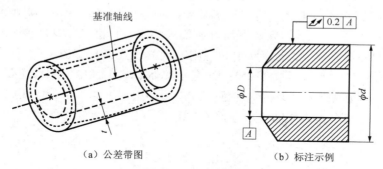

（a）公差带图　　　　　　　　　　　　（b）标注示例

图 3-58　径向全跳动公差带图及其标注示例

（2）轴向全跳动公差带。轴向全跳动公差带是指间距等于公差值 t 且与基准轴线垂直的两个平行平面所限定的区域，如图 3-59（a）所示。图 3-59（b）为标注示例，表示提取（实际）端面应限定在间距等于 0.2mm 且垂直于基准轴线 A 的两个平行平面之间的区域。

3. 跳动公差带的特点

（1）跳动公差带涉及基准，该公差带的方位是由基准确定的。

（2）跳动公差带具有综合控制被测要素的位置、方向和形状的作用。例如，径向圆跳动公差带可综合控制同轴度误差和圆度误差；径向全跳动公差带可综合控制同轴度误差和圆柱度误差；轴向全跳动公差带可综合控制端面相对于基准轴线的垂直度误差和平面度误差。因此，采用跳动公差时，若综合控制被测要素不能够满足功能要求，则可进一步给出相应的位置公差和形状公差，但其数值应小于跳动公差。除特殊规定外，其测量方向是被测面的法线方向。

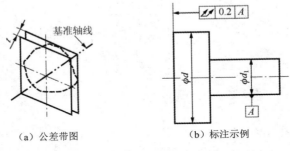

（a）公差带图　　　　（b）标注示例

图 3-59　轴向全跳动公差带图及其标注示例

3.4　几何公差与尺寸公差的关系

机械零件的同一被测要素在很多情况下既有尺寸公差要求，又有几何公差要求，处理几何公差与尺寸（线性尺寸和角度尺寸）公差两者之间关系的原则称为公差原则。公差原则分为独立原则和相关要求，根据被测要素所遵守的边界不同，相关要求又分为包容要求、最大实体要求、最小实体要求和可逆要求。国家标准 GB/T 4249－2018《产品几何技术规范（GPS）基础　概念、原则和规则》、GB/T 16671－2018《产品几何技术规范（GPS）几何公差　最大实体要求（MMR）、最小实体要求（LMR）和可逆要求（RPR）》、GB/T 38762.1－2020《产品几何技术规范（GPS）尺寸公差　第1部分：线性尺寸》对如何处理尺寸公差与几何公差之间的关系进行了规定。

3.4.1　基本概念

1. 提取组成要素的局部尺寸（提取圆柱面或两个平行提取表面）

局部尺寸是指要素上两个对应点之间的距离。内表面（孔）和外表面（轴）的局部尺寸分别用 D_a、d_a 表示。由于存在形状误差，因此局部尺寸是随机变量。

2. 拟合组成要素

拟合组成要素是指按规定的方法，由提取组成要素形成的且具有理想形状的组成要素，它涵盖体外作用尺寸和体内作用尺寸。

体外作用尺寸是指在被测要素的给定长度上，与实际内表面（孔）体外相接的最大理想面或与实际外表面（轴）体外相接的最小理想面的直径或宽度。对关联要素，体现其体外作用尺寸的理想面的中心线或中心平面，必须与基准保持图样上给定的几何关系。

图 3-60 为单一要素的实际内、外表面的体外作用尺寸和体内作用尺寸。孔和轴的体外作用尺寸分别用 D_{fe} 与 d_{fe} 表示。体外作用尺寸是由被测要素的实际尺寸和几何误差综合形成的。有几何误差的内表面（孔）的体外作用尺寸小于其实际尺寸，有几何误差的外表面（轴）的体外作用尺寸大于其实际尺寸。通俗地说，由于孔和轴都存在几何误差 $f_{几何}$，因此，当孔和轴配合时，孔显得小，轴显得大。轴的体外作用尺寸和孔的体外作用尺寸分别用下式表示：

$$d_{fe} = d_a + f_{几何} \tag{3-1}$$
$$D_{fe} = D_a - f_{几何} \tag{3-2}$$

体内作用尺寸是指在被测要素的给定长度上，与实际内表面（孔）体内相接的最小理想面或与实际外表面（轴）体内相接的最大理想面的直径或宽度。对关联要素，体现其体内作用尺寸的理想面的中心线或中心平面，必须与基准保持图样上给定的几何关系。

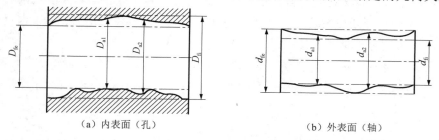

（a）内表面（孔）　　　　　　　　（b）外表面（轴）

图 3-60　单一要素的实际内、外表面的体外作用尺寸和体内作用尺寸

孔和轴的体内作用尺寸分别用 D_{fi} 与 d_{fi} 表示（见图 3-60）。体内作用尺寸也是由被测要素的实际尺寸和几何误差综合形成的。有几何误差的内表面（孔）的体内作用尺寸大于其实际尺寸，有几何误差的外表面（轴）的体内作用尺寸小于其实际尺寸。轴的体内作用尺寸和孔的体内作用尺寸分别用下式表示：

$$d_{fi} = d_a - f_{几何} \tag{3-3}$$
$$D_{fi} = D_a + f_{几何} \tag{3-4}$$

3. 最大实体状态、最大实体边界与最大实体尺寸

最大实体状态（MMC）是指假定提取组成要素的局部尺寸位于极限尺寸之内，并且使其具有实体最大时的状态。

最大实体边界（MMB）是指最大实体状态的理想形状的极限包容面。

最大实体尺寸（MMS）是指要素最大实体状态的尺寸（D_M、d_M），即外尺寸要素的上极限尺寸（$d_M = d_{max}$），内尺寸要素的下极限尺寸（$D_M = D_{min}$）。

4. 最小实体状态、最小实体边界与最小实体尺寸

最小实体状态（LMC）是指假定提取组成要素的局部尺寸位于极限尺寸之内，并且使其具有实体最小时的状态。

最小实体边界（LMB）是指最小实体状态的理想形状的极限包容面。

最小实体尺寸（LMS）是指要素最小实体状态的尺寸（D_L、d_L），即外尺寸要素的下极限尺寸（$d_L = d_{min}$），内尺寸要素的上极限尺寸（$D_L = D_{max}$）。

5. 最大实体实效状态、最大实体实效边界与最大实体实效尺寸

最大实体实效状态（MMVC）是指拟合要素的尺寸为其最大实体实效尺寸（MMVS）时的状态。

最大实体实效状态对应的极限包容面称为最大实体实效边界（MMVB）。

最大实体实效尺寸（MMVS）是指尺寸要素的最大实体尺寸与其导出要素的几何公差（形状公差、方向公差或位置公差）共同作用产生的尺寸（D_{MV}、d_{MV}）。对于内尺寸（孔），最大实体实效尺寸等于最大实体尺寸 D_M 与带符号Ⓜ的几何公差值 t 之差；对于外尺寸（轴），最大实体实效尺寸等于最大实体尺寸 d_M 与带符号Ⓜ的几何公差值 t 之和，即

$$D_{MV} = D_M - t_{Ⓜ} = D_{min} - t_{Ⓜ} \tag{3-5}$$

$$d_{MV} = d_M + t_{Ⓜ} = d_{max} + t_{Ⓜ} \tag{3-6}$$

6. 最小实体实效状态、最小实体实效边界与最小实体实效尺寸

最小实体实效状态（LMVC）是指拟合要素的尺寸为其最小实体实效尺寸（LMVS）时的状态。

最小实体实效状态对应的极限包容面称为最小实体实效边界（LMVB）。

最小实体实效尺寸（LMVS）是指尺寸要素的最小实体尺寸与其导出要素的几何公差（形状公差、方向公差或位置公差）共同作用产生的尺寸（D_{LV}、d_{LV}）。对于内尺寸（孔），最小实体实效尺寸等于最小实体尺寸 D_L 与带符号Ⓛ的几何公差值 t 之和；对于外尺寸（轴），最小实体实效尺寸等于最小实体尺寸 d_L 与带符号Ⓛ的几何公差值 t 之差，即

$$D_{LV} = D_L + t_{Ⓛ} = D_{max} + t_{Ⓛ} \tag{3-7}$$

$$d_{LV} = d_L - t_{Ⓛ} = d_{min} - t_{Ⓛ} \tag{3-8}$$

【例 3-1】 图 3-61 为轴、孔零件，按图 3-61（a）和图 3-61（b）所示工艺要求加工轴、孔零件，加工后测得的直径为 18mm，其轴线的直线度误差 $f_- = 0.03$mm；按图 3-61（c）和图 3-61（d）所示工艺要求加工轴、孔零件，加工后测得的直径为 18mm，其轴线的垂直度误差 $f_\perp = 0.1$mm。试计算这四种情况下的最大实体尺寸、最小实体尺寸、体外作用尺寸、体内作用尺寸、最大实体实效尺寸和最小实体实效尺寸。

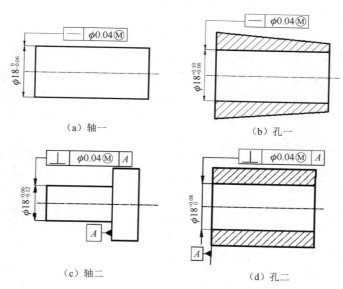

图 3-61　轴、孔零件

解：（1）由图 3-61（a）可知（下式单位为 mm），

$d_a = 18$，$f_{-} = 0.03$，$d_M = d_{max} = 18$，$d_L = d_{min} = 18 - 0.06 = 17.94$

$d_{fe} = d_a + f_{-} = 18 + 0.03 = 18.03$，$d_{fi} = d_a - f_{-} = 18 - 0.03 = 17.97$

$d_{MV} = d_M + t = 18 + 0.04 = 18.04$，$d_{LV} = d_L - t = 17.94 - 0.04 = 17.90$

（2）同理，可计算出图 3-61（b）中的各项尺寸（单位为 mm），具体如下：

$D_a = 18$，$f_{-} = 0.03$

$D_M = D_{min} = 18 + 0.06 = 18.06$，$D_L = D_{max} = 18 + 0.10 = 18.10$

$D_{fe} = D_a - f_{-} = 18 - 0.03 = 17.97$，$D_{fi} = D_a + f_{-} = 18 + 0.03 = 18.03$

$D_{MV} = D_M - t = 18.06 - 0.04 = 18.02$，$D_{LV} = D_L + t = 18.10 + 0.04 = 18.14$

（3）图 3-61（c）中的各项尺寸（单位为 mm）如下：

$d_a = 18$，$f_{\perp} = 0.1$

$d_M = d_{max} = 18 - 0.06 = 17.94$，$d_L = d_{min} = 18 - 0.12 = 17.88$

$d_{fe} = d_a + f_{\perp} = 18 + 0.1 = 18.1$，$d_{fi} = d_a - f_{\perp} = 18 - 0.1 = 17.9$

$d_{MV} = d_M + t = 17.94 + 0.04 = 17.98$，$d_{LV} = d_L - t = 17.88 - 0.04 = 17.84$

（4）图 3-61（d）中的各项尺寸（单位为 mm）如下：

$D_a = 18$，$f_{\perp} = 0.1$

$D_M = D_{min} = 18$，$D_L = D_{max} = 18 + 0.08 = 18.08$

$D_{fe} = D_a - f_{\perp} = 18 - 0.1 = 17.9$，$D_{fi} = D_a + f_{\perp} = 18 + 0.1 = 18.1$

$D_{MV} = D_M - t = 18 - 0.04 = 17.96$，$D_{LV} = D_L + t = 18.08 + 0.04 = 18.12$

3.4.2 独立原则

独立原则是指图样上给定的几何公差和尺寸公差相互无关、彼此独立，应分别满足各自要求的公差原则。独立原则是几何公差和尺寸公差相互关系所遵循的基本原则。

无须在图样上特别注明遵守独立原则的公差要求。如果对尺寸公差和几何公差（形状公差、方向公差或位置公差）之间的相互关系有特定要求，就应在图样上注明。

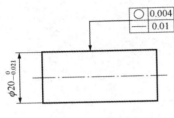

图 3-62　独立原则的标注

独立原则的标注如图 3-62 所示，其含义如下：对实际尺寸、圆度误差和直线度误差分别进行检测，采用通用量具，各自满足要求。局部实际尺寸应在 19.979～20mm 之间变化，即 $19.979\text{mm} \leqslant d_a \leqslant 20\ \text{mm}$，任意正截面的圆度误差不得大于 0.004mm，即 $f_\text{o} \leqslant 0.004\text{mm}$，素线的直线度误差不得大于 0.01mm，即 $f_- \leqslant 0.01\text{mm}$。

3.4.3 包容要求

1. 包容要求的含义及在图样上的标注方法

图 3-63 为包容要求标注示例及解释，其中图 3-63（a）为采用包容要求（ER）时的标注示例，应在其尺寸极限偏差或公差带代号之后加注符号 Ⓔ。被测轴的尺寸公差为 0.021mm，$d_M = d_{max} = 20\text{mm}$，$d_L = d_{min} = 19.979\text{mm}$。包容要求仅适用于单一要素（如圆柱面或两个平行平面），即仅对零件要素提出形状公差要求的要素。

包容要求是指尺寸要素的非理想要素不得违反其最大实体边界（MMB）的一种尺寸要素要求。图 3-63（b）给出的是最大实体边界，边界尺寸为最大实体尺寸 20mm。即在最大实体状态下，给定的形状公差为 0。此时不允许存在形状误差，是一个理想形状。

包容要求就是要求提取组成要素（体外作用尺寸）不得超越其最大实体边界（MMB），其局部实际尺寸不得超出最小实体尺寸（LMS）的一种公差要求。

在图 3-63（c）中，当提取要素的局部尺寸偏离最大实体尺寸时，形状公差得到补偿。当提取要素的局部尺寸为最小实体尺寸 19.979mm 时，形状公差获得的补偿量最多。此时形状公差的最大值可以等于尺寸公差 0.021mm，其动态公差图如图 3-63（d）所示，尺寸公差与形状公差的补偿关系参看图 3-63 中的表格，补偿量的一般计算公式为 $t_\text{补} = |\text{MMS} - d_a\,(D_a)|$；当提取要素的局部尺寸为最小实体尺寸时，形状公差获得最大补偿量，即 $t_{\text{补max}} = |\text{MMS} - \text{LMS}| = T_\text{h}\,(T_\text{s})$。

2. 应用包容要求的零件的合格条件

零件满足包容要求的合格条件是要求提取组成要素（体外作用尺寸）不得超越其最大实体边界（MMB），其局部实际尺寸不得超出最小实体尺寸（LMS）。检测时用极限量规，参看本书 5.4 节中的量规设计遵守的泰勒原则。可以用公式表达零件满足包容要求的合格条件。

对于内表面（孔）：

$$\begin{cases} D_{fe} \geq D_M \\ D_a \leq D_L \end{cases} \quad 即 \quad \begin{cases} D_a - f_{形状} \geq D_{min} \\ D_a \leq D_{max} \end{cases} \tag{3-9}$$

对于外表面（轴）：

$$\begin{cases} d_{fe} \leq d_M \\ d_a \geq d_L \end{cases} \quad 即 \quad \begin{cases} d_a + f_{形状} \leq d_{max} \\ d_a \geq d_{min} \end{cases} \tag{3-10}$$

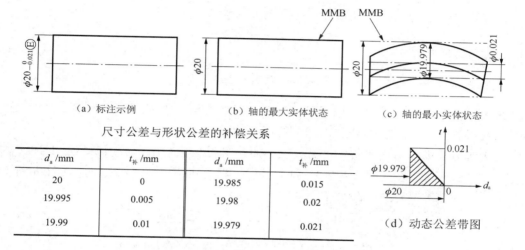

（a）标注示例　　　　　　（b）轴的最大实体状态　　　　　（c）轴的最小实体状态

尺寸公差与形状公差的补偿关系

d_a /mm	$t_补$ /mm	d_a /mm	$t_补$ /mm
20	0	19.985	0.015
19.995	0.005	19.98	0.02
19.99	0.01	19.979	0.021

（d）动态公差带图

图 3-63　包容要求标注示例及解释

3. 包容要求的主要应用范围

包容要求主要用于有严格装配要求的场合，即用最大实体边界保证所需要的最小间隙或最大过盈，用最小实体尺寸防止间隙过大或过盈过小。检测时可用极限量规，以提高检测效率。按包容要求给出单一要素的尺寸公差后，若对该要素的形状精度有更高的要求，则可进一步给出形状公差值，该形状公差值必须小于尺寸公差值。

【例 3-2】 按尺寸 $\phi 60_{-0.05}^{0}$ Ⓔ加工一个轴，加工后测得该轴的实际尺寸 d_a=59.97mm，其轴线直线度误差 f_-=0.02mm，试判断该轴是否合格。

解： 由题意可得

$$d_{max}=60mm,\ d_{min}=59.95mm$$

根据式（3-10）可知，

$$\begin{cases} d_{fe}=d_a+f_-=59.97+0.02=59.99 < d_M = d_{max} = 60（mm） \\ d_a = 59.97 < d_L = d_{min} = 59.95（mm） \end{cases}$$

计算结果满足式（3-10），因此该零件合格。

【例 3-3】 按尺寸 $\phi 60^{+0.05}_{0}$ Ⓔ 加工一个孔，加工后测得该孔的实际尺寸 $D_a = 60.04\text{mm}$，其轴线直线度误差 $f_- = 0.02\text{mm}$，试判断该孔是否合格。

解： 由题意可得

$$D_{\max} = 60.05\text{mm} , \quad D_{\min} = 60\text{mm}$$

根据式（3-9）可知，

$$\begin{cases} D_{\min} = 60 \leqslant D_a = 60.04 \leqslant D_{\max} = 60.05\text{mm} \\ f_- = 0.02 < t_{补} = |D_a - D_M| = 0.04\text{mm} \end{cases}$$

计算结果满足式（3-9），因此该零件合格。

3.4.4 最大实体要求

1. 最大实体要求的含义及在图样上的标注方法

最大实体要求（MMR）适用于导出要素（中心要素），如直线度、方向公差和位置公差。在应用时，必须标注几何公差，注明几何公差符号。

最大实体要求既适用于被测要素，又适用于基准要素。用于被测要素时的标注示例如图 3-64（a）所示，在几何公差值之后标注符号Ⓜ。当应用于基准要素时，标注如图 3-64（b）所示，在基准符号之后标注符号Ⓜ。

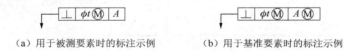

（a）用于被测要素时的标注示例　　　　（b）用于基准要素时的标注示例

图 3-64　最大实体要求的标注示例

当应用于被测要素时，其提取组成要素（体外作用尺寸）不得违反其最大实体实效状态，即在给定长度上处处不得超出最大实体实效边界；其提取局部尺寸不得超出最大实体尺寸或最小实体尺寸。图 3-65 为最大实体要求应用于单一要素，标注示例如图 3-65（a）所示，被测轴的尺寸公差为 0.021mm，$d_M = d_{\max} = 20\text{mm}$，$d_L = d_{\min} = 19.979\text{mm}$。轴的最大实体状态如图 3-65（b）所示，边界尺寸为 20.01mm。轴的最小实体状态如图 3-65（c）所示。

被测要素的几何公差 $t_{几何}$ 是在该要素处于最大实体状态时给出的 $t_{给定}$，当提取要素局部尺寸偏离最大实体尺寸时，几何公差得到补偿，补偿量为 $t_{补}$。当提取要素的局部尺寸为最小实体尺寸 19.979mm 时，几何公差获得最大补偿量。此时，几何公差的最大值为 0.031mm，其动态公差图如图 3-65（d）所示。尺寸公差与几何公差的补偿关系参看图 3-65 中的表格，补偿量的一般计算公式为

$$t_{补} = \left| \text{MMS} - d_a(D_a) \right|$$

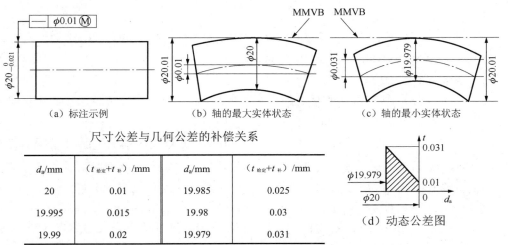

（a）标注示例　　　　（b）轴的最大实体状态　　　　（c）轴的最小实体状态

尺寸公差与几何公差的补偿关系

d_a/mm	（$t_{给定}+t_补$）/mm	d_a/mm	（$t_{给定}+t_补$）/mm
20	0.01	19.985	0.025
19.995	0.015	19.98	0.03
19.99	0.02	19.979	0.031

（d）动态公差图

图 3-65　最大实体要求应用于单一要素

2. 应用最大实体要求的零件的合格条件

当应用于被测要素时，零件满足最大实体要求的合格条件为其提取组成要素（体外作用尺寸）不得违反其最大实体实效状态，其提取局部尺寸不得超出最大实体尺寸或最小实体尺寸。检测时，可用综合量规。可用公式表达零件满足最大实体要求的合格条件。

对于内表面（孔）：

$$\begin{cases} D_{fe} \geq D_{MV} \\ D_M \leq D_a \leq D_L \end{cases} \quad 即 \quad \begin{cases} D_a - f_{几何} \geq D_M - t_{几何} = D_{min} - t_{几何} \\ D_{min} \leq D_a \leq D_{max} \end{cases} \tag{3-11}$$

对于外表面（轴）：

$$\begin{cases} d_{fe} \leq d_{MV} \\ d_L \leq d_a \leq d_M \end{cases} \quad 即 \quad \begin{cases} d_a + f_{几何} \leq d_M + t_{几何} = d_{max} + t_{几何} \\ d_{min} \leq d_a \leq d_{max} \end{cases} \tag{3-12}$$

3. 最大实体要求的应用范围

最大实体要求主要应用于保证装配要求的场合，一般只能用于导出要素（中心要素）。设计时，如果能正确地应用最大实体要求，就可以充分利用尺寸公差补偿几何公差，有利于零件的制造。检测时，可用综合量规，以提高检测效率，适合大批量生产。例如，对于用螺栓或螺钉连接的圆盘零件，在其圆周布置通孔的位置度公差就是广泛采用最大实体要求，以便充分利用图样上给出的通孔尺寸公差，获得最佳的技术经济效益。

【例 3-4】　图 3-65（a）中的 $\phi20_{-0.021}^{0}$ mm 轴的轴线直线度公差与尺寸公差的关系采用最大实体要求。假设该轴的局部尺寸为 $\phi19.998$ mm，测得轴线直线度误差为 0.011mm，试判断该轴是否合格。

根据式（3-12）可知，

$$\begin{cases} d_{fe}=d_a + f_\_ =19.998 + 0.011=20.009 < d_M + t_\_ = d_{max} + t_\_ = 20 + 0.01 = 20.01 \text{（mm）} \\ d_{min} = 19.979 < 19.998 < d_{max} = 20 \text{（mm）} \end{cases}$$

因此该轴合格。

【例3-5】请分析图3-66中的标注的含义与要求。若测得的孔的实际尺寸为$\phi50.12$mm，轴线垂直度误差值为0.12mm，试判断该零件是否合格。

由图3-66（a）中的图样标注可知，$\phi50_0^{+0.13}$mm孔的轴线对基准平面A的垂直度公差与尺寸公差的关系采用最大实体要求。由图3-66（b）可知，该孔遵守最大实体实效边界（MMVB），该边界尺寸为最大实体实效尺寸，可按式（3-5）计算其值，即

$$D_{MV}=D_M-t_{几何} = D_{min}-t_\perp=50-0.08=49.92 \text{（mm）}$$

局部尺寸应在50～50.13mm范围内。当孔的局部尺寸处处皆为最大实体尺寸50mm时，轴线垂直度误差值为0.08mm。

在图3-66（c）中，当孔的局部尺寸处处皆为最小实体尺寸50.13mm时，其轴线垂直度误差值可以增大到0.21mm，即等于图样上给定的轴线垂直度公差值0.08mm与孔尺寸公差值0.13mm之和。

图3-66（d）给出了轴线垂直度公差t随孔实际尺寸D_a变化的规律的动态公差图。相对于每个局部尺寸，孔的轴线垂直度误差只要落在动态公差图中，该孔的轴线垂直度就是合格的。

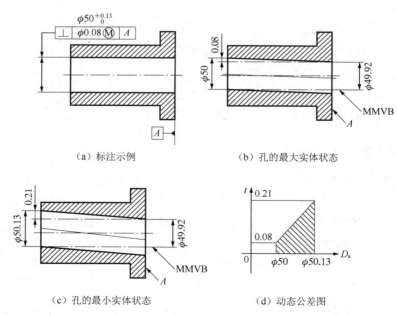

（a）标注示例　　　　　　　　　（b）孔的最大实体状态

（c）孔的最小实体状态　　　　　（d）动态公差图

图3-66　最大实体要求应用于关联要素的示例及解释

当孔的实际尺寸为 $\phi50.12\text{mm}$ 时，若测得的轴线垂直度误差为 0.12mm，则按偏离最大实体状态进行判断。

$$\begin{cases} f_{\text{几何}}=f_{\perp}=\phi0.12<t_{\perp}=\text{给定值}+\text{补偿值}=0.08+(50.12-50)=0.2\text{（mm）} \\ 50<50.12<50.13 \end{cases}$$

因此该孔合格。

最大实体要求范围还包括零公差的场合，即几何公差框格中给定的几何公差值为零。因此，最大实体实效边界尺寸等于最大实体边界尺寸。这种情况与包容要求相同，但区别在于标注不同，参看图 3-67 中的标注 $\phi0$ Ⓜ。

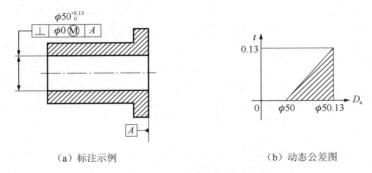

（a）标注示例　　　　　　　　（b）动态公差图

图 3-67　最大实体要求的零几何公差

【例 3-6】　分析图 3-67 中的最大实体要求的零几何公差标注的含义与要求。

该孔应该满足下列要求：

（1）局部尺寸应在最大实体尺寸 $\phi50\text{mm}$ 和最小实体尺寸 $\phi50.13\text{mm}$ 之间变化。

（2）实际轮廓不超出关联最大实体边界，如图 3-67（a）所示，遵守的是最大实体边界。因为其关联体外作用尺寸不小于最大实体尺寸 $\phi50\text{mm}$。

（3）当孔处于最大实体状态时，其轴线对基准 A 的垂直度误差应该为 0。当孔的实际尺寸偏离最大实体尺寸 $\phi50\text{mm}$ 时，允许轴线垂直度误差存在；当孔处于最小实体状态时，允许其轴线对基准 A 的垂直度误差达到最大值，即达到 0.13mm。图 3-67（b）为动态公差图，该图表示垂直度误差值随实际尺寸的变化规律。相对于每个实际尺寸的轴线垂直度误差只要落在动态公差图中，该轴的轴线垂直度就是合格的。

4. 最大实体要求应用于基准要素

最大实体要求应用于基准要素时，基准要素应遵守相应的边界。对基准要素，可以采用独立原则、包容要求、最大实体要求或其他相关要求，因此遵守的边界不同。

（1）当对基准要素采用最大实体要求时，其遵守的边界为最大实体实效边界。如图 3-68（a）所示，该基准孔的最大实体实效边界尺寸为 $\phi11.99\text{mm}$。

（2）当对基准要素不采用最大实体要求时，其遵守的边界为最大实体边界。图 3-68（b）所示为对基准要素采用包容要求，图 3-68（c）所示为对基准要素采用独立原则，所以基准孔都遵守最大实体边界，该边界尺寸为$\phi 12mm$。

　　若基准要素的实际轮廓偏离其相应的边界，则允许基准要素的几何公差获得补偿，其补偿量等于基准要素的局部实际尺寸与最大实体尺寸的差值。可分别进行被测要素和基准要素的几何公差与尺寸公差的补偿。在图 3-68（a）中，当基准要素为最大实体尺寸$\phi 12mm$时，基准要素的直线度公差给定值为 0.01mm；当基准要素为最小实体尺寸$\phi 12.027mm$ 时，几何公差获得的最大补偿量为 0.027mm，基准要素的直线度公差为 0.037mm。对被测要素而言，如果被测要素为最小实体尺寸$\phi 25.033mm$ 时，那么此时几何公差获得的最大补偿量为 0.033mm，被测要素的同轴度公差为 0.083mm；如果此时基准要素也为最小实体尺寸$\phi 12.027mm$，即基准轴线相对于理想位置具有最大浮动量$\phi 0.037mm$，那么同轴度公差带 0.083mm 相对于基准的位置变化而变化，最大变化范围可以达到$\phi 0.12mm$。

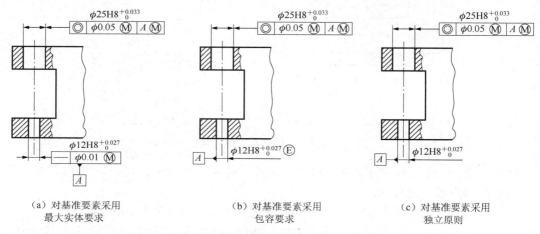

（a）对基准要素采用　　　　　（b）对基准要素采用　　　　　（c）对基准要素采用
　　最大实体要求　　　　　　　　　包容要求　　　　　　　　　　独立原则

图 3-68　最大实体要求应用于基准要素

3.4.5　最小实体要求

1. 最小实体要求的含义及其在图样上的标注方法

　　最小实体要求（LMR）适用于导出要素（中心要素）。主要应用于位置度、同轴度和同心度。最小实体要求既适用于被测要素，又适用于基准要素。最小实体要求的标注示例如图 3-69 所示；当应用于基准要素时，最小实体要求的标注方法如图 3-69（b）所示。

（a）标注示例一　　　　　　　　　（b）标注示例二

图 3-69　最小实体要求的标注示例

2. 最小实体要求应用于被测要素

最小实体要求是指用于控制被测要素的实际轮廓处于其最小实体实效边界之内的一种公差要求。

被测要素在给定长度上处处不得超出最小实体实效边界，在图 3-70（a）中，最小实体实效尺寸 $D_{LV}=D_L+t=8.25+0.4=8.65$（mm）。其提取局部尺寸不得超出最大实体尺寸或最小实体尺寸，在图 3-70（a）中，局部尺寸为 $\phi 8\text{mm}\sim\phi 8.25\text{mm}$。

当被测实际要素处于最小实体状态时，为图样上给定的几何公差值 $t_{几何}$；在图 3-70（b）中，其轴线对基准 A 的位置度公差给定值为 0.4mm。当被测实际要素偏离最小实体状态时，其偏离量补偿给几何公差，补偿量的一般计算公式为

$$t_{补}=\left|\text{LMS}-d_a(D_a)\right|$$

允许的几何误差为图样上给定的几何公差值与补偿量之和；当被测实际要素为最大实体状态时，几何公差获得最大补偿量，即将尺寸公差全部补偿给几何公差。此时允许的几何误差达到最大值 t_{max}，即尺寸公差值与图样上给定的几何公差值之和。在图 3-70（c）中，当该孔处于最大实体状态时，其轴线对基准 A 的位置度公差达到最大值 0.65mm。若提取要素的局部尺寸为 $\phi 8\sim\phi 8.25\text{mm}$，则轴线的位置度公差为 $0.65\sim0.4\text{mm}$。

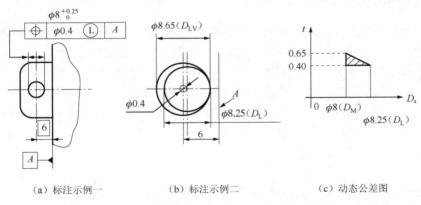

（a）标注示例一　　　　（b）标注示例二　　　　（c）动态公差图

图 3-70　对位置度公差采用最小实体要求时标注示例和动态公差图

3. 应用最小实体要求零件的合格条件

当应用于被测要素时，零件满足最小实体要求的合格条件为其提取组成要素（体内作用尺寸）不得违反其最小实体实效状态，其提取局部尺寸不得超出最大实体尺寸或最小实体尺寸。可用公式表达零件满足最小实体要求的合格条件。

对于内表面（孔）：

$$\begin{cases} D_{fi}\leqslant D_{LV} \\ D_M\leqslant D_a\leqslant D_L \end{cases}\quad 即 \quad \begin{cases} D_a+f_{几何}\leqslant D_L+t_{几何}=D_{max}+t_{几何} \\ D_{min}\leqslant D_a\leqslant D_{max} \end{cases} \tag{3-13}$$

对于外表面（轴）：

$$\begin{cases} d_{fi} \geqslant d_{LV} \\ d_L \leqslant d_a \leqslant d_M \end{cases} \quad 即 \quad \begin{cases} d_a - f_{几何} \geqslant d_L - t_{几何} = d_{min} - t_{几何} \\ d_{min} \leqslant d_a \leqslant d_{max} \end{cases} \quad (3-14)$$

4. 最小实体要求的主要应用范围

最小实体要求仅适用于导出要素（中心要素），主要用于保证零件强度和最小壁厚。因此，最小实体要求主要用于内表面（孔）的体内作用尺寸的控制，防止在零件承受压力时，造成孔壁贯穿。在图 3-70（a）对 $\phi 8^{+0.25}_{0}$ mm 孔的轴线相对于基准 A 的位置度公差采用最小实体要求，以保证孔与边缘之间的最小距离。

3.4.6 可逆要求

可逆要求（RPR）只能应用于最大实体要求和最小实体要求。前面分析的最大实体要求与最小实体要求都是指当局部尺寸偏离最大实体尺寸或最小实体尺寸时，允许用尺寸公差补偿几何公差。而可逆要求是一种反补偿要求，即可以用几何公差补偿尺寸公差，允许相应的尺寸公差增大。可逆要求仅适用于导出要素，即轴线和中心平面。

1. 可逆要求在图样上的标注方法

当应用于最大实体要求时，可逆要求的标注方法如图 3-71（a）所示，即在符号Ⓜ之后加注符号Ⓡ。如果应用于最小实体要求，就在符号Ⓛ之后加注符号Ⓡ。

可逆要求是指在不影响零件功能的前提下，当被测要素的几何误差值小于给定的几何公差值时，允许其相应的尺寸公差增大的一种相关要求。

可逆要求不能单独使用，也没有自己的边界，必须与最大实体要求或最小实体要求一起使用。可逆要求只能用于被测要素，不能用于基准要素。

2. 可逆要求应用于最大实体要求

1）可逆要求应用于最大实体要求时，表示在被测要素的实际轮廓不超出其最大实体实效边界的条件下，允许用被测要素的尺寸公差补偿其几何公差，同时也允许用被测要素的几何公差补偿其尺寸公差。当被测要素的几何误差值小于图样上标注的几何公差值时，允许被测要素的实际尺寸超出其最大实体尺寸。当几何误差值为 0 时，尺寸公差的补偿量最大，允许实际尺寸等于其最大实体实效尺寸。

2）零件合格条件。

对于内表面（孔）：

$$\begin{cases} D_{fe} \geqslant D_{MV} \\ D_{MV} \leqslant D_a \leqslant D_L \end{cases} \quad 即 \quad \begin{cases} D_a - f_{几何} \geqslant D_M - t_{几何} = D_{min} - t_{几何} \\ D_{min} - t_{几何} \leqslant D_a \leqslant D_{max} \end{cases} \quad (3-15)$$

对于外表面（轴）：

$$\begin{cases} d_{fe} \leq d_{MV} \\ d_L \leq d_a \leq d_{MV} \end{cases} \quad 即 \quad \begin{cases} d_a + f_{几何} \leq d_M + t_{几何} = d_{max} + t_{几何} \\ d_{min} \leq d_a \leq d_{max} + t_{几何} \end{cases} \quad (3\text{-}16)$$

式中，$t_{几何}$ 是图样上给定的几何公差值。当局部尺寸超过最大实体尺寸时，补偿量为负值。

如图 3-71 所示，可逆要求应用于最大实体要求时，垂直度公差补偿给尺寸公差的补偿量 0.2mm，轴的实际尺寸在 $\phi 19.9 \sim \phi 20.2$mm 范围内。此时，轴的实际直径虽然超出了允许的尺寸极限，但是，只要轴的实际轮廓被控制在最大实体实效边界以内，就是合格的。但是应注意，当 $d_a = 20.2$mm 时，轴线的垂直度误差等于零。

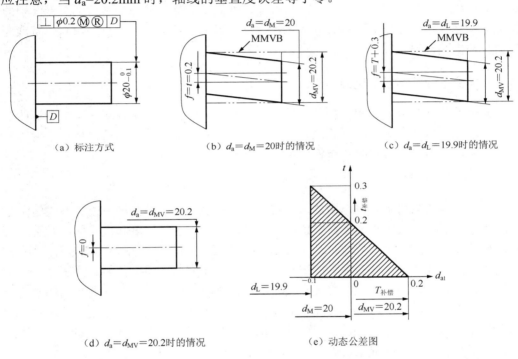

（a）标注方式　　　（b）$d_a = d_M = 20$ 时的情况　　　（c）$d_a = d_L = 19.9$ 时的情况

（d）$d_a = d_{MV} = 20.2$ 时的情况　　　（e）动态公差图

图 3-71　可逆要求应用于最大实体要求（单位为 mm）

3. 可逆要求的应用场合

当最大实体要求应用于被测要素时，需要用综合量规检测，此时最大实体实效尺寸控制的对象是体外作用尺寸，即所谓的通规。最小实体尺寸控制的对象是局部实际尺寸，即所谓的止规。检测时并不知道零件的几何误差和实际尺寸的大小，只能判断其尺寸是否超范围，即通规能通过，止规能止住。这样，即使实际尺寸超过了最大实体尺寸，但体外作用尺寸没有超过最大实体实效尺寸，也是合格的。如果用可逆要求解释，就完全合理了。可逆要求用于最大实体要求时，主要应用于低精度配合要求的场合，即仅要求保证装配互换的场合。

3.5　几何公差的选用

几何公差对零件的使用性能有很大的影响，因此，正确地选用几何公差，对保证零件的功能要求、提高经济效益非常重要。

在图样上是否给出几何公差要求，可按下述原则确定：凡是用一般机床加工能保证的几何公差要求，不必注出，其公差要求应按国家标准 GB/T 1184－1996《形状和位置公差 未注公差值》执行；凡是有特殊要求的几何公差，即高于或低于该标准规定的公差级别的，应按标准标注几何公差值。几何公差的选用包括几何公差特征项目、公差原则、基准要素和几何公差值的选用。

3.5.1　几何公差特征项目的选用

几何公差特征项目的选用一般根据被测要素的几何特征、使用要求、特征项目的公差带特点、检测的方便性及经济性等因素来确定。在满足零件功能要求的前提下，应尽量减少几何公差特征项目，选用测量简便的项目，以获得更好的经济效益。

1. 零件的几何特征

零件的几何特征限定了可选用的形状公差，零件要素之间的几何方位关系限定了位置公差的选用。例如，对于构成零件要素的点，可以选用点的同心度和位置度；对于线（分为直线和曲线），当零件要素为直线时，可选用直线度、平行度、垂直度、倾斜度、同轴度、对称度和位置度等；当零件要素为曲线时，可选用线轮廓度；当零件要素为平面时，可选用直线度、平面度、平行度、垂直度、倾斜度、对称度、位置度、轴向圆跳动和轴向全跳动；当零件要素为曲面时，可选用面轮廓度；当零件要素为圆柱时，可选用轴线直线度、素线直线度、圆度、圆柱度、径向圆跳动、径向全跳动等；当零件要素为圆锥时，可选用素线直线度、圆度、斜向圆跳动等。

2. 零件的使用要求

按零件的几何特征，一个零件要素通常有多个可选用的几何公差特征项目，但没有必要全部选用。可通过分析要素的几何误差对零件在机器中的使用性能的影响，确定所要控制的几何公差特征项目。例如，对圆柱形零件，在仅需要顺利装配，或者为了保证轴和孔之间的相对运动以减少磨损时，可选用轴线的直线度公差；如果要求轴和孔之间有相对运动且密封性能好，为了保证在整个配合表面有均匀的小间隙，就需要标注圆柱度公差，以综合控制圆度、素线直线度和轴线直线度。

3. 几何公差特征项目的控制能力

各项几何公差特征项目的控制能力不尽相同，选用时应尽量选用能起综合控制作用的几何公差特征项目，以减少几何公差特征项目总数。例如，跳动公差可以控制与之相关的位置误差、方向误差和形状误差；位置公差可以控制与之相关的方向误差和形状误差；方向公差可以控制与之相关的形状误差等。因此，只要规定了跳动公差，就不再规定其他几何公差。同理，只要规定了位置公差，就不再规定相应的方向公差和形状公差；只要规定了方向公差，就不再规定形状公差等。但是，如果对被测要素有进一步的要求，就要允许对同一要素规定多项几何公差特征，并且必须满足跳动公差值＞位置公差值＞方向公差值＞形状公差值。

4. 检测的方便性

确定几何公差特征项目时，必须考虑检测的方便性、可能性与经济性。在同样满足零件的使用要求的情况下，应选用检测方便的公差特征项目。例如，跳动误差的检测比较方便，对于轴类零件，可用径向全跳动公差或径向圆跳动公差同时控制同轴度误差、圆柱度误差及圆度误差，用轴向全跳动公差代替端面相对于轴线的垂直度公差等。

总之，合理、恰当地确定零件各要素几何公差特征项目的前提是，设计人员必须充分明确所设计零件的几何特征、功能要求，熟悉零件的加工工艺并具有一定的检测经验。

3.5.2 公差原则的选用

对同一个零件上的同一个要素，在既有尺寸公差要求又有几何公差要求的情况下，还要确定它们之间的关系，即确定选用何种公差原则或公差要求。选用公差原则时应根据被测要素的功能要求，充分发挥公差的职能，确定该公差原则的可行性和经济性。

1. 独立原则

采用独立原则时，几何公差与尺寸公差无关，几何公差值是固定的。分别检测尺寸误差和几何误差，各自满足要求，质量易于保证。因此，独立原则是设计中常用的基本原则。对单件、小批量和大型零件，必须采用独立原则。例如，对齿轮箱的壳体孔的尺寸精度与孔轴线的平行度，连杆活塞销孔的尺寸精度与圆柱度，滚动轴承内、外圈滚道的尺寸精度与形状精度，都应采用独立原则。

对未注尺寸公差值与未注几何公差值的要素，都要采用独立原则，如退刀槽的倒角、圆角等非功能要素。

2. 包容要求

包容要求主要用于必须严格保证配合性质的场合，即用于保证配合件的极限间隙或极限过盈满足设计要求的场合。由于检测时需用极限量规，所以适用于大批量、中小型零件。采用包容要求可使尺寸公差得到充分的利用，因此，经济效益较高。

保证符合国家标准《公差与配合》规定的配合性质。例如，$\phi 20H7$Ⓔ孔与$\phi 20h6$Ⓔ轴的配合可以保证配合的最小间隙为零。对于需要严格保证配合性质的齿轮内孔与轴的配合，可以采用包容要求。当采用包容要求时，形状误差由尺寸公差控制。若用尺寸公差控制形状误差，仍满足不了要求，则可以在采用包容要求的前提下，对形状公差提出更严格的要求。

3. 最大实体要求

最大实体要求常应用于只要求保证装配性的场合，其被测要素和基准要素都为导出要素（中心要素）。由于检测时需用综合量规，所以适用于大批量、中小型零件。采用最大实体要求可使尺寸公差得到充分的利用，因此，经济效益较高。例如，对用于盖板、箱体及法兰盘上孔系的位置度公差，采用最大实体要求，可极大地满足装配性，提高零件的合格率，降低成本。

4. 最小实体要求

为了保证零件强度或最小壁厚不小于某个极限值、要求某个表面到理想中心的最大距离不大于某个极限，或者为了保证零件的对中性，应该选用最小实体要求。

5. 可逆要求

可逆要求只能与最大实体要求或最小实体要求一起使用。当与最大实体要求一起使用时，按最大实体要求操作；当与最小实体要求一起使用时，按最小实体要求操作。

可逆要求与最大（最小）实体要求一起使用，能充分利用公差带，扩大被测要素实际尺寸变化范围，使那些尺寸超过最大（最小）实体尺寸而体外（体内）作用尺寸未超过最大（最小）实体实效边界的"废品"变为合格品，提高了经济效益。因此，在不影响使用性能的前提下，可以选用可逆要求。

3.5.3 基准要素的选用

基准要素的选用包括零件上基准部位的选择、基准数量的确定、基准的体现等。

1. 基准部位的选择

选择基准部位时，应根据设计和使用要求、零件的结构特征，兼顾基准统一等原则。具体应考虑以下 4 点：

（1）选择零件在机器中定位的结合面作为基准部位，如箱体的底平面和侧面、盘类零件的轴线、回转零件的支撑轴颈或支撑孔等。

（2）基准应具有足够的刚度和尺寸，以保证定位稳定可靠。

（3）选择加工精度较高的表面作为基准部位。

（4）尽量使装配基准、加工基准和检测基准统一。

2. 基准数量的确定

一般来说，应根据几何公差特征项目的定向、定位几何功能要求确定基准的数量。方向公差在大多数情况下只需要一个基准。例如，对于平行度公差、垂直度公差、同轴度公差和对称度公差等，一般只选择一个平面或一条轴线作为基准要素；而位置公差则需要1～3个基准。如果是3个基准，就构成三基面体系。

3. 基准的体现

在检测时，面对的都是基准的实际要素，而基准要素是有误差的。因此，基准的建立原则是以基准实际要素的理想要素体现，该理想基准简称基准。基准体现的方法主要有4种，用得最多的是模拟法，其次是目标法、直接法和分析法。模拟法是指采用具有足够精确形状的表面体现实际基准，例如，以检测用的平板作为模拟基准。目标法是指采用基准目标代替整个表面构成基准，例如，用球状支撑构成点目标，用刃口尺构成线目标，以三点（局部面积）构成整体表面目标。目标法主要用于铸锻件，以减小基准要素形状误差对定位的影响，使其在加工或检测过程中具有较好的再现性。直接法是指用基准要素直接作为基准检测，一般用于基准要素的几何精度较高的场合。使用分析法时，要严格遵守基准建立的原则。

3.5.4　几何公差值的选用

合理给出几何公差值，对于保证产品功能、提高产品质量、降低制造成本十分重要。图样上的几何公差值有两种标注形式：一种是在框格内注出公差值；另一种是不在图样中注出公差值，采用 GB/T 1184－1996 中规定的未注公差值，需要在图样的技术要求中给予说明。

1. 几何公差未注公差值的规定

图样上的要素即使没有标注几何公差要求，也是有几何精度要求的，称之为未注公差要求。GB/T 1184－1996 对未注公差值作出如下的规定，供选用时参考。

（1）对于直线度、平面度、垂直度、对称度和圆跳动的未注公差值，上述标准规定了H、K、L 这三个公差等级，它们的数值分别见表 3-2～表 3-5。

表 3-2　直线度和平面度未注公差值（摘自 GB/T 1184－1996）　　　　单位：mm

公差等级	基本长度范围					
	≤10	>10～30	>30～100	>100～300	>300～1000	>1000～3000
H	0.02	0.05	0.1	0.2	0.3	0.4
K	0.05	0.1	0.2	0.4	0.6	0.8
L	0.1	0.2	0.4	0.8	1.2	1.6

注：表中"基本长度"对于直线度是指其被测长度，对平面度是指平面较长一边的长度，对圆平面则指其直径。

（2）圆度的未注公差值等于给出的直径公差值，但不能大于径向圆跳动的未注公差值，即表 3-5 中的圆跳动公差值。

表 3-3　垂直度未注公差值（摘自 GB/T 1184—1996）　　　　单位：mm

公差等级	基本长度范围			
	≤100	>100~300	>300~1000	>1000~3000
H	0.2	0.3	0.4	0.5
K	0.4	0.6	0.8	1
L	0.6	1	1.5	2

表 3-4　对称度未注公差值（摘自 GB/T 1184—1996）　　　　单位：mm

公差等级	基本长度范围			
	≤100	>100~300	>300~1000	>1000~3000
H	0.5			
K	0.6		0.8	1
L	0.6	1	1.5	2

表 3-5　圆跳动未注公差值（摘自 GB/T 1184—1996）　　　　单位：mm

公差等级	基本长度范围
H	0.1
K	0.2
L	0.5

（3）对圆柱度的未注公差值不作规定。圆柱度误差由圆度误差、直线度误差和相对于素线的平行度误差组成，其中每项误差均由它们的注出公差或未注公差控制。如果因功能要求，圆柱度误差要小于圆度、直线度和平行度的未注公差的综合结果，那么应在被测要素上按 GB/T 1182 的规定注出圆柱度公差值。

（4）平行度的未注公差值等于给出的尺寸公差值，或等于直线度和平面度未注公差值中的相应公差值的较大者。应选择两个要素中的较大者作为基准，若两个要素的长度相等，则可选择任意要素作为基准。

（5）对同轴度的未注公差值不作规定。在极限状况下，同轴度的未注公差值可以与规定的径向圆跳动的未注公差值相等。应选择两个要素中的较大者作为基准，若两个要素的长度相等，则可选择任意要素作为基准。

（6）线轮廓度、面轮廓度、倾斜度、位置度和全跳动的未注几何公差均由各要素的已注出或未注出尺寸公差或角度公差控制，对这些特征项目的未注公差不必进行特殊标注。

（7）未注公差值的图样表示方法：在标题栏附近或在技术要求、技术文件中注出标准号及未注几何公差等级代号，如 GB/T 1184—K。

2. 几何公差注出公差值的规定

对图样上注出的公差值，可以通过查找 GB/T 1184—1996 附录 B 中的规定，确定其参数值。

（1）除了线轮廓度和面轮廓度，对其他特征项目都规定了公差值。其中，除了位置度，还都规定了公差等级。

（2）圆度和圆柱度的公差等级有 13 个，即 0 级、1 级、2 级、…、12 级。其中，0 级最高，12 级最低。

（3）对其余 9 个特征项目的公差等级有 12 个，即 1 级、2 级、…、12 级，1 级最高，12 级最低。

（4）规定了位置度公差值数系，见表 3-6。

表 3-6　位置度公差值数系（摘自 GB/T 1184－1996）　　　　单位：μm

1	1.2	1.5	2	2.5	3	4	5	6	8
1×10^{n}	1.2×10^{n}	1.5×10^{n}	2×10^{n}	2.5×10^{n}	3×10^{n}	4×10^{n}	5×10^{n}	6×10^{n}	8×10^{n}

注：n 为正整数。

（5）几何公差值除了与公差等级有关，还与主参数有关。主参数如图 3-72 所示。

在图 3-72（a）中，主参数为键槽宽 b。在图 3-72（b）和图 3-72（c）中，主参数为长度或高度 L。在图 3-72（d）和图 3-72（e）中，主参数是直径 d。在图 3-75（f）中，主参数是 $d=\dfrac{d_1+d_2}{2}$，其中 d_1 和 d_2 分别是大圆锥与小圆锥的直径。几何公差值随主参数的增大而增大。

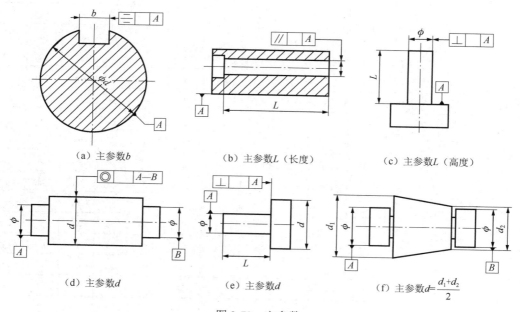

图 3-72　主参数

几何公差的注出公差值见表 3-7～表 3-10。

表 3-7　直线度和平面度公差值（摘自 GB/T 1184－1996）　　　　　单位：μm

主参数 L/mm	公差等级											
	1	2	3	4	5	6	7	8	9	10	11	12
≤10	0.2	0.4	0.8	1.2	2	3	5	8	12	20	30	60
>10～16	0.25	0.5	1	1.5	2.5	4	6	10	15	25	40	80
>16～25	0.3	0.6	1.2	2	3	5	8	12	20	30	50	100
>25～40	0.4	0.8	1.5	2.5	4	6	10	15	25	40	60	120
>40～63	0.5	1	2	3	5	8	12	20	30	50	80	150
>63～100	0.6	1.2	2.5	4	6	10	15	25	40	60	100	200
>100～160	0.8	1.5	3	5	8	12	20	30	50	80	120	250
>160～250	1	2	4	6	10	15	25	40	60	100	150	300
>250～400	1.2	2.5	5	8	12	20	30	50	80	120	200	400
>400～630	1.5	3	6	10	15	25	40	60	100	150	250	500

注：主参数 L 为轴或直线或平面的长度。

表 3-8　圆度和圆柱度公差值（摘自 GB/T 1184－1996）　　　　　单位：μm

主参数 d(D)/mm	公差等级												
	0	1	2	3	4	5	6	7	8	9	10	11	12
≤3	0.1	0.2	0.3	0.5	0.8	1.2	2	3	4	6	10	14	25
>3～6	0.1	0.2	0.4	0.6	1	1.5	2.5	4	5	8	12	18	30
>6～10	0.12	0.25	0.4	0.6	1	1.5	2.5	4	6	9	15	22	36
>10～18	0.15	0.25	0.5	0.8	1.2	2	3	5	8	11	18	27	43
>18～30	0.2	0.3	0.6	1	1.5	2.5	4	6	9	13	21	33	52
>30～50	0.25	0.4	0.6	1	1.5	2.5	4	7	11	16	25	39	62
>50～80	0.3	0.5	0.8	1.2	2	3	5	8	13	19	30	46	74
>80～120	0.4	0.6	1	1.5	2.5	4	6	10	15	22	35	54	87
>120～180	0.6	1	1.2	2	3.5	5	8	12	18	25	40	63	100
>180～250	0.8	1.2	2	3	4.5	7	10	14	20	29	46	72	115
>250～315	1.0	1.6	2.5	4	6	8	12	16	23	32	52	81	130
>315～400	1.2	2	3	5	7	9	13	18	25	36	57	89	140
>400～500	1.5	2.5	4	6	8	10	15	20	27	40	63	97	155

注：主参数 d（D）为轴（孔）直径。

表 3-9　平行度、垂直度和倾斜度公差值（摘自 GB/T 1184—1996）　　　单位：μm

主参数	公差等级											
L、$d(D)$ /mm	1	2	3	4	5	6	7	8	9	10	11	12
≤10	0.4	0.8	1.5	3	5	8	12	20	30	50	80	120
>10~16	0.5	1	2	4	6	10	15	25	40	60	100	150
>16~25	0.6	1.2	2.5	5	8	12	20	30	50	80	120	200
>25~40	0.8	1.5	3	6	10	15	25	40	60	100	150	250
>40~63	1	2	4	8	12	20	30	50	80	120	200	300
>63~100	1.2	2.5	5	10	15	25	40	60	100	150	250	400
>100~160	1.5	3	6	12	20	30	50	80	120	200	300	500
>160~250	2	4	8	15	25	40	60	100	150	250	400	600
>250~400	2.5	5	10	20	30	50	80	120	200	300	500	800
>400~630	3	6	12	25	40	60	100	150	250	400	600	1000

注：① 主参数 L 为给定平行度时轴线或平面的长度，或是给定垂直度、倾斜度时被测要素的长度。

② 主参数 d（D）为给定面对线的垂直度时被测要素的轴（孔）直径。

表 3-10　同轴度、对称度、圆跳动和全跳动公差值（摘自 GB/T 1184—1996）　　　单位：μm

主参数	公差等级											
$d(D)$、B、L /mm	1	2	3	4	5	6	7	8	9	10	11	12
≤1	0.4	0.6	1.0	1.5	2.5	4	6	10	15	25	40	60
>1~3	0.4	0.6	1.0	1.5	2.5	4	6	10	20	40	60	120
>3~6	0.5	0.8	1.2	2	3	5	8	12	25	50	80	150
>6~10	0.6	1	1.5	2.5	4	6	10	15	30	60	100	200
>10~18	0.8	1.2	2	3	5	8	12	20	40	80	120	250
>18~30	1	1.5	2.5	4	6	10	15	25	50	100	150	300
>30~50	1.2	2	3	5	8	12	20	30	60	120	200	400
>50~120	1.5	2.5	4	6	10	15	25	40	80	150	250	500
>120~250	2	3	5	8	12	20	30	50	100	200	300	600
>250~500	2.5	4	6	10	15	25	40	60	120	250	400	800

注：① 主参数 d（D）为给定同轴度时轴（孔）的直径，或是给定圆跳动、全跳动时轴（孔）的直径。

② 圆锥体斜向圆跳动公差的主参数为平均直径。

③ 主参数 B 为给定对称度时槽的宽度。

④ 主参数 L 为给定两孔对称度时的孔心距。

3. 几何公差值的选用原则

几何公差值（几何公差等级）的选用原则：在满足零件使用要求的前提下，尽量选用较大的公差值，即选用低的公差等级。选用方法有类比法和计算法。

应用类比法时需考虑以下几个问题：

（1）几何公差和尺寸公差的关系。除了采用相关要求，一般情况下，同一要素给出的形状公差、方向公差、位置公差和尺寸公差应满足关系式：$T_{形状}<T_{方向}<T_{位置}<T_{尺寸}$。若要求两个平面平行，则其平面度公差值应小于该平面相对于基准的平行度公差值，平行度公差值应小于相应的距离公差值。

（2）有配合要求时形状公差与尺寸公差的关系。要严格保证其配合性质的要素，应采用包容要求。在工艺上，其形状公差大多按分割尺寸公差的百分比确定，即 $T_{形状}=KT_{尺寸}$。在常用尺寸公差等级 IT5～IT8 级的范围内，通常 K 值为 25%～65%。

（3）形状公差与表面粗糙度的关系。一般情况下，表面粗糙度 Ra 值约占形状公差值的 20%～25%。

（4）整个表面的几何公差值比某个截面的几何公差值大。

（5）一般来说，尺寸公差、形状公差和位置公差同级。

（6）对以下情况，考虑到加工的难易程度和除主参数之外的其他参数的影响，在满足零件功能要求的前提下，可适当降低 1～2 级选用几何公差值。

① 孔相对于轴。

② 细长比（长度与直径之比）较大的轴或孔。

③ 距离较大的轴或孔。

④ 宽度较大（一般大于 1/2 长度）的零件表面。

⑤ 线对线和线对面相对于面对面的平行度或垂直度。

（7）凡有关国家标准已对几何公差值作出规定的，应按相应的国家标准确定几何公差值。例如，与滚动轴承相配的轴和壳体孔的圆柱度公差、机床导轨的直线度公差、齿轮箱的壳体孔的轴线平行度公差等。

计算法主要应用于位置度公差，国家标准只规定了位置度公差值数系，通过计算得出位置度公差值。位置度公差值与被测要素的类型、连接方式等有关。例如，当用螺栓作为连接件，被连接零件上的孔均为通孔且其孔径大于螺栓的直径时，位置度公差值可用下式计算：

$$t = X_{\min}$$

式中，t 为位置度公差值；$X_{\min}$ 为通孔与螺栓之间的最小间隙。

当用螺钉连接时，被连接零件中有一个零件上的孔是螺纹，而其余零件上的孔都是通孔且孔径大于螺钉直径，位置度公差值可用下式计算：

$$t = 0.5X_{\min}$$

对上式计算的位置度公差值取整数并查表 3-6 选择对应的位置度公差值。

表 3-11～表 3-14 列出了部分几何公差常用等级的应用举例，供选用时参考。

表 3-11　直线度和平面度公差常用等级的应用举例

公差等级	应用举例
5 级	1 级平板，2 级宽平尺，平面磨床的纵导轨、垂直导轨、立柱导轨及工作台，液压龙门刨床和转塔车床床身导轨，柴油机进、排气阀门导杆
6 级	普通机床导轨面，如卧式车床、龙门刨床、滚齿机、自动车床等的床身导轨、立柱导轨，柴油机壳体
7 级	2 级平板，机床主轴箱、摇臂钻床底座和工作台，镗床工作台，液压泵盖，减速器壳体结合面
8 级	机床传动箱体，交换齿轮箱体，车床溜板箱体，柴油机汽缸体，连杆分离面，缸盖结合面，汽车发动机缸盖、曲轴箱结合面，液压管件和法兰连接面
9 级	3 级平板，自动车床床身底面，摩托车曲轴箱体，汽车变速器壳体，手动机械的支撑面

表 3-12　圆度和圆柱度公差常用等级的应用举例

公差等级	应用举例
5 级	一般计量仪器的主轴、测杆外圆柱面，陀螺仪轴颈，一般机床主轴轴颈及主轴轴承孔，柴油机/汽油机活塞、活塞销、与 6 级滚动轴承配合的轴颈
6 级	仪表端盖外圆柱面，一般机床主轴及主轴箱体孔，泵、压缩机的活塞、汽缸，汽车发动机凸轮轴，减速器轴颈，高速船用柴油机/拖拉机曲轴主轴颈，与 6 级滚动轴承配合的壳体孔，与 0 级滚动轴承配合的轴颈
7 级	大功率低速柴油机曲轴轴颈、活塞、活塞销、连杆、汽缸，高速柴油机箱体轴承孔，千斤顶或压力液压缸活塞，汽车传动轴，水泵及通用减速器轴颈，与 0 级滚动轴承配合的壳体孔
8 级	低速发动机，减速器，大功率曲柄轴轴颈，拖拉机汽缸体、活塞，印刷机传墨辊，内燃机曲轴，柴油机的壳体孔，凸轮轴，拖拉机/小型船用柴油机汽缸套等
9 级	空气压缩机缸体，液压传动筒，通用机械杠杆与拉杆用套筒销子，拖拉机活塞环、套筒孔等

表 3-13　同轴度、对称度和跳动公差常用等级的应用举例

公差等级	应用举例
5 级、6 级、7 级	应用范围较广的公差等级。用于几何精度要求较高、尺寸公差等级为 IT8 及高于 IT8 的零件。5 级常用于机床主轴轴颈、计量仪器的测杆、汽轮机主轴、柱塞油泵转子、高精度滚动轴承外圈、一般精度滚动轴承内圈；6～7 级用于内燃机曲轴、凸轮轴轴颈、齿轮轴、水泵轴、汽车后轮输出轴、电动机转子、印刷机传辊的轴颈、键槽等
8 级、9 级	常用于几何精度要求一般、尺寸公差等级为 IT9～IT11 的零件。8 级主要用于拖拉机发动机分配轴轴颈、与 9 级精度以下齿轮相配的轴、水泵叶轮、离心泵体、棉花精梳机前后滚子、键槽等；9 级用于内燃机汽缸套配合面、自行车中轴等

表 3-14　平行度、垂直度公差常用等级的应用举例

公差等级	面对面平行度应用举例	面对线、线对线平行度应用举例	垂直度应用举例
4 级、5 级	普通机床、测量仪器、量具基准面和工作面、高精度轴承座圈、端盖、挡圈的端面等	机床主轴孔对基准面要求，重要轴承孔对基准面要求，主轴箱重要的壳体孔要求，齿轮泵的端面等	普通机床导轨，精密机床重要零件、机床重要支撑面、普通机床主轴偏摆、测量仪器、刀具、量具，液压传动轴瓦端面、刀具/量具的工作面和基准面等

续表

公差等级	面对面平行度应用举例	面对线、线对线平行度应用举例	垂直度应用举例
6级、7级、8级	一般机床零件的工作面和基准面，一般刀具、量具、夹具等	机床一般轴承孔对基准面要求，主轴箱一般孔间要求，主轴花键对定心直径的要求，一般刀具、量具、模具等	普通精密机床主要基准面和工作面，回转工作台端面，一般导轨，主轴箱的壳体孔、刀架、砂轮架及工作台回转中心，一般轴肩对中其轴线等
9级、10级	低精度零件，重型机械滚动轴承端盖等	柴油机和燃气发动机的曲轴孔和轴颈等	花键轴的轴肩端面，带式运输机法兰盘等对端面、轴线，手动卷扬机及传动装置中轴承端面，减速器壳体平面等

本章小结

　　本章重点阐述了几何公差的研究对象，主要介绍了几何公差带的形状、大小、方向和位置4个特征，分析了各个几何公差特征项目的特点及其在图样上的标注规定。介绍了公差原则，分析了几何公差与尺寸公差的关系，并且就几何精度设计中的几何公差等级应用、公差原则的选用进行了阐述。

习　题

3-1　几何公差特征项目分类如何？其名称和符号是什么？

3-2　几何公差的研究对象是什么？如何分类？各自的含义是什么？

3-3　几何公差带与尺寸公差带有什么区别？几何公差的四要素是什么？

3-4　组成要素和导出要素的几何公差标注有什么区别？

3-5　公差原则有哪些？独立原则和包容要求的含义、标注方法和适用范围是什么？

3-6　图 3-73 所示为销轴的三种几何公差标注示例，它们的公差带有什么不同？

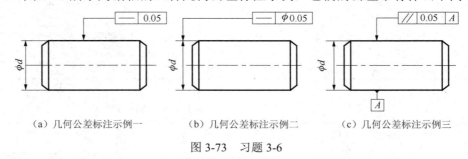

（a）几何公差标注示例一　　　（b）几何公差标注示例二　　　（c）几何公差标注示例三

图 3-73　习题 3-6

3-7　将零件的技术要求标注在图 3-74 上。

（1）$2 \times \phi d$ 轴线相对于其公共轴线的同轴度公差为 0.02mm。

（2）ϕD 轴线对 $2\times\phi d$ 公共轴线的垂直度公差为 0.02/100mm。

（3）ϕD 轴线相对于 $2\times\phi d$ 公共轴线的上下偏离量不大于 10μm。

3-8 将下列几何公差要求标注在图 3-75 中。

（1）$\phi 50$ 圆柱面素线的直线度公差为 0.02mm。

（2）$\phi 30$ 圆柱面的圆柱度公差为 0.05mm。

（3）整个零件的轴线必须位于直径为 0.04mm 的圆柱面内。

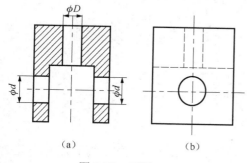

（a）　　　　　　　（b）

图 3-74 习题 3-7

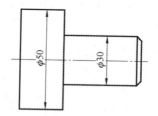

图 3-75 习题 3-8

3-9 将下列几何公差要求标注在图 3-76 中。

（1）$\phi 20d7$ 圆柱面任意素线的直线度公差为 0.05mm。

（2）$\phi 40m7$ 轴线相对于 $\phi 20d7$ 轴线的同轴度公差为 0.01mm。

（3）10H6 槽的中心平面相对于 $\phi 40m7$ 轴线的对称度公差为 0.01mm。

（4）$\phi 20d7$ 圆柱面的轴线相对于 $\phi 40m7$ 圆柱右肩面的垂直度公差为 0.02mm。

3-10 将下列几何公差要求标注在图 3-77 中。

（1）$\phi 40_{-0.03}^{0}$ mm 圆柱面相对于两个 $\phi 25_{-0.021}^{0}$ mm 轴颈的公共轴线的圆跳动公差为 0.015mm。

（2）两个 $\phi 25_{-0.021}^{0}$ mm 轴颈的圆度公差为 0.01mm。

（3）$\phi 40_{-0.03}^{0}$ mm 轴左、右端面相对于两个 $\phi 25_{-0.021}^{0}$ mm 轴颈的公共轴线的端面圆跳动公差为 0.02mm。

（4）$10_{-0.036}^{0}$ mm 键槽中心平面相对于 $\phi 40_{-0.03}^{0}$ mm 圆柱面轴线的对称度公差为 0.015mm。

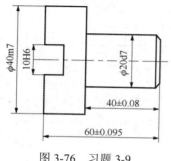

图 3-76 习题 3-9

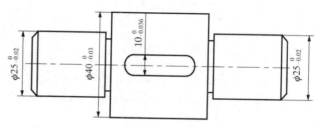

图 3-77 习题 3-10

3-11 指出图 3-78 中几何公差的两个标注示例中的标注错误并加以改正（不允许改变几何公差的特征符号）。

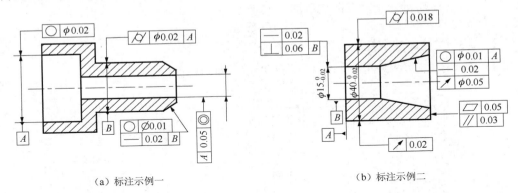

（a）标注示例一   （b）标注示例二

图 3-78 习题 3-11

3-12 指出图 3-79 中几何公差的标注错误并加以改正（不允许改变几何公差的特征符号）。

3-13 根据图 3-80，

（1）指出被测要素遵守的公差原则。

（2）求出单一要素的最大实体实效尺寸和关联要素的最大实体实效尺寸。

（3）求出被测要素的形状公差和位置公差的给定值与最大允许值。

（4）若被测要素实际尺寸处处为 $\phi 19.97\text{mm}$，轴线对基准 A 的垂直度误差为 0.09mm，试判断其垂直度的合格性并说明理由。

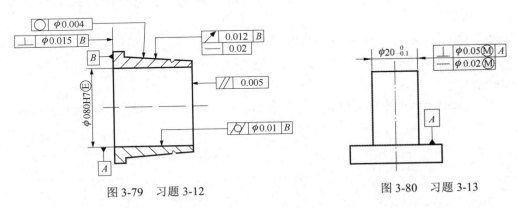

图 3-79 习题 3-12   图 3-80 习题 3-13

3-14 根据图 3-81 中轴套的 2 种标注方法，说明它们所表达的要求有何不同（包括采用的公差原则、公差要求、理想边界尺寸、允许的形位误差值），并填入表 3-15 中。

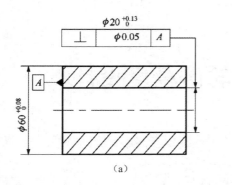
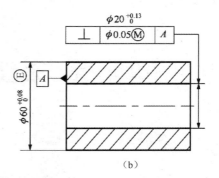

图 3-81　习题 3-14

表 3-15　习题 3-14 数据

图序号及基本尺寸	最大实体尺寸/mm	最小实体尺寸/mm	采用的公差原则	理想边界的名称及边界尺寸/mm	处于最大实体状态时的形位公差值/mm	处于最小实体状态时的形位公差值/mm
(a) ϕ 20						
(b) ϕ 20						
(b) ϕ 60						

3-15　根据图 3-82，

（1）指出被测要素遵守的公差原则。

（2）加工完成后，实测数据如下：

① 轴径为 9.99mm，轴的轴线直线度误差为 0.012mm。

② 孔径为 10.01mm，孔的轴线直线度误差为 0.012mm。试判断此轴和孔是否合格并写出判断依据。

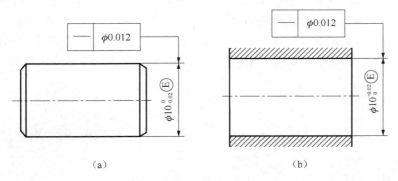

图 3-82　习题 3-15

第4章　表面轮廓精度设计

教学重点

理解表面粗糙度的定义、表面粗糙度的相关基本术语，掌握表面粗糙度的评定参数、基本符号的意义及标注方法、参数的选用原则，了解测量表面粗糙度的常用方法。

教学难点

新旧标准的异同，表面粗糙度的正确标注方法。

教学方法

讲授法和问题教学法。

引例

　　表面轮廓精度是精度设计的主要指标之一，是制定加工工艺的重要依据。由于机械加工过程中的振动、刀痕、塑性变形以及刀具与零件之间的摩擦，使得零件的表面轮廓存在误差，所以表面轮廓精度也称为表面粗糙度。表面粗糙度会直接影响零件的力学性能和使用寿命。本章讨论如何控制表面轮廓精度。图 4-1 为表面粗糙度检测仪，可直观地检测零件表面轮廓精度。图 4-2 为在双管显微镜下观测到的零件表面粗糙度的影像。

图 4-1　表面粗糙度检测仪

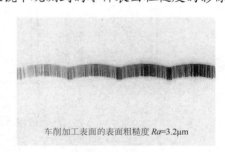

车削加工表面的表面粗糙度 $Ra=3.2\mu m$

图 4-2　在双管显微镜下观测到的零件表面粗糙度的影像

4.1　概　　述

4.1.1　表面粗糙度的定义

零件加工表面上具有较小间距和微小峰谷的不平度称为表面粗糙度。对粗加工后的表面，用肉眼就能看到表面的不平形状；对精加工后的表面，要用放大镜或显微镜才能观察到表面的不平形状。

零件加工表面的实际形状是由一系列不同高度和间距的峰谷组成的，包括表面几何形状误差（宏观形状误差）、表面波纹度（中间形状误差）和表面粗糙度（微观形状误差）。对这 3 种情况，一般按照波距（相邻两个波峰或相邻两个波谷之间的距离）的大小加以区分。

波距大于 10mm 且无明显周期性变化的，属于表面几何形状误差，这主要是由机床几何精度方面的误差引起的。

波距为 1～10mm 且具有较明显周期性变化的，属于表面波纹度，这种表面形状通常只在高速切削时才会出现，它是由机床-工件-刀具加工系统的振动、发热和运动不平衡造成的。

波距小于 1mm 的，属于表面粗糙度，一般是机械加工中因切削刀痕、表面撕裂挤压、振动和摩擦而在加工表面留下间距很小的微观起伏。

本章涉及的表面粗糙度标准有 GB/T 7220－2004《产品几何技术规范（GPS）表面结构 轮廓法 表面粗糙度 术语 参数测量》、GB/T 131－2006《产品几何技术规范（GPS）技术产品文件中表面结构的表示法》、GB/T 3505－2009《产品几何技术规范（GPS）表面结构 轮廓法 术语、定义及表面结构参数》、GB/T 1031－2009《产品几何技术规范（GPS）表面结构 轮廓法 表面粗糙度参数及其数值》及 GB/T 10610－2009《产品几何技术规范（GPS）表面结构 轮廓法 评定表面结构的规则和方法》等。

4.1.2　表面粗糙度对零件使用性能的影响

表面粗糙度对零件的使用性能有着重要的影响，尤其对在高温、高速、高压条件下工作的机器（仪器）零件影响更大。表面粗糙度主要影响零件的耐磨性、配合性质的稳定性、抗疲劳强度和密封性等。

（1）对零件耐磨性的影响。表面越粗糙，配合表面之间的有效接触面积越小，使单位面积承受的压力变大，在零件相对运动时，就会加剧表面的磨损。一般地说，表面越粗糙，摩擦阻力越大，零件的磨损也越快。

（2）对配合性质稳定性的影响。对有配合要求的零件表面，无论是哪一类配合，表面粗糙度都会影响配合性质的稳定性。对于间隙配合，配合表面经跑合后，表面被磨损，扩大了实际间隙，改变了配合性质；对于过盈配合，在压入装配时，微观凸峰被挤平，减小了实际有效过盈，因此降低了零件之间的连接强度。

（3）对零件抗疲劳强度的影响。零件表面粗糙度越大，表面微小不平度的凹痕就越深，其底部圆弧半径越小，对应力集中的敏感性越大。在谷底产生的应力，比作用在光滑表面层的平均应力大 0.5～1.5 倍。在交变载荷作用下，零件的疲劳强度就会降低。

（4）对零件密封性的影响。当两个表面接触时，由于表面粗糙度的存在，只在局部点相接触，表面之间无法严密地贴合，气体或液体会通过接触面之间的缝隙渗漏，因此中间缝隙将影响零件的密封性。

（5）对零件抗腐蚀性能的影响。金属腐蚀是由化学过程或电化学过程引起的。零件表面越粗糙，则积累在零件表面上的腐蚀性气体和液体也越多，腐蚀作用就越明显。随着时间的推移，因腐蚀而产生的裂缝将使零件发生突然性的破坏，可能产生严重的后果。在承受变化载荷的情况下，腐蚀作用对疲劳强度的影响更为明显。

（6）对零件接触刚度的影响。零件表面越粗糙，表面之间的接触面积就越小，单位面积受力就越大，波峰处的局部塑性变形就越大，接触刚度降低，进而影响零件的工作精度和抗振性。

此外，表面粗糙度对零件的测量精度、外形的美观性、镀涂层、导热性和接触电阻、反射能力、辐射性能、液体和气体流动的阻力、导体表面电流的流通等都会有不同程度的影响。但零件表面过于光滑，同样也会造成接触面形成干摩擦或半干摩擦，影响零件的使用性能。因此，合理的表面粗糙度指标是保证产品质量的关键，同时也是制定加工工艺的依据。

4.2 表面粗糙度的评定

对于具有表面粗糙度要求的零件表面，加工后需要测量和评定其表面粗糙度的合格性。

4.2.1 基本术语

1. 表面轮廓

表面轮廓是指平面与实际表面相交所得的轮廓线。按照所截方向的不同，表面轮廓分为横向表面轮廓和纵向表面轮廓两种。

（1）横向表面轮廓是指垂直于表面加工纹理的平面与表面相交所得的轮廓线（见图 4-3 中 X 轴方向的轮廓线）。其表面粗糙度是由切削刀痕及进给量引起的，通常测得的参数值最大。在评定或测量表面粗糙度时，除非特别指明，通常都指横向表面轮廓上的表面粗糙度。

（2）纵向表面轮廓是指平行于表面加工纹理的平面与表面相交所得的轮廓线（见图4-3中 Y 轴方向的轮廓线）。其表面粗糙度是由切削时刀具撕裂工件材料的塑性变形引起的，通常测得的参数值最小。

2. 取样长度

取样长度 l_r 是指 X 轴方向上的、用于判别被评定轮廓的不规则特征的一段长度（见图4-4）。从图4-4中可以看出，实际表面轮廓同时存在着宏观形状误差、表面波纹度和表面粗糙度，当选择的取样长度不同时，得到的高度值也是不同的，所以规定和选择这段长度是为了限制和减弱其他几何形状误差对表面粗糙度测量结果的影响。国家标准 GB/T 1031－2009《产品几何技术规范（GPS）表面结构 轮廓法 表面粗糙度参数及其数值》规定了标准的取样长度，见表4-1。通常，可以从表4-1中选择取样长度。

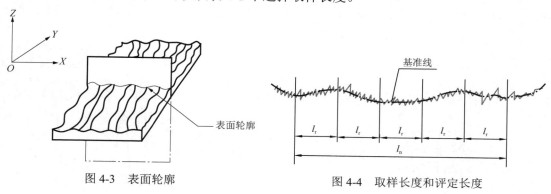

图4-3 表面轮廓 图4-4 取样长度和评定长度

3. 评定长度

评定长度 l_n 是用于判别被评定轮廓的 X 轴方向上的一段长度（见图4-4）。由于零件表面粗糙度不均匀，在一个取样长度上往往不能客观合理地反映整个表面粗糙度的特征，因此在测量和评定时，需要取一个或和几个连续的取样长度，一般情况下取标准的评定长度 $l_n=5l_r$，该值也是默认值。如果被测表面均匀性较好，那么可选 $l_n<5l_r$；如果被测表面均匀性较差，那么可选 $l_n>5l_r$。

表4-1 短波轮廓滤波器的截止波长λ_s和长波轮廓滤波器的截止波长λ_c的标准值对照
（摘自 GB/T 1031－2009）

Ra / μm	Rz / μm	Rsm / mm	标准取样长度 l_r		标准评定长度
			λ_s / mm	$l_r = \lambda_c$ / mm	$l_n = 5 \times l_r$ / mm
≥0.008～0.02	≥0.025～0.1	≥0.013～0.04	0.0025	0.08	0.4
>0.02～0.1	>0.1～0.5	>0.04～0.13	0.0025	0.25	1.25
>0.1～2	>0.5～10	>0.13～0.4	0.0025	0.8	4
>2～10	>10～50	>0.4～1.3	0.008	2.5	12.5
>10～80	>50～320	>1.3～4	0.025	8	40

4. 轮廓中线

轮廓中线是指具有几何轮廓形状并用于划分轮廓的基准线。轮廓中线有以下两种评判方法。

1）轮廓的最小二乘中线

轮廓的最小二乘中线（见图 4-5）是指在一个取样长度内，轮廓线上各点的轮廓偏距（在测量方向上轮廓线上的点与基准线之间的距离）的平方和为最小的基准线，即 $\int_0^{l_r} [Z(x)]^2 \mathrm{d}x$ 的值为最小。

2）轮廓的算术平均中线

轮廓的算术平均中线（见图 4-6）是指在一个取样长度内具有几何轮廓形状且与轮廓走向一致的基准线，该基准线将轮廓划分为上下两部分，使得上、下两部分的面积之和相等。在图 4-6 中，$F_1 + F_2 + \cdots + F_n = F_1' + F_2' + \cdots + F_n'$，即 $\sum_{i=1}^{n} F_i = \sum_{i=1}^{n} F_i'$。

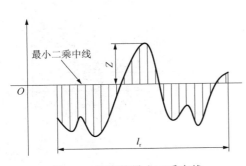

图 4-5　轮廓的最小二乘中线

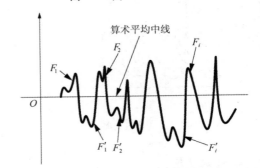

图 4-6　轮廓的算术平均中线

最小二乘中线符合最小二乘原则，从理论上说，它是理想的、唯一的基准线。因此，国家标准 GB/T 3505－2009 规定，轮廓中线采用最小二乘中线。轮廓的算术平均中线可能不止一条，但在工程实践中，经常采用轮廓的算术平均中线，主要因为获取轮廓的算术平均中线比最小二乘中线较为容易。

5. 轮廓滤波器

轮廓滤波器是指能把轮廓分成长波和短波的仪器。采用接触式测量时，需要利用轮廓滤波器过滤其他的几何形状，获得表面粗糙度轮廓形状，评定表面粗糙度参数。轮廓滤波器按波长从短到长的顺序，分为 λ_s 滤波器、λ_c 滤波器、λ_f 滤波器。图 4-7 所示为表面粗糙度轮廓和表面波纹度轮廓的传输特性。获取表面粗糙度成分的轮廓滤波器是 λ_c 滤波器。

由表 4-1 可知，λ_c 滤波器的截止波长在数值上与取样长度 l_r 相等，即 $l_r = \lambda_c$，X 轴方向与间距方向一致（见图 4-7）。

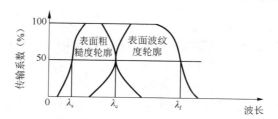

图 4-7 表面粗糙度轮廓和表面波纹度轮廓的传输特性

6. 传输带

传输带是指短波轮廓滤波器的截止波长 λ_s 和长波轮廓滤波器的截止波长 λ_c 之间的波长范围。λ_s 和 λ_c 的标准值可由表 4-1 查取。

4.2.2 表面轮廓（粗糙度）的评定参数

GB/T 3505－2009 规定的有关表面轮廓（粗糙度）的评定参数有幅度参数（Z 轴方向）9 项、间距参数（X 轴方向）1 项、混合参数 1 项、曲线及其相关参数 5 项，共 4 大类 16 项。下面介绍几个常用的评定参数。

1. 幅度参数

幅度参数又称为高度参数，是在 Z 轴方向上定义的。幅度参数主要反映表面轮廓的粗糙程度。

1）轮廓的算术平均偏差 Ra

轮廓的算术平均偏差 Ra 是指在一个取样长度 l_r 评定内纵坐标 $Z(x)$ 绝对值的算术平均值，如图 4-8 所示。该图中轮廓上的各点至中线距离的平均值即轮廓的算术平均偏差，用公式表示如下：

$$Ra = \frac{1}{n}\sum_{i=1}^{n}|Z_i|$$

（4-1）

显然，n 趋于+∞。因此式（4-1）可以更精确地表示为

$$Ra = \frac{1}{l_r}\int_0^{l_r}|Z(x)|\mathrm{d}x$$

（4-2）

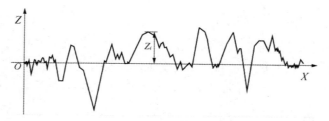

图 4-8 轮廓的算术平均偏差

2）轮廓的最大高度 Rz

轮廓的最大高度 Rz 是指在一个取样长度 l_r 内，最大轮廓峰高 Z_p 和最大轮廓谷深 Z_v 之和。

$$Rz=Z_p+Z_v \qquad (4-3)$$

轮廓峰是指在被评定轮廓上连接轮廓和 X 轴两个相邻交点向外的部分轮廓（中线以上），轮廓谷是指以连接轮廓和 X 轴两个相邻交点向内的部分轮廓（中线以下）。若图 4-9 中对应的分别为 Z_{p6} 和 Z_{v2}，则此时 $Rz=Z_{p6}+Z_{v2}$。

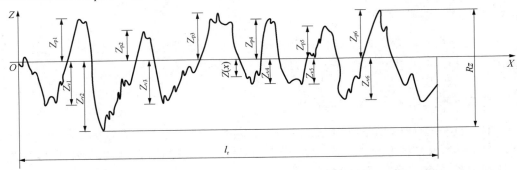

图 4-9　轮廓的最大高度

需要注意的是，在旧国家标准 GB/T 3505－1983 中，符号 Rz 表示"轮廓微观不平度十点高度"（该参数在现行国家标准 GB/T 3505－2009 中已取消，但目前很多场合或现行的关于某些产品标准中，仍使用该参数），它的定义是，在取样长度 l_r 内，5 个最大的轮廓峰高的平均值与 5 个最大的轮廓谷深的平均值之和用公式表示如下：

$$Rz = \frac{\sum\limits_{i=1}^{5} Z_{pi} + \sum\limits_{i=1}^{5} Z_{vi}}{5} \qquad (4-4)$$

因此，当采用现行的技术文件和图样时必须慎重。

轮廓的算术平均偏差 Ra 是评价表面粗糙度的主要参数，要求优先选用。也可以和轮廓的最大高度 Rz 同时作为评价表面粗糙度的参数。轮廓的最大高度 Rz 主要用于对零件表面要求不允许出现较深加工痕迹或小零件表面，测量方法简单。

2. 间距参数

轮廓单元的平均宽度 Rsm 介绍如下：

一个轮廓峰与相邻轮廓谷的组合称为轮廓单元。在一个取样长度 l_r 范围内，中线与各个轮廓单元相交线段的长度称为轮廓单元的宽度，用符号 X_{s_i} 表示。

如图 4-10 所示，在一个取样长度 l_r 内，轮廓单元宽度 X_s 的平均值称为轮廓单元的平均宽度 Rsm，用公式表示如下：

$$Rsm = \frac{1}{n}\sum_{i=1}^{n} X_{s_i} \qquad (4-5)$$

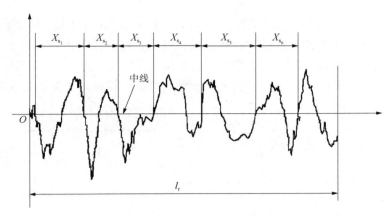

图 4-10　轮廓单元的平均宽度

Rsm 值反映轮廓表面峰谷的疏密程度。Rsm 值越大，峰谷分布得越稀，接触表面的密封性也就越差。适当的 Rsm 值可改善材料的涂敷性能，提高材料表面的可漆性。

3. 曲线及其相关参数

轮廓支承长度率 $Rmr(c)$ 介绍如下：

轮廓支承长度率 $Rmr(c)$ 是指在给定水平截面高度 c 上，轮廓的实体材料长度 $l(c)$ 与评定长度 l_n 的比率，即

$$Rmr(c) = \frac{l(c)}{l_n} \qquad (4\text{-}6)$$

在图 4-11 中，上式中的轮廓的实体材料长度 $l(c)$ 是一条平行于中线的直线与轮廓相截得到的各段截线长度 b_i 之和，即

$$l(c) = \sum_{i=1}^{n} b_i$$

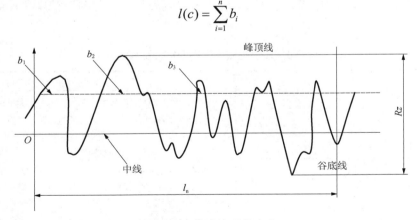

图 4-11　轮廓支承长度率

显然，从峰顶线向下所取的水平截面高度 c 不同，其轮廓支承长度率 $Rmr(c)$ 也不同。轮廓支承长度率 $Rmr(c)$ 能直观地反映零件表面的耐磨性（见图 4-12），对提高承载能力也

具有重要的意义。接触面积大小对耐磨性的影响如图 4-12 所示，相比较而言，图 4-12（a）的接触面积较大，轮廓支承长度较大，承载能力更强，耐磨性也更好。因此，$Rmr(c)$值常被作为耐磨性的度量指标。在图 4-12 中，可以明显地看出轮廓支承长度率 $Rmr(c)$ 对应于水平面高度 c 的变化趋势，一般取峰顶线至中线距离的 50% 评定轮廓支承长度率 $Rmr(c)$。

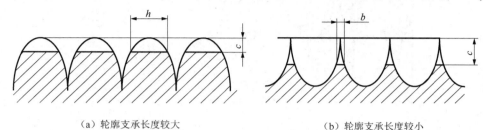

（a）轮廓支承长度较大　　　　　　　　　（b）轮廓支承长度较小

图 4-12　接触面积大小对零件表面耐磨性的影响

应指出的是，该参数是在评定长度 l_n 上定义的，而不是在取样长度 l_r 上定义的。因此，其应用仅限于零件的重要表面且有特殊使用要求的场合。

4.3　表面粗糙度的符号及其标注方法

国家标准 GB/T 131－2006《产品几何技术规范（GPS） 技术产品文件中表面结构的表示法》详细规定了零件表面粗糙度的符号及其在图样上的标注方法。

4.3.1　表面粗糙度的符号

在技术文件中对表面粗糙度的要求可用图形符号表示，每种图形符号都有特定含义，见表 4-2。

表 4-2　表面粗糙度的图形符号及其意义

类别	图形符号	意义及说明
基本图形符号	√	由两条不等长的且与标注表面呈 60° 夹角的直线构成。表示表面可用任何方法获得，当不标注表面粗糙度参数或有关说明（如表面处理、局部热处理状况等）时，仅适用于简化代号标注。该符号在没有补充说明时不能单独使用
扩展图形符号	∨	在基本图形符号上增加一条短横线。表示指定表面是用去除材料的方法获得的，如采用车、铣、刨、磨、剪切、抛光等机械加工获得的表面
	√	在基本图形符号中增加一个小圆圈，表示表面是用不去除材料的方法获得的，如采用铸、锻、冲压变形、热轧、冷轧、粉末冶金等方法获得的表面，或是用于保持原供应状况的表面（包括保持上道工序的状况）

续表

类别	图形符号	意义及说明
完整图形符号	√ √ √	在上述三个图形符号的长边上均可增加一条横线，用于标注有关参数和说明
工件轮廓各表面的图形符号	√ √ √	在上述三个图形符号的长边上可增加一个小圈。标注在图样中的工件的封闭轮廓线上，用于表示在图样某个视图上构成封闭轮廓的各表面有相同的表面粗糙度要求。如果标注会引起歧义，就应该在各表面分别标注

　　表面粗糙度的完整图形符号是工程设计中常用的，简称表面粗糙度符号，其有关参数应按零件的功能要求给定。

4.3.2　表面粗糙度的标注方法

1. 表面粗糙度完整图形符号的组成

　　为了明确表面结构要求，除了标注表面结构参数和数值，必要时还应标注补充要求。补充要求包括传输带、取样长度、加工工艺、表面纹理及其方向、加工余量等。表面粗糙度值及其补充要求在图形符号中的标注位置如图 4-13 所示。

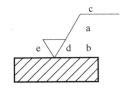

图 4-13　表面粗糙度值及其补充要求在图形符号中的标注位置

2. 表面粗糙度参数的标注方法

1）表面粗糙度基本参数的标注

　　在图 4-13 中，a 位置用来标注表面结构的单一要求，即该位置用于标注表面结构参数代号、极限值和传输带（或取样长度）。为了避免误解，在参数代号和极限值之间应插入空格。在传输带或取样长度之后应有一条斜线“/”，之后是表面结构参数代号，最后是数值。

　　例如，0.0025-0.8/Rz 6.3，表示“传输带波长-取样长度/幅度参数”；-0.8/Rz 6.3 表示“-取样长度/幅度参数”；0.008-0.5/16/Rz 6.3，表示“传输带波长-取样长度/评定长度/幅度参数”。

　　表面粗糙度的幅度参数是基本参数，用参数值表示时，需要在参数值之前标注出相应的参数代号 Ra 或 Rz，幅度参数的单位是 μm（微米）。

　　国家标准 GB/T 10610—2009 规定，表面粗糙度极限值的判断规则有两种，分别是 16% 规则和最大规则。

（1）16%规则。当参数的规定值为上限值时，如果所选参数在同一评定长度上的全部实测值中，大于图样或技术文件规定值的个数不超过实测值总数的16%，那么该表面合格；当参数的规定值为下限值时，如果所选参数在同一评定长度上的全部实测值中，小于图样或技术文件规定值的个数不超过实测值总数的16%，那么该表面合格。

（2）最大规则。检测时，若参数的规定值为最大值，则在被测表面的全部区域内测得的参数值也不应超过图样或技术文件规定值。若规定了参数的最大值，则应在参数代号之后加注"max"（英文"最大值"的缩写）标记。

16%规则是默认规则。如果所标注的表面粗糙度参数代号之后加注了"max"，那么表明应采用最大规则解释其给定极限。

极限值判断规则的标注方法如图4-14所示，图4-14（a）采用"16%规则"（默认），图4-14（b）因为加注了"max"，所以采用"最大规则"。

（a）"16%规则"标注示例　　　　（b）最大规则标注示例

图4-14　极限值判断规则的标注方法

还需要标注单向或双向极限值，以表示对表面粗糙度的明确要求，偏差与参数代号应一起标注。图4-15为单向极限值的标注方法。在图4-15（a）中，只标注参数代号、参数值时，默认为参数的上限值。在图4-15（b）中，参数代号、参数值作为参数的单向下限值标注时，在参数代号前应该加注L。

（a）上限值标注示例　　　　（b）下限值标注示例

图4-15　单向极限值的标注方法

图4-16为双向极限值的标注方法。上限值在上方，用"U"表示，下极限在下方，用"L"表示。上、下极限值为16%规则或最大化规则的极限值。如果同一参数具有双向极限要求，在不引起歧义的情况下，可以不加符号U或L。上、下极限值可以用不同的参数代号和传输带表达。

国家标准规定，默认传输带中短波轮廓滤波器的截止波长 λ_s =0.0025mm，长波轮廓滤波器的截止波长 λ_c =0.8mm，图4-17是传输带的完整标注方法。当参数代号中没有标注传输带时，表面结构要求采用默认的传输带（0.0025～0.08mm），参考表4-1。传输带波长、取样长度和评定长度的选择值是国家标准推荐的数值，在标注时可以省略。

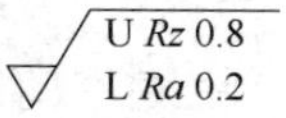

$$\sqrt{\begin{array}{l} \text{U } Rz\ 0.8 \\ \text{L } Ra\ 0.2 \end{array}}$$

图4-16　双向极限值的标注方法

$$\sqrt{0.0025\sim0.8/Rz\ 3.2}$$

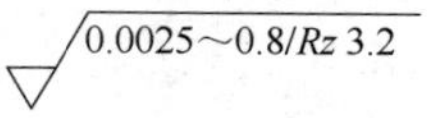

图4-17　传输带的完整标注方法

在某些情况下，在传输带中只标注两个滤波器中的一个。如果存在第二个滤波器，那么就要使用默认的截止波长值。但是，如果只标注了一个滤波器，应保留连字符"–"，以区分该滤波器是短波滤波器还是长波滤波器。传输带的省略标注方法如图 4-18 所示，该图中数字 0.8 表示取样长度，短波滤波器截止波长默认为 0.0025mm。

当需要指定评定长度时，则应在参数代号之后标注取样长度的个数，如图 4-19 所示，该图中数字 3 表示评定长度包含 3 个取样长度。

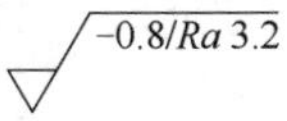

图 4-18　传输带的省略标注方法 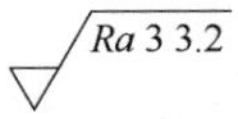　　　　　图 4-19　指定取样长度个数的标注方法

2）表面粗糙度附加参数的标注

在图 4-13 中，b 位置有来标注表面结构的第二个表面结构要求，参考图 4-16。如果要标注多个表面粗糙度要求，那么图形符号应在垂直方向扩大，以便有足够的空间。扩大图形符号时，a 位置和 b 位置随之上移，如图 4-20 所示。

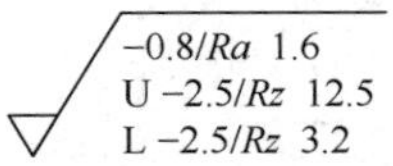

图 4-20　在 a 位置和 b 位置标注多个表面结构要求

3）加工方法的标注

在图 4-13 中，c 位置用来标注加工方法、表面处理、涂层或其他加工工艺要求等，如车削、磨削、镀覆等表面加工工艺。

加工工艺在很大程度上决定轮廓线的特征，轮廓线的特征对实际表面的表面结构参数值影响很大。图 4-21 为车削工艺和镀覆工艺的标注方法，图 4-21（b）中的"电镀层 GB/T 9797-Fe/Cu20a Ni30b Cr mc"含义：按照 GB/T 9797 进行标识，在钢铁基体上镀覆 20μm 延展并整平铜+30μm 光亮镍+0.3μm 微裂纹铬的电镀层。

（a）车削工艺标注示例　　　　　（b）镀覆工艺标注示例

图 4-21　车削加工和镀覆工艺的标注方法

4）表面纹理方向的标注方法

在图 4-13 中，d 位置用来标注表面纹理及其方向，如"＝""X""M"等（加工纹理方向符号见表 4-3）。

需要控制表面纹理方向时，可在参数代号的右下方加注纹理方向符号，如图 4-22 所示。纹理方向是指表面纹理的主要方向，通常由加工工艺决定。纹理方向符号见表 4-3，该表列出了表面粗糙度所要求的且与图样平面相应的纹理及其方向。

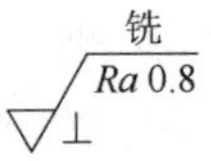

图 4-22　表面纹理方向的标注方法（垂直于视图所在的投影面）

表4-3　纹理方向符号

符号	说明	示意图	符号	说明	示意图
=	纹理平行于标注代号的视图投影面		C	纹理呈近似同心圆	
⊥	纹理垂直于标注代号的视图投影面		R	纹理呈近似放射形	
×	纹理呈两两相交的方向		P	纹理无方向或呈凸起的细粒状	
M	纹理呈多方向				

注：若表中所列符号不能清楚地表明所要求的纹理方向，应在图样上用文字说明。

5）加工余量的标注方法

在图4-13中，e位置用来标注加工余量（单位为mm）。在同一个图样中，一般有多个加工工序的表面可标注加工余量。例如，在表示已完工的零件形状的铸锻件图样中给出加工余量，如图4-23所示。加工余量可以标注在完整符号上，也可以同表面结构要求一起标注。

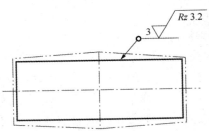

图4-23　在表示已完工的零件图样上给出加工余量的标注方法
（所有表面均有3mm的加工余量）

对 c 位置、d 位置和 e 位置通常在工艺文件中附有说明与要求，在图样上可以省略标注。表面粗糙度代号标注示例见表 4-4。

表 4-4 表面粗糙度代号标注示例

符号	含义解释
$Rz\ 0.4$	表示不允许去除材料，单向上限值，使用默认传输带，表面粗糙度的最大高度为 0.4μm，评定长度为 5 个取样长度（默认），"16%规则"（默认）
$Rz\ max\ 0.2$	表示去除材料，单向上限值，使用默认传输带，表面粗糙度的最大高度为 0.2μm。评定长度为 5 个取样长度（默认），"最大规则"
$0.008\text{-}0.8/Ra\ 3.2$	表示去除材料，单向上限值，传输带宽为 0.008～0.8mm，算术平均偏差为 3.2μm，评定长度为 5 个取样长度（默认），"16%规则"（默认）
$-0.8/Ra\ 3.2$	表示去除材料，单向上限值，传输带：取样长度为 0.8μm（ λ_s 为默认的 0.0025μm），算术平均偏差为 3.2μm，评定长度包含 3 个取样长度。"16%规则"（默认）
$U\ Ra\ max\ 3.2$ $L\ Ra\ 0.8$	表示不允许去除材料，双向极限值，两个极限值均使用默认传输带。上限值：算术平均偏差为 3.2μm，评定长度为 5 个取样长度（默认），"最大规则"；下限值：算术平均偏差为 0.8μm，评定长度为 5 个取样长度（默认），"16%规则"（默认）

3. 表面粗糙度要求在图样中的标注方法

对每个表面，一般要求只标注一次表面粗糙度，并尽可能标注在相应的尺寸及其公差的同一视图上。除了另有说明，所标注的表面粗糙度要求均是对已完工零件表面的要求。

1）表面粗糙度符号、代号的标注位置与方向

总的原则是使表面粗糙度的标注和读取方向应与尺寸的标注和读取方向一致，表面结构要求的标注方向如图 4-24 所示。

（1）标注在轮廓线上或指引线上。表面粗糙度要求可以标注在轮廓线上，其符号应从材料外指向并接触表面。必要时，表面粗糙度符号也可以用带箭头或黑点的指引线引出标注。表面粗糙度要求在轮廓线上的标注位置如图 4-25 所示，表面粗糙度要求在指引线上的标注位置如图 4-26 所示。

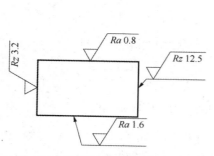

图 4-24 表面结构要求的标注方向

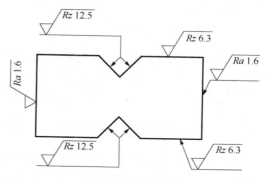

图 4-25 表面粗糙度要求在轮廓线上的标注位置

（2）标注在特征尺寸的尺寸线上。在不致引起误解时，表面粗糙度要求可以标注在给定的尺寸线上，如图 4-27 所示。

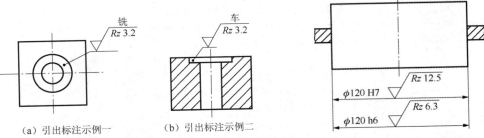

图 4-26　表面粗糙度要求在指引线上的标注位置　　图 4-27　表面粗糙度要求标注在给定的尺寸线上

（3）标注在形位公差框格的上方。表面粗糙度要求可以标注在形位公差框格的上方，如图 4-28 所示。

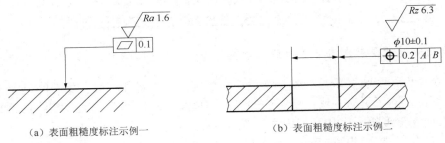

（a）表面粗糙度标注示例一　　　　　　　　（b）表面粗糙度标注示例二

图 4-28　表面粗糙度要求标注在形位公差框格的上方

（4）标注在延长线上。表面粗糙度要求可以直接标注在延长线上，或者用带箭头的指引线引出标注。图 4-29 所示为表面粗糙度要求标注在圆柱特征的延长线上。

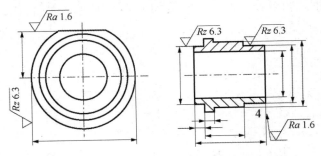

图 4-29　表面粗糙度要求标注在圆柱特征的延长线上

（5）标注在圆柱或棱柱表面上。圆柱和棱柱表面的表面粗糙度要求只标注一次。如果每个圆柱和棱柱表面有不同的表面结构要求，那么就应该分别单独标注，如图 4-30 所示。

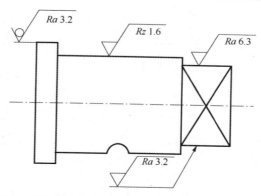

图 4-30 圆柱和棱柱表面有不同表面结构要求的标注方法

2）表面粗糙度要求的简化标注方法

（1）大多数表面有相同表面粗糙度要求的简化标注方法（见图 4-31）。如果工件的大多数（包括全部）表面有相同的表面粗糙度要求，那么其表面粗糙度要求可统一标注在图样的标题栏附近。除了全部表面有相同要求的情况，还可在表面粗糙度符号后面增加其他符号，以表示两种情形。

① 如图 4-31（a）所示，在圆括号内给出无任何其他标注的基本符号。

② 如图 4-31（b）所示，在圆括号内给出不同的表面粗糙度要求。

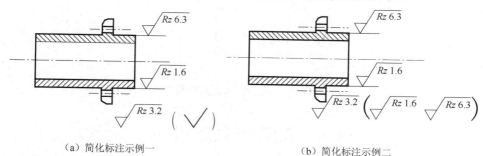

（a）简化标注示例一 　　　　　　　　　　　　（b）简化标注示例二

图 4-31 大多数表面有相同表面粗糙度要求的简化标注方法

（2）多个表面有共同的表面粗糙度要求的简化标注方法。当多个表面具有相同的表面粗糙度要求或图样空间有限时，可以采用简化标注方法。

可用带字母的完整符号，以等式的形式，在图形或标题栏附近，对有相同表面粗糙度要求的表面进行简化标注。图 4-32 为在图样空间有限时的表面粗糙度要求的简化标注方法。

也可用表 4-2 中的前三种表面粗糙度符号，以等式的形式给出对多个表面共同的表面粗糙度要求，如图 4-33 所示。

3）采用不同工艺获得同一表面的标注方法

对于采用不同工艺获得的同一表面，当需要明确每种工艺获得的表面粗糙度要求时，可按图 4-34 所示进行标注。

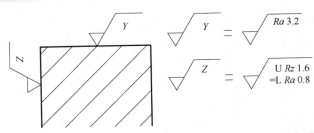

图 4-32　在图样空间有限时的表面粗糙度要求的简化标注方法

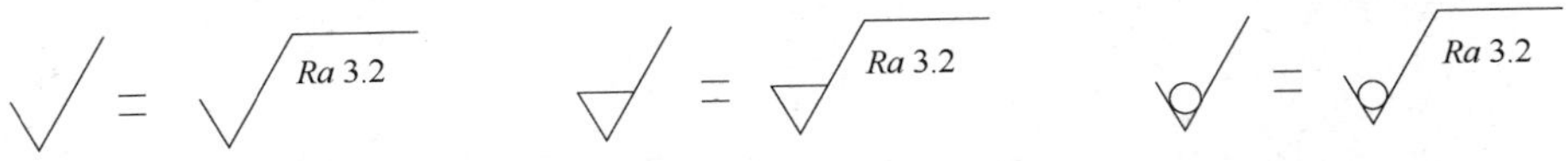

（a）简化标注示例一　　　　　（b）简化标注示例二　　　　　（c）简化标注示例二

图 4-33　多个表面共同的表面粗糙度要求的简化标注方法

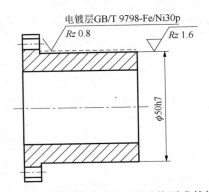

图 4-34　同时给出镀覆前后的表面结构要求的标注方法

4.4　表面粗糙度的选用

　　表面粗糙度是一项重要的技术经济指标，它的合理选用不仅决定产品的使用性能和寿命，而且直接关系到产品的质量和经济效益等。因此，在选用表面粗糙度时，既要满足零件表面的使用要求，又要考虑其工艺的可行性和经济性的合理性。

　　表面粗糙度的选用包括其评定参数项目的选用和参数值的选用。

4.4.1　表面粗糙度评定参数项目的选用

　　选用表面粗糙度评定参数时，首先应考虑是否符合零件使用要求，其次应考虑检测的方便性及仪器设备条件等因素。

1. 幅度参数的选择

　　幅度参数是国家标准规定的基本参数，可以独立选用。

（1）凡是有表面粗糙度要求的表面，必须选用一个幅度参数，一般情况下可以从 Ra 和 Rz 中任选一个。

（2）如无特殊要求，一般仅选用幅度参数，如 Ra、Rz 等。

（3）在常用值范围内（$Ra=0.025\sim6.3\mu m$）优先选用幅度参数 Ra，因为一般情况下都是采用电动轮廓仪测量零件表面的 Ra 值，而这种仪器的测量范围为 $0.02\sim8.0\mu m$。

（4）当表面过于粗糙或太光滑时，即表面粗糙度要求特别低或特别高（$100\mu m > Ra > 6.3\mu m$ 或 $0.008\mu m < Ra < 0.025\mu m$）时，多选用幅度参数 Rz。

（5）当零件表面的测量部位小、峰谷小或有疲劳强度要求时，需选用幅度参数 Rz。

2. 表面粗糙度附加参数的选择

表面粗糙度附加参数 Rsm 或 $Rmr(c)$ 一般不可单独使用。

（1）只有少数零件的重要表面且有特殊使用要求时才选用表面粗糙度附加参数。

（2）当对有特殊要求的少数零件的重要表面中某些关键的表面有更多功能要求时，如光泽表面、涂镀性、抗腐蚀性、减小流体流动摩擦阻力（如车身迎风面）、密封性等，就需要控制 Rsm（轮廓单元平均宽度）的数值。

（3）对表面的支撑刚度和耐磨性有较高要求时（如轴瓦、轴承、量具等的表面），则需要规定 $Rmr(c)$ 的数值，以便进一步控制加工表面的特征质量。

4.4.2 表面粗糙度评定参数值的选用

表面粗糙度评定参数值的选用不但与零件的使用性能有关，还与零件的制造及经济性有关。在满足零件表面功能的前提下，应尽可能选用较大的表面粗糙度参数值（$Rmr(c)$ 除外），以减小加工难度，降低生产成本。

国家标准 GB/T 1031—2009 规定了常用表面粗糙度评定参数可用的数值系列，轮廓算术平均偏差 Ra（常用来表示表面粗糙度）、轮廓最大高度 Rz、轮廓单元的平均宽度 Rsm 和轮廓支承长度率 $Rmr(c)$ 的数值详见表 4-5～表 4-8。

表 4-5 轮廓的算术平均偏差 Ra 的数值（摘自 GB/T 1031—2009） 单位：μm

Ra 基本系列	0.012	0.2	3.2	50
	0.025	0.4	6.3	100
	0.05	0.8	12.5	
	0.1	1.6	25	
Ra 补充系列	0.008	0.080	1.00	10.0
	0.010	0.125	1.25	16.0
	0.016	0.160	2.0	20
	0.020	0.25	2.5	32
	0.032	0.32	4.0	40
	0.040	0.50	5.0	63
	0.063	0.63	8.0	80

表 4-6　轮廓的最大高度 *Rz* 的数值（摘自 GB/T 1031－2009）　　　　单位：μm

Rz 基本系列	0.025	0.4	100	1600
	0.05	0.8	200	
	0.1	1.6	400	
	0.2	3.2	800	
Rz 补充系列	0.032	0.50	8.0	125
	0.040	0.63	10.0	160
	0.063	1.00	16.0	250
	0.80	1.23	20	320
	0.125	2.0	32	500
	0.160	2.5	40	630
	0.25	4.0	63	1000
	0.32	5.0	80	1250

表 4-7　轮廓单元的平均宽度 *Rsm* 的数值（摘自 GB/T 1031－2009）　　　　单位：mm

Rsm	0.006	0.1	1.6
	0.0125	0.2	3.2
	0.025	0.4	6.3
	0.05	0.8	12.5
Rsm 补充系列	0.002	0.040	
	0.003	0.063	1.00
	0.004	0.080	1.25
	0.005	0.125	2.0
	0.008	0.160	2.5
	0.010	0.25	4.0
	0.016	0.32	5.0
	0.020	0.5	8.0
	0.023	0.63	10.0

表 4-8　轮廓支承长度率 *Rmr*(*c*) 的数值（摘自 GB/T 1031－2009）

Rmr(c)	10	15	20	25	30	40	50	60	70	80	90

　　选用轮廓支承长度率参数时，应同时给出轮廓截面高度 *c* 值，它可用微米或 *Rz* 的百分数表示，*Rz* 的百分数系列如下：5%、10%、15%、20%、25%、30%、40%、50%、60%、70%、80%、90%。

　　另外，取样长度 l_r 的数值从表 4-1 给出的数值系列中选取。

　　在工程实际中，由于表面粗糙度和零件功能之间的关系十分复杂，因而很难准确地给出表面粗糙度评定参数的允许值。在具体设计时，除了特殊要求的表面，评定长度 l_n 的数值应从表 4-1 给出的数值系列中选取。此外，一般多借助经验统计资料采用类比法加以选取。表 4-9 列出了常见的表面粗糙度的表面微观特征、经济加工方法和相关应用实例，表 4-10 列出了各类配合要求的孔和轴表面粗糙度参数（Ra）的推荐值，表 4-11 列出了各种常用加工方法可能达到的表面粗糙度参数（Ra）值，这些表格供采用类比法选用表面粗糙度评定参数的允许值时参考。

表 4-9　常见的表面粗糙度的表面微观特征、经济加工方法和相关应用实例

表面微观特征		$Ra/\mu m$	加工方法	应用举例
粗糙表面	微见刀痕	≤20	粗车、粗刨、粗铣、钻、毛锉、锯断	半成品粗加工过的表面，非配合的加工表面，如轴断面、倒角、钻孔、齿轮和皮带轮侧面、键槽底面、垫圈接触面
半光滑表面	微见加工痕迹方向	≤10	车、刨、铣、镗、钻、粗铰	轴上不安装轴承、齿轮处的非配合表面，紧固件的自由装配表面，轴和孔的退刀槽
	微见加工痕迹方向	≤5	车、刨、铣、镗、磨、粗刮、滚压	半精加工表面，箱体、支架、盖面、套筒等和其他零件结合而无配合要求的表面，需要发蓝的表面等
	看不清加工痕迹方向	≤2.5	车、刨、铣、镗、磨、拉、刮、压、铣齿	接近于精加工表面，箱体上安装轴承的镗孔表面，齿轮的工作面
光滑表面	可辨加工痕迹方向	≤1.25	车、镗、磨、拉、刮、精铰、磨齿、滚压	圆柱销、圆锥销，与滚动轴承配合的表面，普通车床导轨面，内、外花键定心表面
	微可辨加工痕迹方向	≤0.63	精铰、精镗、磨、刮、滚压	要求配合性质稳定的配合表面，工作时受交变应力的重要零件，较高精度车床的导轨面
	不可辨加工痕迹方向	≤0.32	精磨、珩磨、研磨、超精加工	精密机床主轴锥孔、顶尖圆锥面、发动机曲轴、凸轮轴工作面、高精度齿轮表面
极光滑表面	暗光泽面	≤0.16	精磨、研磨、普通抛光	精密机床主轴轴颈表面，一般量规工作面，汽缸套内表面，活塞销表面
	亮光泽面	≤0.08	超精磨、精抛光、镜面磨削	精密机床主轴轴颈表面，滚动轴承的滚珠，高压油泵中柱塞和柱塞套配合表面
	镜状光泽面	≤0.04		
	镜面	≤0.01	镜面磨削、超精研磨	高精度量仪、量块的工作面，光学仪器中的金属表面

表 4-10　各类配合要求的孔和轴表面粗糙度参数（Ra）的推荐值

配合要求		轴				孔			
经常拆装零件的配合表面	公称尺寸/mm	公差等级							
		5	6	7	8	5	6	7	8
		$Ra/\mu m$ 不大于							
	≤50	0.2	0.4	0.4～0.8	0.8	0.4	0.4～0.8	0.8	0.8～1.6
	>50～500	0.4	0.8	0.8～1.6	1.6	0.8	0.8～1.6	1.6	1.6～3.2
过盈配合的配合表面	公称尺寸/mm	公差等级							
		5	6	7	8	5	6	7	8
		$Ra/\mu m$ 不大于							
	≤50	0.1～0.2	0.4	0.4	0.8	0.2～0.4	0.8	0.8	1.6
	>50～120	0.4	0.8	0.8	0.8～1.6	0.8	1.6	1.6	1.6～3.2
	>120～500	0.4	1.6	1.6	1.6～3.2	0.8	1.6	1.6	1.6～3.2

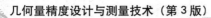
续表

配合要求	轴						孔					
精密定心零件的配合表面	径向跳动公差/μm											
	2.5	4	6	10	16	25	2.5	4	6	10	16	25
	Ra/μm 不大于											
	0.05	0.1	0.1	0.2	0.4	0.8	0.1	0.2	0.2	0.4	0.8	1.6
滑动轴承的配合表面	公差等级											
	6~9			10~12			6~9			10~12		
	Ra/μm 不大于											
	0.4~0.8			0.8~3.2			0.8~1.6			1.6~3.2		
	流体润滑											
	Ra/μm 不大于											
	0.4						0.8					

表 4-11　各种常用加工方法可能达到的表面粗糙度参数（*Ra*）值

加工方法		*Ra*/μm
砂模铸造		6.30~100
壳型铸造		6.30~100
金属模铸造		1.60~50
离心铸造		1.60~25
精密铸造		0.80~12.5
蜡模铸造		0.40~12.5
压力铸造		0.40~6.30
热轧		6.30~100
模锻		1.60~100
冷轧		0.20~12.5
挤压		0.40~12.5
冷拉		0.20~6.30
锉		0.40~25
刮削		0.40~12.5
刨削	粗	6.30~25
	半精	1.60~6.30
	精	0.40~1.60
插削		1.60~25
钻孔		0.80~25
扩孔	粗	6.30~25
	精	1.60~6.30
金刚镗孔		0.05~0.40

续表

加工方法		Ra/μm
镗孔	粗	6.30～50
	半精	0.40～6.30
	精	0.40～1.60
铰孔	粗	1.60～12.5
	半精	0.40～3.20
	精	0.100～1.60
拉削	半精	0.40～3.20
	精	0.100～0.40
滚铣	粗	3.20～25
	半精	0.80～6.30
	精	0.40～1.60
端面铣	粗	3.20～12.5
	半精	0.40～6.30
	精	0.20～1.60
车外圆	粗	6.30～25
	半精	1.60～12.5
	精	0.20～1.60
金刚车		0.025～0.20
车端面	粗	6.30～25
	半精	1.60～12.5
	精	0.40～1.60
磨外圆	粗	0.80～6.30
	半精	0.100～1.60
	精	0.025～0.40
磨平面	粗	1.60～3.20
	半精	0.40～1.60
	精	0.025～0.40
衍磨	平面	0.025～1.60
	圆柱	0.012～0.40
研磨	半精	0.05～0.40
	精	0.012～0.100
抛光	一般	0.100～1.60
	精	0.012～0.100
滚压抛光		0.05～3.20
超精加工	平面	0.012～0.040
	柱面	0.012～0.040
化学磨		0.80～25
电解磨		0.012～1.60

续表

加工方法		$Ra/\mu m$
电火花加工		0.80～25
切割	气割	6.30～100
	锯	1.60～100
	车	3.20～25
	铣	12.5～50
	磨	1.60～6.30
螺纹加工	丝锥板牙	0.80～6.30
	梳铣	0.80～6.30
	滚	0.20～0.80
	车	0.80～12.5
	搓丝	0.80～6.30
	滚压	0.40～3.20
	磨	0.20～1.60
	研磨	0.05～1.60
齿轮及花键加工	刨	0.80～6.30
	滚	0.80～6.30
	插	0.80～6.30
	磨	0.100～0.80
	剃	0.20～1.60

根据类比法，先初步确定表面粗糙度参数值，再对比工作条件对该参数值适当调整。调整时，应注意以下一些原则。

（1）对同一个零件，其工作面的表面粗糙度参数值应小于非工作面的表面粗糙度参数值。

（2）摩擦面的表面粗糙度参数值应比非摩擦面的表面粗糙度参数值小；滚动摩擦面的表面粗糙度参数值应比滑动摩擦面的表面粗糙度参数值小；运动速度高、单位面积压力大的摩擦面的表面粗糙度参数值应比运动速度低、单位面积压力小的摩擦面的表面粗糙度参数值小。

（3）运动速度高、单位面积压力大、受交变载荷的零件表面的粗糙度参数值，以及易产生应力集中的部位（如圆角、沟槽、台肩等）的表面粗糙度参数值均应小些。

（4）对配合性质要求高的结合表面、配合间隙小的配合表面以及要求连接可靠并承受重载荷的过盈配合表面等，都应选用较小的表面粗糙度参数值。

（5）配合性质相同，零件尺寸越小，表面粗糙度参数值应越小；对于同一精度等级，小尺寸表面的粗糙度参数值比大尺寸表面小，轴的表面粗糙度参数值比孔小。

（6）对要求防腐蚀、密封性能好或要求外表美观的表面，都应选用较小的表面粗糙度参数值。

（7）凡有关标准已对表面粗糙度要求作出规定（例如，与滚动轴承配合的轴颈和外壳孔的表面粗糙度、与键配合的轴键槽和轮毂槽的工作面的表面粗糙度等），则应按该标准确定表面粗糙度参数值。

（8）在确定表面粗糙度参数值时，应注意它与尺寸公差值和形状公差值相协调。通常，当尺寸公差值、形状公差值小时，表面粗糙度参数值也小，并且尺寸公差值＞形状公差值＞表面粗糙度参数值。但是要注意它们之间不存在绝对的确定函数关系。例如，手轮和手柄的尺寸公差值较大，但其表面粗糙度参数值较小。

表 4-12 给出了在正常工艺条件下形状公差 T、尺寸公差 IT 及表面粗糙度参数值之间的关系，这三者之间有一定的对应关系，可以作为产品零件精度设计时的大致参考。

表 4-12 正常工艺条件下形状公差 T、尺寸公差 IT 及表面粗糙度参数值之间的关系

对比项目 精度等级	T 和 IT 的关系	Ra	Rz
普通精度	$T \approx 0.60$ IT	$\leqslant 0.05$ IT	$\leqslant 0.2$ IT
较高精度	$T \approx 0.40$ IT	$\leqslant 0.025$ IT	$\leqslant 0.1$ IT
中高精度	$T \approx 0.25$ IT	$\leqslant 0.012$ IT	$\leqslant 0.05$ IT
高精度	$T < 0.25$ IT	$\leqslant 0.15\ T$	$\leqslant 0.6\ T$

4.5 表面粗糙度的检测

表面粗糙度的检测分为定性检测和定量检测。定性检测是指借助表面粗糙度比较样块或放大镜、显微镜等，根据检测者的目测或感触，通过比较粗略判断被测零件的表面粗糙度。定量检测是指借助各种检测仪器，准确地测出被测零件的表面粗糙度参数值。

对于表面粗糙度，若未指定测量截面的方向，则应该在幅度参数最大值的方向上进行测量。也就是说，在垂直于表面纹理的方向上测量。

表面粗糙度的检测方法主要有比较法、光切法、针描法、干涉法、激光反射法、激光全息法、印模法和三维几何表面测量法等，下面选择 5 种常用的检测方法加以介绍。

1. 比较法

比较法是指将被测零件表面与已知表面粗糙度评定参数值的样块进行比较，从而估计出被测零件的表面粗糙度的方法。如果被测零件表面精度较高，可借助放大镜、显微镜进行比较，也可以采用手摸、用指甲轻划的感觉，以提高检测精度。选择比较样块时，应使其材料、形状和加工方法与被测零件尽量相同。比较法只能用于检测轮廓算术平均偏差 Ra。

比较法简单实用，适合于车间条件下判断比较粗糙的表面。比较法的判断准确程度与检测人员的技术熟练程度有关。

2. 光切法

利用光切原理测量表面粗糙度的方法称为光切法。光切显微镜是应用光切原理测量表面粗糙度的仪器，又称为双管显微镜，主要用于测量车、铣、刨及其他类似加工方法所得到的金属表面，也可用于测量木板、纸张、塑料、电镀层等表面的微观不平度，但是不适用于检测那些采用磨削或抛光方法加工的零件表面。

光切显微镜的工作原理是，将一束平行光束以一定角度投射在被测零件表面上，光束与零件表面轮廓相交的曲线影像反映了被测零件表面的微观几何形状。这种方法解决了零件表面微小峰谷深度的测量问题，同时避免了与被测零件表面的接触。

由于可检测的表面轮廓的峰高和谷底受光切显微镜物镜的景深和分辨率的限制，当表面轮廓的峰高或谷深超出一定范围时，就不能在目镜视场中形成清晰的真实图像，导致无法测量或测量误差很大。但是由于光切显微镜具有不破坏零件表面状况、检测成本低、易于操作等特点，仍然被广泛应用。

光切法主要用于测量零件表面轮廓的最大高度 Rz 值，由于受到分辨率的限制，因此一般测量范围为 $0.8 \sim 80\,\mu m$。

3. 针描法

针描法又称为感触法，是一种接触式测量表面粗糙度的方法，常用的测量仪器是电动轮廓仪，它能够精确测量零件加工后的表面粗糙度。利用金刚石触针与被测零件表面相接触（接触力很小），并使金刚石触针沿着被测零件表面移动。当金刚石触针在被测零件表面上轻轻划过时，被测零件表面的微观不平度使金刚石触针在垂直于表面轮廓的方向上下移动，把被测零件表面的微观不平度转换为垂直信号，通过传感器将金刚石触针的位移量转换成电信号，放大器将此变化量进行放大后输入计算机，经积分运算后就可以得到各种表面粗糙度评定参数值，在显示器上直接显示出来。也可以直接在记录仪上记录，得到被测截面的轮廓放大图（参考图4-1）。

电动轮廓仪是在现代计算机技术的基础上发展起来的，可以准确测量 Ra、Rz、Rsm 及 $Rmr(c)$等参数。因其测量准确性高、便于操作、评定参数丰富等特点，现已被普遍采用。

4. 干涉法

干涉法是指利用光波干涉原理测量表面粗糙度的方法。根据干涉原理设计制造的仪器称为干涉显微镜。

在干涉显微镜的目镜焦平面上，由于两束光之间有光程差，两束光相遇叠加便产生光程干涉，因此形成明暗交错的干涉条纹。若被测零件表面为理想表面，则干涉条纹是一组等距平行的直条纹线；若被测零件表面高低不平，则干涉条纹为弯曲状。因此，采用通过样品内、外的相干光束产生干涉的方法，把相位差（或光程差）转换为振幅（光强度）的变化，根据干涉图形就可以分辨出样品中的结构，并可测定样品中一定区域内的相位差或光程差。

干涉法主要用于测量表面粗糙度评定参数中的轮廓最大高度 Rz（当然也可以测量旧标准中的"微观不平度十点高度"），所得到的测量值精度较高，可以测到较小的参数值，通常测量范围是 $0.025 \sim 0.8\,\mu m$。干涉法不仅适用于测量高反射率的金属加工表面，也能测量低反射率的玻璃表面，但是主要用于测量表面粗糙度参数值较小的表面。

5. 印模法

印模法是指把一些无流动性和弹性的塑料材料粘贴在被测零件表面，将被测零件表面的轮廓复制成印模，然后对这个印模进行测量，从而评定被测零件的表面粗糙度。

常用的印模材料有川蜡、石蜡、合成塑料、低熔点合金等。由于印模材料不可能完全填满被测零件表面的谷底，取下印模时又会破坏波峰，因此印模的幅度参数值通常比被测零件表面的幅度参数实际值小，应根据实验结果进行修正。印模法主要适用于某些既不能用仪器直接测量，又不便用比较样块进行对比的内表面粗糙度的检测，如深孔、不通孔、凹槽、内螺纹等的内表面；也可以用于某些笨重零部件表面粗糙度的测量，如横梁等的表面。

本章小结

本章主要介绍了表面粗糙度的定义、表面粗糙度评定参数、表面粗糙度的相关国家标准、以及表面粗糙度的标注方法和参数选择的方法等。要求理解与表面粗糙度评定参数有关的几个基本术语：滤波器、传输带、轮廓，以及取样长度、评定长度、轮廓中线等评定基准含义，这是后续学习的基础。掌握表面粗糙度评定参数——轮廓的算术平均偏差 Ra、轮廓的最大高度 Rz，了解表面粗糙度的常用检测方法，如比较法、光切法、针描法、干涉法及印模法等。

习　题

4-1　表面粗糙度的含义是什么？它与形状误差和表面波纹度有何区别？

4-2　简要描述表面粗糙度对零件使用性能和寿命的影响。

4-3　为什么要规定取样长度和评定长度？什么是轮廓中线？

4-4　对零件同一表面检测表面粗糙度 Ra 和 Rz 的值，一定是 $Ra \leqslant Rz$ 吗？

4-5　表面粗糙度的评定参数可以分为几类？并说明它们各自的适用场合。

4-6　选用表面粗糙度评定参数值的原则是什么？

4-7　表面粗糙度的检测方法有哪几种？

4-8　一般情况下，$\phi 40H7$ 孔和 $\phi 80H7$ 孔相比较，$\phi 50H6/f5$ 孔和 $\phi 40H6/s5$ 孔相比较，圆柱度公差分别为 $0.01mm$ 和 $0.02mm$ 的两个 $\phi 60H7$ 孔相比较，应对哪个孔选用较小的表面粗糙度参数（Ra）值？

4-9   现要求零件某个表面不允许去除材料，具有双向极限值，两个极限值均使用默认传输带。上限值：轮廓算术平均偏差为 3.2μm，评定长度为 5 个取样长度，采用"最大规则"。下限值：轮廓算术平均偏差为 0.8μm，评定长度为 3 个取样长度，采用"16%规则"。请写出该表面粗糙度参数的标注方法。

4-10   请将表面粗糙度要求标注在图 4-35 上。ϕd 圆柱面的表面粗糙度参数（Ra）的上限值为 3.2 μm，ϕd_1 圆锥表面的表面粗糙度参数（Ra）的最大值为 1.6 μm，其余表面的表面粗糙度参数（Rz）的上限值为 6.3 μm。

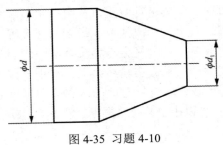

图 4-35 习题 4-10

第5章 测量技术基础

引 例

零件加工精度能否满足要求，只有通过检测才能知道，因此机械制造业的发展离不开测量技术，测量技术的发展促进了现代制造技术的发展。在"设计、制造、检测"这三大环节中，检测占极其重要的地位。

检测时采用哪种测量工具和仪器，采取哪种测量方法；测量后如何评价零件精度指标，这些都是本章要讨论的内容。随着计算机技术的发展，测量技术也有了快速的发展。近年来，LabVIEW 图形化编程语言在测量方面的应用，使精度检测更加快速、准确和方便。图 5-1 为基于 LabVIEW 的几何误差检测。在长度测量方面，三坐标测量技术也有了很大的发展，从接触式测量到非接触式测量，仪器的测量精度越来越高，解析功能越来越强，操作更为方便。图 5-2 所示为三坐标测量仪。

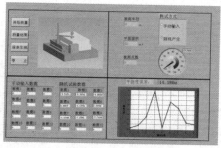

图 5-1　基于 LabVIEW 的几何误差检测

图 5-2　三坐标测量仪

5.1 概　　述

检测方面的国家标准有 GB/T 3177－2009《产品几何技术规范（GPS）光滑工件尺寸的检测》、GB/T 1957－2006《光滑极限量规 技术条件》、GB/T 6093－2001《几何技术规范（GPS）长度标准 量块》、JJG 146－2011《量块》、JJF 1001－2011《通用计量术语及定义》等。

5.1.1　测量的定义

判断一件产品是否满足设计的几何精度要求，通常使用以下 4 种方式。

（1）测量。测量是指通过实验获得并可合理赋予某一几何量一个或多个量值的过程。在这一过程中，将被测几何量与体现计量单位的标准量进行比较。设被测几何量为 L，所采用的计量单位为 E，则它们的比值为

$$q = \frac{L}{E} \tag{5-1}$$

被测几何量的量值 L 为测量所得的量值 q 与计量单位 E 的乘积，即

$$L = qE \tag{5-2}$$

式（5-2）表明，任何几何量的量值都由两部分组成，即表征几何量的量值和该几何量的计量单位，如 5.34m 或 5340mm。

显然，进行任何测量时，首先要明确测量对象和确定计量单位，其次要有与测量对象相适应的测量方法，并且测量结果还要达到所要求的测量精度。

（2）测试。测试是指具有实验研究性质的测量，也可理解为实验和测量的全过程。

（3）检测。检测是指判断被测物理量（参数）是否合格（在极限范围内）的过程。通常不能测出被测对象的具体数值，例如，用光滑极限量规检测孔和轴、用螺纹量规检测螺纹工件。

（4）计量。计量是指实现单位统一、量值准确可靠的活动。有时测量也称为计量。

5.1.2　测量过程的 4 个要素

任何测量过程都包含测量对象、测量单位、测量方法和测量误差 4 个要素。

（1）测量对象。在机械制造中，测量对象主要是几何量，包括长度、角度、表面粗糙度、几何误差，以及螺纹与齿轮的几何参数等。

（2）测量单位。测量单位也称为计量单位，是根据约定定义和采用的标量，任何其他同类量可与其比较，使两个量之比用一个数表示，简称单位。计量单位是涉及长度基准的确定、建立、保存、传递和使用，以保证量值的准确和统一。我国的计量单位一律采用《中华人民共和国法定计量单位》，几何量中的长度基本单位为米（m），平面角的角度单位为

弧度（rad），立体角的角度单位为球面度（sr）。

（3）测量方法。测量方法是指对测量过程中的操作给出逻辑性安排的一般性描述。如替代测量法、微差测量法、零位测量法、直接测量法、间接测量法等。根据测量对象的特点（如精度、大小、轻重、材质、数量等）确定测量方法，从而确定所用的计量器具，分析研究被测参数的特点和与其他参数的关系，确定最合适的测量条件（如环境、温度）等。

（4）测量误差。测量误差是指测得的量值与参考量值的差，简称误差。由于测量过程总不可避免地出现测量误差，因此，测量结果只是在一定范围内近似真值，绝对等于真值是不可能的。若测量误差大，则说明测量精度低。因此，误差和精度是两个相对的概念。

5.1.3　计量基准

在生产和科学实验中测量需要标准量，而标准量所体现的量值由基准提供。因此，为了保证测量的准确性，就必须建立统一、可靠的计量基准。

为了定义、实现、保存和复现计量单位的一个或多个量值，用于比照的实物量具、测量仪器、参考物和测量系统称为计量基准。在几何量计量领域，测量基准可分为长度基准和角度基准两类。

1. 长度基准

米是国际通用的长度计量单位，"米是光在真空中在 1/299792458 s 时间间隔内的行程长度"。

从 1790 年至今，米作为长度基准的定义已经过两次重大修改，从最初的实物基准到自然基准，从自然基准到建立在光速值这个基本物理常数基础上的新定义。无论如何修改，对长度计量工作者来说影响不大，因为他们关注的是如何进行长度量值的统一和传递的问题。在生产中都通过一些高精度的计量器具将基准的量值传递，直接可用这些计量器具对零件进行测量。图 5-3 是国家标准规定的长度基准传递系统，通过线纹米尺和量块这两个主要媒介把国家基准波长向下传递。由于传递的媒介不同，精度要求也不同，实际应用中可根据具体的要求选择不同精度的测量基准。例如，生产中常用的游标卡尺的制造是以 3 等线纹米尺为基准的，而立式光学计是以量块为测量基准的。

2. 角度基准

角度也是机械制造中重要的几何参数。常用的角度单位（度）是由 360° 圆周角定义的，而弧度与度、分、秒又有确定的换算关系。因此，角度计量与长度计量不同，角度计量不需要建立一个自然基准。但在实际应用中，为了测量方便，常用特殊合金钢或石英玻璃制成的多面棱体作为角度基准的实物基准，并且建立了角度量值的传递系统。

多面棱体的工作面数有 4、6、8、12、24、36、72 等几种。图 5-4 所示的多面棱体为正八面棱体，它的所有相邻两个工作面法线之间的夹角均为 45°。因此，用它作为角度基准可以测量任意 $n \times 45°$ 的角度（n 为正整数）。图 5-5 是以多面棱体为角度基准的量值传递系统。

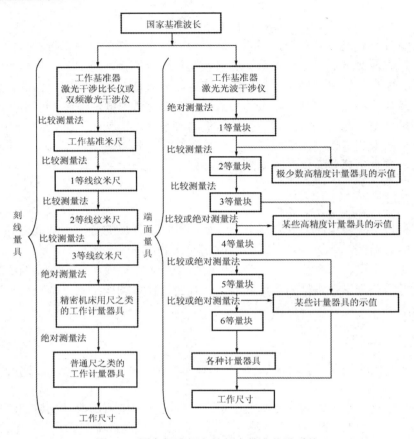

图 5-3　国家标准规定的长度基准传递系统

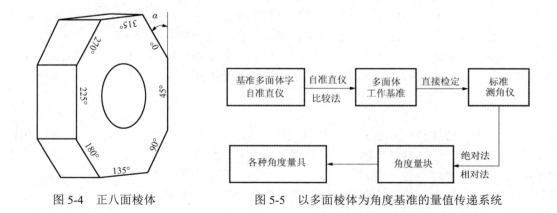

图 5-4　正八面棱体　　　　　图 5-5　以多面棱体为角度基准的量值传递系统

5.1.4　量块

　　量块是用耐磨材料制造的、横截面为矩形并具有一对相互平行测量面的实物量具。它是保证长度量值统一的一种端面长度标准。除了作为工作基准，量块还可以用来调整仪器、机床或直接测量零件。

量块的外形如图 5-6 所示，量块的研合如图 5-7 所示。绝大多数量块都被制成直角平行六面体，即由两个测量面和四个侧面构成。量块的测量面是经过研磨加工的，所以其表面比侧面光滑得多，很容易区分。

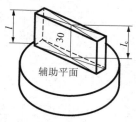

图 5-6　量块的外形

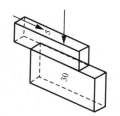

图 5-7　量块的研合

量块长度是指一个测量面上的任意点到与其相对的另一个测量面相研合的辅助体表面之间的垂直距离，用符号 l 表示。辅助体的材料表面质量应与量块相同。

量块中心长度是指量块未研合的测量面中心点的量块长度，用符号 l_c 表示，参看图 5-6。

量块标称长度是指标记在量块上，用于表明其与主单位（mm）之间关系的量值，也称为量块长度的示值，用符号 l_n 表示。

标称长度不大于 5.5mm 的量块，可标记在上测量面上，与其相背的为下测量面，参看图 5-7 中数值为 5（mm）的量块。标称长度大于 5.5mm 的量块，在左侧面上（面积较大的一个侧面上）刻印上述标记，参看图 5-7 中数值为 30（mm）的量块。

按 JJG 146－2011《量块》标准中的规定，各级量块测量面上任意点长度相对于标称长度的极限偏差 t_e 和长度变化量最大允许值 t_v 的精度分为 5 级，即 K、0、1、2、3 级，其中 K 级的精度最高，3 级的精度最低，具体数值见表 5-1。

表 5-1　量块测量面上任意点的长度极限偏差 t_e 和长度变化量最大允许值 t_v（摘自 JJG 146－2011）

标称长度 l_n/mm	K 级		0 级		1 级		2 级		3 级	
	$\pm t_e$	t_v	$\pm t_e$	t_v	$\pm t_e$	t_v	$\pm t_e$	t_v	$\pm t_e$	t_v
	最大允许值/μm									
$l_n \leq 10$	0.20	0.05	0.12	0.10	0.20	0.16	0.45	0.30	1.0	0.50
$10 < l_n \leq 25$	0.30	0.05	0.14	0.10	0.30	0.16	0.60	0.30	1.2	0.50
$25 < l_n \leq 50$	0.40	0.06	0.20	0.10	0.40	0.18	0.80	0.30	1.6	0.55
$50 < l_n \leq 75$	0.50	0.06	0.25	0.12	0.50	0.18	1.00	0.35	2.0	0.55
$75 < l_n \leq 100$	0.60	0.07	0.30	0.12	0.60	0.20	1.20	0.35	2.5	0.60
$100 < l_n \leq 150$	0.80	0.08	0.40	0.14	0.80	0.20	1.6	0.40	3.0	0.65
$150 < l_n \leq 200$	1.00	0.09	0.50	0.16	1.00	0.25	2.0	0.40	4.0	0.70
$200 < l_n \leq 250$	1.20	0.10	0.60	0.16	1.20	0.25	2.4	0.45	5.0	0.75

注：距离测量面边缘 0.8mm 范围内不计。

根据标准 JJG 146－2011《量块》中的规定，量块长度测量不确定度允许值和长度变化量精度分为 5 等，即 1、2、3、4、5 等，其中 1 等的精度最高，5 等的精度最低，具体数值见表 5-2。

表 5-2 各等量块长度测量不确定度和长度变化量的最大允许值（摘自 JJG 146－2011）

标称长度 l_n/mm	1 等		2 等		3 等		4 等		5 等	
	测量不确定度	长度变化量	测量不确定度	长度变化量	测量不确定度	长度变化量	测量不确定度	长度变化量	测量不确定度	长度变化量
	最大允许值/μm									
$l_n \leqslant 10$	0.022	0.05	0.06	0.10	0.11	0.16	0.22	0.30	0.6	0.50
$10 < l_n \leqslant 25$	0.025	0.05	0.07	0.10	0.12	0.16	0.25	0.30	0.6	0.50
$25 < l_n \leqslant 50$	0.03	0.06	0.08	0.10	0.15	0.18	0.3	0.30	0.8	0.55
$50 < l_n \leqslant 75$	0.035	0.06	0.09	0.12	0.18	0.18	0.35	0.35	0.9	0.55
$75 < l_n \leqslant 100$	0.04	0.07	0.1	0.12	0.20	0.20	0.40	0.35	1.0	0.60
$100 < l_n \leqslant 150$	0.05	0.08	0.12	0.14	0.25	0.20	0.5	0.40	1.2	0.65
$150 < l_n \leqslant 200$	0.06	0.09	0.15	0.16	0.30	0.25	0.6	0.40	1.5	0.70
$200 < l_n \leqslant 250$	0.07	0.1	0.18	0.16	0.35	0.25	0.7	0.45	1.8	0.75

注：① 距离测量面边缘 0.8mm 范围内不计。

② 表内测量不确定度置信概率为 0.99。

量块按"级"使用时，应以量块长度的标称值作为工作尺寸，该尺寸包含了量块的制造误差。量块生产企业通常按"级"向市场销售量块。量块按"等"使用时，应以经检测后所给出的量块中心长度的实测值作为工作尺寸，该尺寸排除了量块制造误差的影响，仅包含检测时较小的测量误差。但是各种不同精度的检测方法可以得到具有不同测量不确定度的量块。因此，量块按"等"使用的测量精度比量块按"级"使用的高。但由于按"等"使用比较麻烦，且检测成本高，所以在生产现场仍按"级"使用。

量块长度的实测值是指用一定的方法，对量块长度进行测量所得到的量值。量块具有研合性。所谓的研合性是指某块量块的一个测量面与另一块量块测量面或另一块经过精加工的类似量块测量面的表面，通过分子力的作用而相互黏合的性能。利用量块的研合性，可以在一定的尺寸范围内，将不同尺寸的量块进行组合而形成所需的工作尺寸，参考图 5-7中的量块组合，箭头表示力的方向。

根据 GB/T 6093－2001《量块》的规定，我国生产的成套量块有 91 块、83 块、46 块、38 块等几种规格。表 5-3 列出了国产成套量块（83 块）的尺寸构成系列。

表 5-3 国产成套量块（83 块）的尺寸构成系列（摘自 GB/T 6093－2001）

尺寸范围/mm	间隔/mm	块数	尺寸范围/mm	间隔/mm	块数
0.5	—	1	1.5,1.6,…,1.9	0.1	5
1	—	1	2.0,2.5,…,9.5	0.5	16
1.005	—	1	10,20,…,100	10	10
1.01,1.02,…,1.49	0.01	49	—		

量块组合时，为了减少量块组合的累积误差，应力求使用最少的块数，一般不超过 4 块。组成量块组时，可从消去所需工作尺寸的最小尾数开始，逐一选取。例如，为了得到工作尺寸为 38.785mm 的量块组，在以 83 块为一套的量块中可分别选取 1.005mm、1.28mm、6.5mm 和 30mm 这 4 块量块。如果要得到 25mm 量块组，那可从表 5-3 中选取 5mm 和 20mm 两块量块组成，也可选取 10mm、7mm 和 8mm 三块量块组成。

5.2　测量仪器和测量方法

测量仪器也称为计量器具，它是单独或与一个及以上辅助设备组合用于测量的装置。测量仪器的发展很快，许多高精度、自动化的仪器的开发使测量精度大大提高。

5.2.1　测量仪器的基本技术性能指标

测量仪器的基本技术性能指标是合理选用计量器具的重要依据。国家计量技术规范标准 JJF 1001－2011《通用计量术语及定义》给出了这些指标的定义。

（1）标尺间距。标尺间距是指计量器具沿着标尺长度的同一条线测得的两个相邻标尺标记之间的距离。标尺间距用长度单位表示，而与被测量的单位和标在标尺上的单位无关。例如，立式光学计的目镜视场所能见到的标尺间距为 0.96（mm），如图 5-8 所示，但它代表的是 0.001mm（分度值）。通常，为了目测方便，标尺间距为 1～2.5mm。

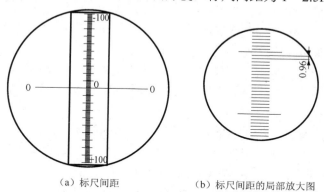

（a）标尺间距　　　　　　（b）标尺间距的局部放大图

图 5-8　立式光学计的目镜视场所能见到的标尺间距

（2）标尺间隔。标尺间隔也称为分度值，是指计量器具标尺对应两个相邻标记的两个值之差。标尺间隔用标在标尺上的单位表示，即标尺上所能读出的最小单位。一般长度计量器具的标尺间隔有 0.1mm、0.05mm、0.02mm、0.01mm、0.005mm、0.002mm、0.001mm 等。例如，图 5-8 所示立式光学计的目镜视场所能见到的标尺间隔为 0.001mm（1μm）。通常，标尺间隔越小，计量器具的精度越高。例如，标尺间隔为 0.001mm 的计量器具比标尺间隔为 0.01mm 的计量器具的精度高。

（3）分辨力。分辨力是指计量器具能有效辨别的最小示值。由于在一些量仪（如数字式测量仪器）中，其读数采用非标尺或非分度盘显示，因此就不能使用标尺间隔这一概念，而将其称为分辨力，即当变化一个有效数字时示值的变化。例如，国产 JC19 型数显万能工具显微镜的分辨力为 0.5μm。

（4）示值区间。示值区间是指极限示值界限内的一组量值，也称为示值范围。对模拟显示而言，它可以称为标尺范围。例如，立式光学计的目镜视场所能见到标尺的示值范围是 $-100 \sim 100\,\mu m$，如图 5-8（a）所示。

（5）测量区间。测量区间又称为工作区间，是指在规定条件下，由具有一定仪器不确定度的测量仪器或测量系统能够测量出的一组同类量的量值，也称为测量范围或工作范围。测量范围的上限值与下限值之差称为量程。例如，立式光学计的测量范围为 $0 \sim 180mm$，量程为 180mm。

（6）灵敏度。灵敏度是指测量系统的示值变化量除以相应的测量对象的量值变化量所得的商，即测量仪器对测量对象变化量的反应能力。若被测几何量的激励变化量为 Δx，该几何量引起计量器具的响应变化量为 ΔL，则灵敏度 S 按下式计算，即

$$S = \frac{\Delta L}{\Delta x} \qquad (5-3)$$

当式（5-3）中分子和分母为同一种变量时，灵敏度也称为放大比或放大倍数。对于具有等分刻度的标尺或分度盘的测量仪器，放大倍数等于标尺间距与标尺间隔之比。例如，立式光学计的标尺间距为 0.96mm，标尺间隔为 0.001mm，那么其放大倍数就是 960。一般来说，标尺间隔越小，测量仪器的灵敏度就越高。

（7）示值误差。示值是指测量仪器或测量系统给出的量值。示值误差是指测量仪器示值与对应输入量的参考量值之差。通常示值误差越小，测量仪器的精度就越高。

（8）修正值。修正值是指用代数法与未修正的测量值相加以补偿其系统误差的数值。修正值大小与示值误差的绝对值相等，而符号相反。例如，若示值误差为-0.002mm，则修正值为+0.002mm。

（9）测量值的重复性。测量值的重复性是指在相同的测量条件下，对同一个被测几何量进行连续多次测量所得测量值的一致性。通常重复性可用测量值的分散性定量地表示。

（10）测量不确定度。测量不确定度是根据所用到的信息，赋予测量对象量值分散性的非负参数，是与测量值相联系的参数。此参数可以是标准偏差或其倍数或用于说明置信水平区间的半宽度。

5.2.2　测量仪器

常见的测量仪器有实物量具、测量系统和测量设备。

（1）实物量具。实物量具是指具有所赋量值，使用时以固定形态复现或提供一个或多个量值的测量仪器。这类器具结构往往比较简单，它可分为单值量具和多值量具两种。单值量具是指复现单一量值的量具，如量块、直角尺和标准砝码等，单值量具通常成套使用。

多值量具是指能复现同一物理量的一系列不同量值的量具，如线纹米尺、千分尺、游标卡尺等。

（2）测量系统。测量系统是指一套组装的且适用于在规定区间内给出测量值信息的一台或多台测量仪器，通常还包括其他装置，如试剂盒、电源等。

（3）测量设备。测量设备是指为实现测量所必需的测量仪器、软件、测量标准、标准物质、辅助设备或其组合。它能够测量同一零件较多的几何量和形状比较复杂的零件，有助于实现检测自动化或半自动化。

5.2.3　测量方法

测量方法很多，下面根据获得测量结果的方式分类。

1. 直接测量和间接测量

按实测几何量是否为待测几何量，测量方法可分为直接测量和间接测量。

（1）直接测量。直接测量是指测量对象的量值直接由计量器具读出。例如，用游标卡尺或千分尺测量零件直径。

（2）间接测量。间接测量是指待测几何量的量值由几个实测几何量的量值按一定的函数关系式运算后获得。如图 5-9 所示，用弓高弦长法间接测量圆弧半径 R。为了得到 R 的量值，只要测得弓高 h 和弦长 b 的量值，就可按下式进行计算，即

$$R = \frac{b^2}{8h} + \frac{h}{2}$$

（5-4）

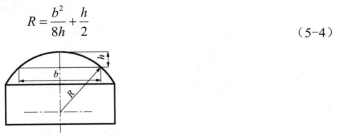

图 5-9　用弓高弦长法间接测量圆弧半径

直接测量过程简单，其测量精度只与这一测量过程有关。而间接测量的精度不仅取决于几个实测几何量的测量精度，还与所依据的计算公式和计算的精度有关（见 5.3 节）。因此，间接测量只用于受条件限制而无法进行直接测量的场合，例如，测量角度、锥度、孔心距等。

2. 绝对测量和相对测量

按示值是否为被测几何量的量值，测量方法可分为绝对测量和相对测量。

（1）绝对测量。绝对测量是指计量器具显示或指示的示值就是被测几何量的量值。例如，用游标卡尺、千分尺测量零件的直径和长度。

（2）相对测量。相对测量也称为比较测量，是指计量器具显示或指示出被测几何量相

对于已知标准量的偏差，测量结果为已知标准量与该偏差的代数和。例如，利用内径百分表和立式光学计测量孔径和轴径。用立式光学计测量轴径时，先根据轴的公称尺寸用量块调整计量器具示值的零位，然后换上被测轴进行测量。此时计量器具的示值为被测轴的轴径相对于量块尺寸的偏差，即实际偏差。一般来说，相对测量的测量精度比绝对测量高。

3. 接触式测量和非接触式测量

按测量时被测表面与计量器具的测头是否接触，测量方法可分为接触式测量和非接触式测量。

（1）接触式测量。接触式测量是指测量时计量器具的测头与被测表面直接接触。例如，用游标卡尺、千分尺、立式光学计测量轴径和长度尺寸，用触针式轮廓仪测量表面轮廓精度。

（2）非接触式测量。非接触式测量是指测量时计量器具的测头不与被测表面接触。例如，用光切法显微镜测量表面轮廓精度，用工具显微镜测量孔径和螺纹参数。

在接触式测量中，由于接触时有机械作用的测量力，使接触可靠，但测头与被测表面的接触会引起弹性形变，产生测量误差。非接触式测量则无此影响，因此适用于软质表面或薄壁易变形零件的测量，但不适合测量表面有油污和切削液的零件。

4. 单项测量和综合测量

按零件上同时被测的几何量的多少，测量方法可分为单项测量和综合测量。

（1）单项测量。单项测量是指分别对零件上的各个被测几何量进行独立测量。例如，用工具显微镜分别测量外螺纹的螺距、牙侧角和中径。

（2）综合测量。综合测量是指同时测量零件上几个相关参数的综合效应或综合指标，以判断综合测量结果是否合格。例如，用螺纹量规的通规综合检测螺纹的螺距、牙侧角和中径，判断综量结果是否合格。

就零件整体来说，单项测量的效率比综合测量低，但单项测量便于进行工艺分析。综合测量适用于大批量生产，并且只要求判断合格与否，而不需要得到具体的误差值。

5. 被动测量和主动测量

按测量结果对工艺过程所起的作用，测量方法可分为被动测量和主动测量。

（1）被动测量。被动测量是指在零件加工后进行测量，测量结果只能用于判断零件是否合格。

（2）主动测量。主动测量是指在零件加工过程中进行测量，测量结果可用于判断加工过程是否正常，然后根据测量结果随时控制加工过程，防止废品的产生，缩短零件生产周期。

主动测量常用于生产线，因此也称为在线测量。它使检测与加工过程紧密结合，充分发挥检测的作用，是检测技术发展的方向。

6. 动态测量和静态测量

按被测表面在测量过程所处的状态，测量方法可分为动态测量和静态测量。

（1）动态测量。动态测量是指在测量过程中被测表面与测头处于相对运动状态。例如，用圆度仪测量圆度误差，用触针式轮廓仪测量表面粗糙度轮廓。

（2）静态测量。静态测量是指在测量过程中，量值不随时间变化的测量，即被测表面与测头处于相对静止状态。例如，用游标卡尺、千分尺、立式光学计测量轴径和长度尺寸。

动态测量效率高并能测出零件几何参数连续变化时的情况，但对计量器具要求高，否则会影响测量结果。

5.3　测量误差及数据处理

5.3.1　基本概念

零件的制造误差包括加工误差和测量误差。所谓的测量误差是指测量值与参考量值之差。

由于计量器具和测量条件的限制，测量误差始终存在，所以测量值不可能为真值，即使是对同一零件同一部位进行多次测量，测量值也会变化，这就是测量误差的表现形式。测量误差可用绝对误差（测量误差）或相对误差表示。

1. 绝对误差

绝对误差是测量值与测量对象真值之差，常称为测量误差或误差。测量值是指通过测量仪得到的数值。

$$\delta = L - L_0 \tag{5-5}$$

式中，δ 为绝对误差；L 为测量值；L_0 为测量对象的真值。

用绝对误差表示测量精度，只能用于评比大小相同的测量值的测量精度。而对于大小不相同的测量值，则需要用相对误差评价其测量精度。

2. 相对误差

相对误差是指用测量误差（取绝对值）除以测量对象的真值而得到商。由于测量对象的真值不能确定，因此在实际应用中常以测量对象的约定真值或实际测量值代替真值进行估算，即

$$\varepsilon = \frac{|\delta|}{L_0} \approx \frac{|\delta|}{L} \tag{5-6}$$

式中，ε 为误差。

例如，两个轴径的测量值分别为 50mm 和 30mm，它们的绝对误差都是为 0.01mm，则它们的相对误差分别为 ε_1=0.01/50=0.0002，ε_2=0.01/30=0.00033，因此前者的测量精度比后者高。相对误差通常用百分比表示，如 ε_1=0.02%，ε_2=0.033%。

5.3.2 测量误差的来源

在实际测量中，产生测量误差的因素很多，归结起来主要有以下四类。

1. 测量方法造成的误差

测量方法造成的误差是指测量方法的不完善引起的误差。例如，在测量中，工件安装、定位不准确或测头偏离、测量基准面本身的误差和计算不准确等造成的误差。

2. 计量器具造成的误差

计量器具造成的误差是指计量器具本身所具有的误差，以及各种辅助测量工具、附件等的误差。

1）原理误差

原理误差是指由计量器具的测量原理、结构设计和计算不严格等造成的误差。例如，设计计量器具时，为了简化结构而采用近似设计的方法，结构设计违背了阿贝原则。所谓阿贝原则，是指测量长度时，应使测量对象的测量线与计量器具作为标准量的测量线重合或在同一条直线上。

图 5-10 是用游标卡尺测量轴的直径，游标卡尺的读数刻度尺（标准量）与被测轴的直径不在同一条直线上，两者的距离为 l，违背了阿贝原则。在测量过程中，游标卡尺的活动量爪倾斜一个角度 ϕ，此时产生的测量误差 δ 按下式计算：

$$\delta = L - L_1 = l \times \tan\phi \approx l \times \phi$$

设 l=30mm，$\phi = 1' \approx 0.0003\text{rad}$。

那么由于游标卡尺结构设计不符合阿贝原则而产生的测量误差为

$$\delta = 30 \times 0.0003 = 0.009\text{mm} = 9\mu\text{m}$$

由此可见，游标卡尺之所以精度较低，是因为其结构设计不符合阿贝原则而造成测量误差。

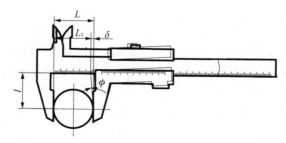

图 5-10　用游标卡尺测量轴的直径

2）制造和调整误差

制造和调整误差是指由计量器具的制造和装配误差引起的测量误差。例如，读数装置中的分划板、标尺、刻度盘的刻度不准确和装配时的偏心、倾斜造成的误差，仪器传动装置中的杠杆、齿轮副、螺旋副的制造和调整误差，光学系统的制造和调整误差，传动元件之间的间隙、摩擦和磨损造成的误差，电子元件的质量误差，等等。

3）测量力引起的测量误差

在进行接触式测量时，为了保证接触可靠，必须用一定的测量力。这个测量力会引起被测表面和计量器具的测量系统产生弹性变形，从而产生测量误差。但是这类误差很小，一般可以忽略不计。

另外，相对测量时使用的标准量（如量块）的制造误差也会产生测量误差。

3. 测量环境造成的误差

测量环境造成的误差是指测量时由于环境条件不符合标准的测量条件而造成的误差。例如，环境温度、湿度、气压、照明（引起视差）等不符合标准，以及振动、电磁场等的影响都会产生测量误差。在长度测量中温度的影响是主要的，其余各因素只在高精度测量或有其他精度要求时才考虑。

在测量长度时，当温度偏离标准温度（20℃）时，引起的测量误差为

$$\Delta L = L[\alpha_1(t_1-20℃)-\alpha_2(t_2-20℃)] \tag{5-7}$$

式中，L 为被测长度；α_1、α_2 为测量对象及计量器具的线膨胀系数；t_1、t_2 为测量时测量对象及计量器具的温度（℃）。

因此，测量时应根据测量精度的要求合理控制环境温度，以减小温度对测量精度的影响。

4. 主观因素造成的误差

主观因素造成的误差是指由测量人员的人为差错而造成的测量误差。例如，测量人员不正确使用计量器具、其双睛的视差或分辨能力造成的瞄准不准确、读数或估读错误等，都会造成误差。

5.3.3　测量误差的分类

测量误差可分为系统误差、随机误差和粗大误差三类。

1. 系统误差

系统误差是指在相同的条件下，多次测取同一量值时，其绝对值和符号均保持不变的测量误差，或者其绝对值和符号按某一规律变化的测量误差。前者称为定值系统误差，后者称为变值系统误差。

（1）定值系统误差是不变的。例如，在比较仪上对零件尺寸进行相对测量时，调整该

仪器所用量块的误差，每次测量时的误差是不变的。

（2）变值系统误差对测量值的影响是按一定规律变化的。例如，测量仪分度盘的偏心使仪器的示值按正弦规律周期变化，刀具正常磨损引起的加工误差，温度均匀变化引起的测量误差等。

根据系统误差的性质和变化规律，可以用计算或实验对比的方法确定系统误差，用修正值（校正值）消除系统误差。但在某些情况下，变值系统误差因变化规律比较复杂而不易确定，难以消除。

2. 随机误差

随机误差是指在相同的条件下，多次测取同一量值时，绝对值和符号以不可确定的方式变化的测量误差。

随机误差主要是由测量过程中一些偶然性因素或不稳定因素引起的。例如，测量仪传动机构的间隙、摩擦、测量力的不稳定以及温度波动等引起的测量误差，都属于随机误差。

对单次测量而言，随机误差的绝对值和符号无法预先知道。但对于连续多次重复测量来说，随机误差还是符合一定的概率统计规律的。因此，可以应用概率论和数理统计的方法对它进行分析与计算，从而判断该误差范围。

3. 粗大误差

粗大误差是指在规定测量条件下超出预计的测量误差。这种误差是因测量人员粗心大意而造成不正确的测量、读数、记录及计算上的错误，以及外界条件的突然变化等原因造成的误差。正确的测量过程应该避免粗大误差。

5.3.4　测量精度的分类

测量精度是指被测几何量的测量值与其真值的接近程度。它和测量误差是从两个不同的角度说明同一概念的术语。测量误差越大，测量精度就越低。测量精度有以下几种分类。

（1）正确度：是指无穷多次重复测量得到的多个测量值的平均值与一个参考值的一致程度，正确度反映测量结果中系统误差的影响程度。若系统误差小，则正确度就高。

（2）精密度：是指在规定条件下，同一测量对象或类似测量对象重复测量得到的多个示值或测量值的一致程度，精密度反映测量结果中随机误差的影响程度。若随机误差小，则精密度就高。

（3）准确度：是指测量对象的测量值与其真值的一致程度，准确度反映测量结果中系统误差和随机误差的综合影响程度。若系统误差和随机误差都小，则准确度就高。

正确度、精密度和准确度示例如图 5-11 所示，在图 5-11（a）中系统误差小，正确度高，随机误差大，精密度差，所以弹着点虽围绕靶心，但较分散。在图 5-11（b）中系统误差大，正确度差，随机误差小，精密度高，因此弹着点虽距靶心较远，但密集。在图 5-11（c）中系统误差小，正确度高，随机误差小，精密度高，因此弹着点距靶心较近且密集，说明准确度高。在图 5-11（d）中系统误差大，正确度差，随机误差大，精密度低，因此弹着点距靶心较远且分散，说明准确度低。

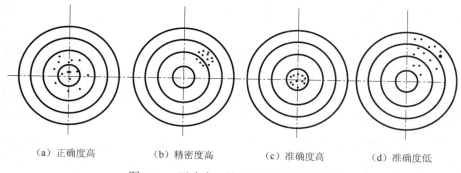

（a）正确度高　　　（b）精密度高　　　（c）准确度高　　　（d）准确度低

图 5-11　正确度、精密度和准确度示例

5.3.5　测量数据的处理

通过对某一被测几何量进行连续多次的重复测量，得到一系列的测量数据（测量值）即测量列。可以对该测量列进行数据处理，以消除或减小测量误差的影响，提高测量精度。

由于测量值 L 可能大于或小于真值 L_0，因此绝对误差可能为正值或负值，这样，被测几何量的真值可以写为

$$L_0 = L \pm |\delta| \tag{5-8}$$

在实际应用中，由于测量误差的存在，真值是不能确定的，往往要求通过分析或估算获得真值的近似值。由式（5-8）可知，真值必落在测量值 L 附近。也就是说，δ 的绝对值越小，测量值 L 越接近于真值 L_0，测量精度就越高；反之，测量精度就越低。

1. 随机误差的处理

1）随机误差的特性及分布规律

通过对大量的测量数据进行统计后发现，随机误差通常服从正态分布规律，其正态分布曲线如图 5-12 所示，正态分布曲线的数学表达式为

$$y = \frac{1}{\sigma\sqrt{2\pi}} e^{-\frac{\delta^2}{2\sigma^2}} \tag{5-9}$$

式中，y 为概率密度；σ 为标准偏差；δ 为随机误差；e 为自然对数函数的底数，$e \approx 2.71828$。

该曲线具有以下 4 个基本特性。

（1）单峰性。绝对值越小的随机误差出现的概率越大，反之，越小。也就是说，δ 越大，概率密度 y 值越小；$\delta = 0$ 时，概率密度 y 的最大值为

$$y_{\max} = \frac{1}{\sigma\sqrt{2\pi}}$$

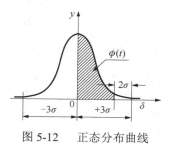

图 5-12　正态分布曲线

（2）对称性。绝对值相等的正、负随机误差出现的概率相等，即正态分布曲线以 y 轴为对称轴。

（3）有界性。在一定测量条件下，随机误差的绝对值不会超过一定的界限。也就是说，随着 δ 值的增大，y 值趋于零，迅速向 δ 轴收敛。

（4）抵偿性。随着测量次数的增加，各次随机误差的算术平均值趋于零，即各次随机误差的代数和趋于零。抵偿性是由对称性推导而来的，它是对称性的必然反映。

概率密度 y 值的大小与随机误差 δ、标准偏差 σ 有关。概率密度的最大值随标准偏差大小的不同而不同。当 $\sigma_1 < \sigma_2 < \sigma_3$ 时，则有 $y_{1max} > y_{2max} > y_{3max}$。也就是说，$\sigma$ 越小，正态分布曲线就越陡，随机误差的分布就越集中，测量精度就越高；反之，σ 越大，正态分布曲线就越平坦，随机误差的分布就越分散，测量精度就越低。

随机误差的标准偏差 σ 可用下式计算得到，即

$$\sigma = \sqrt{\frac{\delta_1^2 + \delta_2^2 + \cdots + \delta_N^2}{N}} \tag{5-10}$$

式中，δ_1、δ_2、δ_3、$\cdots$、δ_N 为测量列中各测量值对应的随机误差；N 为测量次数。

标准偏差 σ 是反映测量列中测量值分散程度的一项指标，它是测量列中单次测量值（任意测量值）的标准偏差。

由于随机误差存在有界性，因此它的大小不会超过一定的范围。随机误差的极限值就是测量极限误差。

由概率论可知，正态分布曲线和横坐标轴所包含的区间面积等于 1 减去所有随机误差出现的概率总和。当随机误差区间为（$-\infty \sim +\infty$）时，其概率为

$$P = \int_{-\infty}^{+\infty} y \mathrm{d}\delta = \int_{-\infty}^{+\infty} \frac{1}{\sigma\sqrt{2\pi}} e^{-\frac{\delta^2}{2\sigma^2}} \mathrm{d}\delta = 1 \tag{5-11}$$

当随机误差区间为（$-\delta \sim +\delta$）时，其概率为

$$P = \int_{-\delta}^{+\delta} y \mathrm{d}\delta = \int_{-\delta}^{+\delta} \frac{1}{\sigma\sqrt{2\pi}} e^{-\frac{\delta^2}{2\sigma^2}} \mathrm{d}\delta \tag{5-12}$$

为了化成标准正态分布，将上式进行变量置换，设 $t = \dfrac{\delta}{\sigma}$，$\mathrm{d}t = \dfrac{\mathrm{d}\delta}{\sigma}$，

则上式化为

$$P = \frac{1}{\sqrt{2\pi}} \int_{-t}^{+t} e^{-\frac{t^2}{2}} \mathrm{d}t = \frac{2}{\sqrt{2\pi}} \int_{0}^{t} e^{-\frac{t^2}{2}} \mathrm{d}t = 2\Phi(t) \tag{5-13}$$

式中，$\Phi(t)$ 称为拉普拉斯函数，也称为正态分布概率积分。表 5-4 列出了不同 t 值对应的 $\Phi(t)$ 值，即正态概率积分值。

表 5-5 给出 $t=1$、2、3、4 这 4 个特殊值对应的 $2\Phi(t)$ 值和 $[1-2\Phi(t)]$ 值。由该表可知，当 $t=3$ 时，在 δ 落在 $-3\sigma \sim 3\sigma$ 范围内的概率为 99.73%，δ 超出该范围的概率仅为 0.27%，即连续进行 370 次的测量，随机误差只有 1 次超出 $-3\sigma \sim 3\sigma$ 范围。

表 5-4　正态概率积分值 $\Phi(t)$

t	$\Phi(t)$	t	$\Phi(t)$	t	$\Phi(t)$	t	$\Phi(t)$	t	$\Phi(t)$
0.00	0.0000	0.55	0.2088	1.10	0.3643	1.65	0.4505	2.40	0.4918
0.05	0.0199	0.60	0.2257	1.15	0.3749	1.70	0.4554	2.50	0.4938
0.10	0.0398	0.65	0.2422	1.20	0.3849	1.75	0.4599	2.60	0.4953
0.15	0.0596	0.70	0.2580	1.25	0.3944	1.80	0.4641	2.70	0.4965
0.20	0.0793	0.75	0.2734	1.30	0.4032	1.85	0.4678	2.80	0.4574
0.25	0.0987	0.80	0.2881	1.35	0.4115	1.90	0.4713	2.90	0.4981
0.30	0.1179	0.85	0.3023	1.40	0.4192	1.95	0.4744	3.00	0.49865
0.35	0.1368	0.90	0.3159	1.45	0.4265	2.00	0.4772	3.20	0.49931
0.40	0.1554	0.95	0.3289	1.50	0.4332	2.10	0.4821	3.42	0.49966
0.45	0.1736	1.00	0.3413	1.55	0.4394	2.20	0.4861	3.60	0.499841
0.50	0.1915	1.05	0.3531	1.60	0.4452	2.30	0.4893	3.80	0.499928

表 5-5　t 的 4 个特殊值对应的概率

t	$\delta = \pm t\sigma$	不超出 $|\delta|$ 的概率 $2\Phi(t)$	超出 $|\delta|$ 的概率 $1-2\Phi(t)$
1	1σ	0.6826	0.3174
2	2σ	0.9544	0.0456
3	3σ	0.9973	0.0027
4	4σ	0.99936	0.00064

在实际测量时，测量次数一般不会太多。随机误差超出 $-3\sigma \sim 3\sigma$ 范围的情况很少出现。因此，可取 $\pm3\sigma$ 作为随机误差的极限值，记作：

$$\delta_{\text{lim}} = \pm\sigma \tag{5-14}$$

显然，δ_{lim} 也是测量列中单次测量值的测量极限误差。选择不同的 t 值，就对应有不同的概率，测量极限误差的可信度也就不一样。随机误差在 $-t\sigma \sim t\sigma$ 范围内出现的概率称为置信概率，t 称为置信因子或置信系数。在几何测量中，通常选取置信因子 $t=3$，则置信概率为 99.73%。

例如，某次测量得到的测量值为 40.002mm。若已知标准偏差 $\sigma =0.0003$mm，置信概率为 99.73%，则测量结果为

$$40.002\pm3\times0.0003=(40.002\pm0.0009)\text{mm}$$

即被测几何量的真值有 99.73% 的可能性为 40.0011 ～ 40.0029mm。

2）随机误差的处理步骤

对某一被测几何量在一定测量条件下重复测量 N 次，得到系列测量值 L_1、L_2、L_3、$\cdots$、L_N。设这些测量值中不包含系统误差和粗大误差，被测几何量的真值为 L_0，则各次测量值的随机误差分别为

$$\delta_1 = L_1 - L_0 , \quad \delta_2 = L_2 - L_0 , \quad \cdots, \quad \delta_N = L_N - L_0$$

处理随机误差时，首先应由式（5-10）计算单次测量值的标准偏差，然后由式（5-14）计算得到随机误差的极限值 δ_{lim}。测量结果为

$$L = L_0 \pm \delta_{\text{lim}} = L_0 \pm 3\sigma$$

由于测量对象的真值 L_0 未知，所以不能由式（5-10）计算得到标准偏差 σ 的值。在实际测量时，当测量次数 N 充分大时，随机误差的算术平均值趋于零。因此，可以用测量列中各个测量值的算术平均值代替真值，并用一定的方法估算出标准偏差，进而确定测量结果。具体处理过程如下：

（1）计算测量列中各个测量值的算术平均值。设测量列的各个测量值分别为 $L_1, L_2, \cdots, L_N$，则其算术平均值 $\overline{L}$ 为

$$\overline{L} = \frac{\sum\limits_{i=1}^{N} L_i}{N} \tag{5-15}$$

式中，N 为测量次数。

（2）计算残差。用算术平均值代替真值后，计算各个测量值 L_i 与算术平均值 $\overline{L}$ 之差，该差称为残余误差（简称残差），记为 v_i，即

$$v_i = L_i - \overline{L} \tag{5-16}$$

残差具有以下两个特性：

① 残差的代数和等于零，即 $\sum\limits_{i=1}^{N} v_i = 0$。这一特性可用来校核算术平均值及残差计算的准确性。

② 残差的平方和为最小，即 $\sum\limits_{i=1}^{N} v_i^2 = \min$。由此可知，用算术平均值作为测量结果是最可靠且最合理的。

（3）估算测量列中单次测量值的标准偏差。用测量列中各个测量值的算术平均值代替真值计算得到各个测量值的残差后，可按贝塞尔（Bessel）公式计算出单次测量值的标准偏差的估计值。贝塞尔公式为

$$\sigma = \sqrt{\frac{\sum\limits_{i=1}^{N} v_i^2}{N-1}} \tag{5-17}$$

该式根号内的分母为（$N-1$），而不是 N，这是因为受 N 次测得的残差代数和等于零这个条件约束，所以 N 个残差只能等效于（$N-1$）个独立的随机变量。

此时，单次测量值的测量结果可表示为

$$L = L_0 \pm \delta_{\text{lim}} = L_0 \pm 3\sigma \tag{5-18}$$

（4）计算测量列算术平均值的标准偏差。若在相同的测量条件下，对同一被测几何量进行多组测量（对每组都测量 N 次），则对应每组 N 个测量值都有一个算术平均值，各组的算术平均值不相同。不过，它们的分散程度比单次测量值的分散程度小得多。根据误差

理论，测量列算术平均值的标准偏差 $\sigma_{\bar{L}}$ 与测量列单次测量值的标准偏差 σ 存在如下关系（见图 5-13）：

$$\sigma_{\bar{L}} = \frac{\sigma}{\sqrt{N}} \tag{5-19}$$

式中，N 为每组的测量次数。

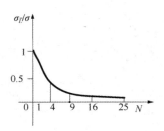

图 5-13 $\sigma_{\bar{L}} / \sigma$ 与 N 的关系

由式（5-19）可知，多组测量值的算术平均值的标准偏差 $\sigma_{\bar{L}}$ 为单次测量值的标准偏差的 $\sqrt{N}$ 分之一。这说明测量次数越多，$\sigma_{\bar{L}}$ 值就越小，测量精密度就越高。但是，由函数 $\sigma_{\bar{L}} / \sigma = 1/\sqrt{N}$ 函数曲线（见图 5-13）可知，当 σ 值一定且 $N > 10$ 时，$\sigma_{\bar{L}}$ 值缓慢减小。因此测量次数不必过多，一般情况下，N 为 10～15 次。

多组测量值所得算术平均值的测量结果可表示为

$$L = \bar{L} \pm \delta_{\lim(\bar{L})} = \bar{L} \pm 3\sigma_{\bar{L}} \tag{5-20}$$

2. 系统误差的处理

因为系统误差的数值往往比较大，对测量精度造成一定影响。为了消除和减小系统误差，首先需要发现系统误差。在实际测量中，很难完全发现和消除系统误差，这里只介绍几种适用于发现和消除某些系统误差的常用方法。

1）发现系统误差的方法

系统误差分为定值系统误差和变值系统误差。在测量过程中，当随机误差和系统误差同时存在时，其中的定值系统误差仅改变随机误差的分布中心位置，不改变误差曲线的形状。而变值系统误差不仅改变随机误差的分布中心位置，也改变误差曲线的形状。

（1）实验对比法。实验对比法是指改变产生系统误差的条件而进行不同条件下的测量，以发现系统误差。例如，按标称尺寸使用量块时，在测量结果中就存在由于量块的尺寸偏差而产生的定值系统误差。重复测量也不能发现这一误差，只有用另一块等级更高的量块进行测量对比时才能发现定值系统误差。

（2）残差观察法。残差观察法是指根据测量列 N 的各残差 υ 大小和符号的变化规律，直接由残差数据或残差曲线判断有无系统误差，这种方法主要适用于发现变值系统误差。系统误差的发现示例如图 5-14 所示，根据测量先后次序，将测量列的残差分布形状画出，观察残差的变化规律。若各残差按近似正、负值相间变化，又没有显著变化，如图 5-14（a）

所示，则不存在变值系统误差。若各残差按近似线性规律递增或递减，如图 5-14（b）所示，则可判断存在线性系统误差。若各残差的大小和符号按有规律的周期性变化，如图 5-14（c）所示，则可判断存在周期性系统误差。若各残差兼具线性和周期性变化，如图 5-14（d）所示，则可判断存在线性系统误差和周期性系统误差。

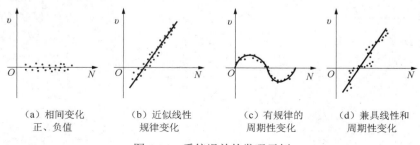

| （a）相间变化 | （b）近似线性 | （c）有规律的 | （d）兼具线性和 |
| 正、负值 | 规律变化 | 周期性变化 | 周期性变化 |

图 5-14　系统误差的发现示例

2）消除系统误差的方法

消除系统误差的方法和具体的测量对象、测量方法、测量人员的经验有关，下面介绍最基本的几种方法。

（1）从误差根源上消除系统误差。这要求测量人员对测量过程中可能产生系统误差的各个环节进行仔细的分析，并在测量前就将系统误差从根源上消除。例如，为了防止测量过程中仪器示值零位的变化，测量开始和结束时都必须检查示值零位。

（2）用修正法消除系统误差。这种方法是指预先将计量器具的系统误差检定或计算出来，绘制误差表或误差曲线，然后选取与系统误差数值相同而符号相反的误差值作为修正值，将测量值加上相应的修正值，即可得到不包含系统误差的测量结果。

（3）用抵消法消除定值系统误差。这种方法要求在对称位置上分别测量一次，以使这两次测量数据中出现的系统误差大小相等，符号相反，选取这两次测量数据的平均值作为测量值，即可消除定值系统误差。例如，在工具显微镜上测量螺纹螺距时，为了消除螺纹轴线与量仪工作台移动方向倾斜而引起的系统误差，可分别测量螺纹左、右牙侧的螺距，然后选取它们的平均值作为螺距测量值。

（4）用半周期法消除周期性系统误差。对周期性系统误差，可以每隔半个周期进行一次测量，以相邻两次测量数据的平均值作为一个测量值，即可有效消除周期性系统误差。例如，对由仪器刻度盘安装偏心、测量表指针回转中心与刻度盘中心有偏心等引起的周期性误差，都可用半周期法予以消除。

消除和减小系统误差的关键是找出误差产生的根源和变化规律。实际上，系统误差不可能完全消除。但一般来说，系统误差若能减小到使其影响相当于随机误差的程度，则可认为已被消除。

3. 粗大误差的处理

若粗大误差的数值（绝对值）相当大，则测量结果很不准确，在测量中应尽可能避免粗大误差的产生。如果粗大误差已经产生，那么应根据粗大误差的判断准则予以剔除。粗大误差的判断准则有 3σ 准则、狄克松准则、罗曼诺夫斯基准则和格罗布斯准则，下面介绍常用的 3σ 准则和罗曼诺夫斯基准则。

1）3σ 准则

3σ 准则（也称莱以特准则）认为，当测量列服从正态分布时，残余误差落在 $-3\sigma \sim 3\sigma$ 范围外的概率仅为 0.27%，即在连续 370 次测量中只有 1 次测量的残差超出该范围，而实际上连续测量的次数绝不会超过 370 次，测量列中超出 $-3\sigma \sim 3\sigma$ 范围的残差概率非常小。因此，当测量列中出现绝对值大于 3σ 的残差时，即

$$|\upsilon_j| > 3\sigma \tag{5-21}$$

若式（5-21）成立，则认为该残差对应的测得值含有粗大误差，应予以剔除。该准则是以测量次数多为前提的，如果测量次数小于或等于 10，就不能使用 3σ 准则，而可以使用罗曼诺夫斯基准则。

2）罗曼诺夫斯基准则

罗曼诺夫斯基准则（也称 t 检测准则）应用于测量次数较少的情况下，当对某几何量进行多次等精度测量后，获得系列测量值 L_1、L_2、$\cdots$、L_j、$\cdots$、L_n，首先将其中的一个测量值 L_j（该值往往是偏离平均值的）作为可疑值剔除，然后计算剔除 L_j 后的测量列的平均值 $\bar{L}$ 和标准差 σ。

$$|\upsilon_j| > K\sigma \tag{5-22}$$

式中，$\upsilon_j = L_j - \bar{L}$；$K$ 为 t 分布检测系数，可根据测量次数 N 和所选取的显著度 α 查表 5-6 获得。

若计算的 υ_j 满足式（5-22），则认为剔除的测量值 L_j 含有粗大误差，剔除它也是正确的。否则，认为 L_j 不含有粗大误差，剔除它是不正确的，应该将该值保留。

表 5-6　K 值的选取

N \ α	0.05	0.01	N \ α	0.05	0.01	N \ α	0.05	0.01
4	4.97	11.46	13	2.29	3.23	22	2.14	2.91
5	3.56	6.53	14	2.26	3.17	23	2.13	2.9
6	3.04	5.04	15	2.24	3.12	24	2.12	2.88
7	2.78	4.36	16	2.22	3.08	25	2.11	2.86
8	2.62	3.96	17	2.2	3.04	26	2.1	2.85
9	2.51	3.71	18	2.18	3.01	27	2.1	2.84
10	2.43	3.54	19	2.17	3	28	2.09	2.83
11	2.37	3.41	20	2.16	2.95	29	2.09	2.82
12	2.33	3.31	21	2.15	2.93	30	2.08	2.81

4. 等精度测量结果的数据处理

等精度测量是指在测量条件（包括计量器具、测量人员、测量方法及环境条件等）不变的情况下，对某一几何量进行连续多次测量。虽然在此条件下得到的各个测量值不相同，但影响各个测量值精度的因素和条件相同，因此测量精度视为相等。相反，若在测量过程中全部或部分因素和条件发生改变，例如，在不同的测量条件下（如不同的计量器具、不同的测量方法、不同的测量次数、不同的测量人员）进行测量对比，这种测量称为不等精度测量。在一般情况下，为了简化测量数据的处理，大多采用等精度测量。本章仅介绍等精度测量结果的数据处理。

1）直接测量列的数据处理

对某一几何量进行直接测量时，为了得到正确的测量结果，应按前述误差理论对随机误差、系统误差和粗大误差进行处理。现以实例说明直接测量列的数据处理方法和步骤。

【例 5-1】 在立式光学计上对某一个轴径 d 等精度测量 15 次，按测量顺序将各测量值依次列于表 5-7 中，试求测量结果。

解： 假设该计量器具已经检定、测量环境条件得到有效控制，可认为测量列中不存在定值系统误差。

（1）根据式（5-15）求测量列算术平均值。

$$\bar{L} = \frac{\sum\limits_{i=1}^{N} L_i}{N} = 24.990 \text{ （mm）}$$

（2）根据式（5-16）判断系统误差。

按残差观察法，根据残差的计算结果（见表 5-7）可知，误差的符号大体上正、负值相间且无显著变化规律，因此可以认为测量列中不存在变值系统误差。

（3）根据式（5-17）计算测量列单次测量值的标准偏差。

$$\sigma = \sqrt{\frac{\sum\limits_{i=1}^{\upsilon} \upsilon_i^2}{N-1}} = \sqrt{\frac{122}{15-1}} \approx 2.95 \text{ （μm）}$$

（4）根据式（5-21）判断粗大误差。

按照 3σ 准则，测量列中没有出现绝对值大于 3σ（3×2.95=8.85μm）的残差，因此判断测量列中不存在粗大误差。

（5）根据式（5-19）计算测量列算术平均值的标准偏差。

$$\sigma_{\bar{L}} = \frac{\sigma}{\sqrt{N}} = \frac{2.95}{\sqrt{15}} \approx 0.762 \text{ （μm）}$$

（6）计算测量列算术平均值的测量极限误差。

$$\delta_{\lim(\bar{L})} = \pm 3\sigma_{\bar{L}} = \pm 3 \times 0.762 = \pm 2.286 \text{ （μm）}$$

表 5-7　数据处理计算表

测量序号	测量值 x_i/mm	残差 $\upsilon_i = x_i - \bar{x}$ / μm	残差的平方 υ_1^2 / μm²
1	24.99	0	0
2	24.987	−3	9
3	24.989	−1	1
4	24.99	0	0
5	24.992	2	4
6	24.994	4	16
7	24.99	0	0
8	24.993	3	9
9	24.99	0	0
10	24.988	−2	4
11	24.989	−1	1
12	24.986	−4	16
13	24.987	−3	9
14	24.997	7	49
15	24.988	−2	4
算术平均值	$\bar{L} = 24.99$	$\sum\limits_{i=1}^{N}\upsilon_i = 0$	$\sum\limits_{i=1}^{N}\upsilon_i^2 = 122\,\mathrm{\mu m^2}$

（7）根据式（5-20）确定测量结果。

$$L = \bar{L} \pm \delta_{\lim(\bar{L})} = 24.99 \pm 0.002 \quad (\mathrm{mm})$$

这时的置信概率为 99.73%。

2）间接测量列的数据处理

间接测量是指直接测量得到的测量值与被测几何量之间有一定的函数关系，因此直接测量得到的测量值误差也按一定的函数关系传递到被测几何量的测量结果中。其数据处理的方法和步骤如下。

（1）函数误差的基本计算公式。在间接测量中，被测几何量通常是实测几何量的多元函数，它表示为

$$y = F(x_1, x_2, \cdots,\ x_i,\ \cdots,\ x_m)$$

式中，y 为被测几何量；$x_1, x_2, \cdots,\ x_i,\ \cdots,\ x_m$ 为各个实测几何量。

该函数的增量可用函数的全微分表示，即

$$\mathrm{d}y = \sum_{i=1}^{m} \frac{\partial F}{\partial x_i}\mathrm{d}x_i \tag{5-23}$$

式中，$\mathrm{d}y$ 为被测几何量的测量误差；$\mathrm{d}x_i$ 为各个实测几何量的测量误差；

$\dfrac{\partial F}{\partial x_i}$ 为各个实测几何量的测量误差的传递系数。

式（5-23）即函数误差的基本计算公式。例如，当函数为三角函数 $\sin\alpha = f(x_1, x_2, \cdots, x_n)$，

则

$$\Delta \alpha = \frac{1}{\cos \alpha} \sum_{i=1}^{n} \frac{\partial f}{\partial x_i} \Delta x_i$$

（2）函数系统误差的计算。如果在各个实测几何量 x_i 的测量值中存在系统误差 Δx_i，那么被测几何量 y 也存在系统误差 Δy。以 Δx_i 代替式（5-23）中的 dx_i，则可近似得到函数系统误差的计算公式：

$$\Delta y = \sum_{i=1}^{m} \frac{\partial F}{\partial x_i} \Delta x_i \tag{5-24}$$

式（5-24）即间接测量中系统误差的计算公式。

（3）函数随机误差的计算。由于在各个实测几何量 x_i 的测量值中存在随机误差，因此被测几何量 y 也存在随机误差。根据误差理论，函数的标准偏差 σ_y 与各个实测几何量的标准偏差 σ_{x_i} 的关系为

$$\sigma_y = \sqrt{\sum_{i=1}^{m} \left(\frac{\partial F}{\partial x_i} \right)^2 \sigma_{x_i}^2} \tag{5-25}$$

如果各个实测几何量的随机误差均服从正态分布，那么由式（5-25）可推导出函数的测量极限误差的计算公式：

$$\delta_{\lim(y)} = \pm \sqrt{\sum_{i=1}^{m} \left(\frac{\partial F}{\partial x_i} \right)^2 \delta_{\lim(x_i)}^2} \tag{5-26}$$

式中，$\delta_{\lim(y)}$ 为被测几何量的测量极限误差；$\delta_{\lim(x_i)}$ 为各个实测几何量的测量极限误差。

（4）测量结果的计算。

$$y' = (y - \Delta y) \pm \delta_{\lim(y)} \tag{5-27}$$

（5）间接测量列的数据实例。

【例 5-2】 参看图 5-9，在万能工具显微镜上用弓高弦长法间接测量圆弧半径 R。测得的弓高 $h = 4\text{mm}$，弦长 $b = 40\text{mm}$，它们的系统误差和测量极限误差分别为 $\Delta h = +0.0012\text{mm}$，$\delta_{\lim(h)} = \pm 0.0015\text{mm}$；$\Delta b = -0.002\text{mm}$，$\delta_{\lim(b)} = \pm 0.002\text{mm}$。试确定圆弧半径 R 的测量结果。

解：① 由式（5-4）计算圆弧半径 R。

$$R = \frac{b^2}{8h} + \frac{h}{2} = \frac{40^2}{8 \times 4} + \frac{4}{2} = 52 \ (\text{mm})$$

② 由式（5-24）计算圆弧半径 R 的系统误差 ΔR。

$$\Delta R = \frac{\partial F}{\partial b} \Delta b + \frac{\partial F}{\partial h} \Delta h = \frac{b}{4h} \Delta b - \left(\frac{b^2}{8h^2} - \frac{1}{2} \right) \Delta h$$

$$= \frac{40 \times (-0.002)}{4 \times 4} - \left(\frac{40^2}{8 \times 4^2} - \frac{1}{2} \right) \times 0.0012 = -0.0194 \ (\text{mm})$$

③ 由式（5-26）计算圆弧半径 R 的测量极限误差 $\delta_{\lim(R)}$。

$$\delta_{\lim(R)} = \pm\sqrt{\left(\frac{b}{4h}\right)^2 \delta_{\lim(b)}^2 + \left(\frac{b^2}{8h^2} - \frac{1}{2}\right)^2 \delta_{\lim(h)}^2}$$

$$= \pm\sqrt{\left(\frac{40}{4\times 4}\right)^2 \times 0.002^2 + \left(\frac{40^2}{8\times 4^2} - \frac{1}{2}\right)^2 \times 0.0015^2}$$

$$= \pm 0.0187\ (\text{mm})$$

④ 式（5-27）计算测量结果 R'。

$$R' = (R - \Delta R) \pm \delta_{\lim(R)} = \left[52 - (-0.0194)\right] \pm 0.0187$$

$$= 52.0194 \pm 0.0187\ (\text{mm})$$

此时的置信概率为 99.73%。

5.4　光滑工件尺寸的检测

　　光滑工件尺寸的检测通常采用普通计量器具和光滑极限量规。普通计量器具又称为有刻度的计量器具，例如，测量孔和轴的长度尺寸的普通计量器具通常采用两点式测量法测量工件，测量值为局部实际尺寸。该方法常用于单件、小批量生产。光滑极限量规是一种无刻度的计量器具，用它可以判断工件合格与否，但不能获得工件的实际尺寸和几何误差的数值。光滑极限量规使用方便，检测效率高，因而它在机械产品检测中得到广泛应用，常用于大批量生产。

　　当孔和轴（被测要素）的尺寸公差与几何公差的关系采用独立原则时，它们的实际尺寸和几何误差分别使用普通计量器具测量。当孔和轴采用包容要求时，它们的实际尺寸和几何误差的综合结果可以使用光滑极限量规检测，也可以分别使用普通计量器具测量实际尺寸和形状误差（如圆度、直线度），并把这些形状误差的测量结果与尺寸的测量结果综合起来，以判定工件表面各部位是否超出最大实体边界。

　　我国已颁布的国家标准 GB/T 3177—2009《产品几何技术规范（GPS）光滑工件尺寸的检测》和 GB/T 1957—2006《光滑极限量规　技术条件》，是为正确贯彻执行极限与配合和几何公差等方面的国家标准而制定的。

5.4.1　孔和轴实际尺寸的验收极限

　　由于计量器具和计量系统都存在误差，这些误差必然会强加于被测工件，所以任何测量都不能测出真值。考虑到车间实际情况，通常，工件的几何误差取决于加工设备及工艺装备的精度，工件合格与否只按一次测量结果判断，对于温度、压陷效应以及计量器具和标准器的系统误差均不进行修正。因此，在测量孔和轴实际尺寸时，常常存在误判的情况，也就是所谓的误收与误废现象。

1. 误收与误废

误收：测量孔和轴实际尺寸时，由测量误差导致将尺寸超出规定的尺寸极限的不合格品判为合格品，这种现象称为误收。

误废：检测时把尺寸位于规定的极限尺寸以内的合格品误判为不合格品而报废，这种现象称为误废。

误收会影响产品质量，误废会造成经济损失，影响成品率。因此，为了保证产品质量，需要规定合理的验收极限。

2. 验收极限

验收极限是指判断所检测的工件尺寸合格与否的尺寸界限。国家标准 GB/T 3177－2009《产品几何技术规范（GPS）光滑工件尺寸的检测》规定了以下两种验收极限方式。

1）内缩方式

验收极限是从规定的最大实体尺寸（MMS）和最小实体尺寸（LMS）分别向工件公差带内移动一个安全裕度 A 来确定的，如图 5-15 所示。A 值按工件公差 T 的 1/10 确定，具体数值见表 5-8。

设置安全裕度 A 的目的是为了补偿测量误差的影响，以减少误收率。同时，因为通用计量器具都采用两点式测量法，所以无法控制工件形状误差的影响，不能用于判断工件的作用尺寸合格与否。若采用内缩的验收极限，则可以补偿形状误差对测量验收的影响。

孔和轴尺寸的验收极限如下。

$$
孔：\begin{cases} K_s = D_{max} - A \\ K_i = D_{min} + A \end{cases} \qquad 轴：\begin{cases} K_s = d_{max} - A \\ K_i = d_{min} + A \end{cases} \tag{5-28}
$$

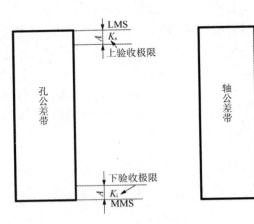

图 5-15　验收极限

表 5-8　安全裕度 A 与计量器具的不确定度 u_1（摘自 GB/T 3177−2009）

公差等级		6					7					8				
公称尺寸/mm		T	A	u_1/μm			T	A	u_1/μm			T	A	u_1/μm		
大于	至			I	II	III			I	II	III			I	II	III
—	3	6	0.6	0.54	0.9	1.4	10	1	0.9	1.5	2.3	14	1.4	1.3	2.1	3.2
3	6	8	0.8	0.72	1.2	1.8	12	1.2	1.1	1.8	2.7	18	1.8	1.6	2.7	4.1
6	10	9	0.9	0.81	1.4	2	15	1.5	1.4	2.3	3.4	22	2.2	2.0	3.3	5.0
10	18	11	1.1	1.0	1.7	2.5	18	1.8	1.6	2.7	4.1	27	2.7	2.4	4.1	6.1
18	30	13	1.3	1.2	2.0	2.9	21	2.1	1.9	3.2	4.7	33	3.3	3.0	5.0	7.4
30	50	16	1.6	1.4	2.4	3.6	25	2.5	2.3	3.8	5.6	39	3.9	3.5	5.9	8.8
50	80	19	1.9	1.7	2.9	4.3	30	3	2.7	4.5	6.8	46	4.6	4.1	6.9	10
80	120	22	2.2	2.0	3.3	5	35	3.5	3.2	5.3	7.9	54	5.4	4.9	8.1	12
120	180	25	2.5	2.3	3.8	5.6	40	4	3.6	6.0	9.0	63	6.3	5.7	9.5	14
180	250	29	2.9	2.6	4.4	6.5	46	4.6	4.1	6.9	10	72	7.2	6.5	11	16

2）不内缩方式

不内缩方式下，验收极限等于最大实体尺寸（MMS）和最小实体尺寸（LMS），即安全裕度 A 等于零。

孔和轴尺寸的验收极限如下。

$$\text{孔：}\begin{cases} K_s = D_{max} \\ K_i = D_{min} \end{cases} \qquad \text{轴：}\begin{cases} K_s = d_{max} \\ K_i = d_{min} \end{cases} \qquad (5\text{-}29)$$

3. 验收极限方式的选择

选择哪种验收极限方式，应综合考虑被测工件的尺寸功能要求及其重要程度、尺寸公差等级、测量不确定度和过程能力等因素。

（1）对于遵循包容要求的尺寸和公差等级高的尺寸，其验收极限按两边内缩方式确定。

（2）当过程能力指数 $C_P \geqslant 1$ 时，验收极限可以按不内缩方式确定；但对于遵循包容要求的孔和轴，其最大实体尺寸一边的验收极限应该按内缩方式确定。

这里的过程能力指数 C_P 是指工件尺寸公差 T 与加工工序能力 $c\sigma$ 的比值。其中，c 为常数，σ 为工序样本的标准偏差。如果加工工序的尺寸遵循正态分布，那么该加工工序的过程能力为 6σ。在这种情况下，$C_P = T/6\sigma$。

（3）对于偏态分布的尺寸，其验收极限可以仅对尺寸偏向的一边按内缩方式确定。

（4）对于非配合尺寸和一般公差的尺寸，其验收极限按不内缩方式确定。

确定工件尺寸验收极限后，还需正确选择计量器具才能进行测量。

4. 计量器具的选择

测量误差的主要来源是计量器具的误差和环境的误差。国家标准规定测量环境的标准温度为 20℃。如果工件与计量器具的线膨胀系数相同，测量时只要保证计量器具与工件温度相同，标准温度就可以偏离 20℃。选择计量器具主要依据是测量不确定度。

1）测量不确定度

测量不确定度是指根据所用到的信息，赋予被测几何量的量值分散性的非负参数，它是指因测量误差而对被测几何量的量值不能肯定的程度。测量不确定度 u 由计量器具的测量不确定度 u_1 和测量条件（环境误差）引起的测量不确定度 u_2 组成。u_1 与 u_2 均为独立随机变量，两者之和 u 也为随机变量。其中 u_1 对 u 的影响比 u_2 的影响大，一般按 $u_1/u_2=2/1$ 的关系处理。由独立随机变量合成规则得 $u = \sqrt{u_1^2 + u_2^2}$，因此，$u_1=0.9u$，$u_2=0.45u$。

计量器具的选择是根据计量器具的测量不确定度 u_1 进行的。选择时，应使所选用的计量器具的测量不确定度等于或小于选定的 u_1 值。

为了满足生产上对不同的误收率和误废率的要求，国家标准 GB/T 3177－2009 将测量不确定度 u 与工件尺寸公差 T 的比值 τ 分成 3 个档次，分别如下。

（1）Ⅰ 档次：τ =1/10，即 $u=A=T/10$；

（2）Ⅱ 档次：τ =1/6，即 $u= T/6 > A$；

（3）Ⅲ 档次，τ =1/4，即 $u= T/4 > A$。

相应地，计量器具的测量不确定度 u_1 也按 τ 分档次。由于 $u_1=0.9u$，所以 Ⅰ、Ⅱ、Ⅲ 3 个档次的 u_1 与 T 的关系分别为 $u_1=0.09T$、$u_1=0.15T$、$u_1=0.225T$。对于 IT6～IT11 的工件，u_1 分为 Ⅰ、Ⅱ、Ⅲ 3 个档次，对于 IT12～IT18 的工件，u_1 分为 Ⅰ 和 Ⅱ 两个档次。3 个档次对应的 u_1 的部分数值列于表 5-8。

从表 5-8 选用 u_1 时，一般情况下优先选用 Ⅰ 档次，其次选用 Ⅱ 档次和 Ⅲ 档次。当验收极限采用内缩方式且把安全裕度 A 取为工件尺寸公差 T 的 1/10 时，按表 5-9 比较仪的测量不确定度、表 5-10 千分尺（螺旋测微器）和游标卡尺的测量不确定度所列普通计量器具的测量不确定度 u_1 的数值选择合适的计量器具。所选择的计量器具的 $[u_1]$ 值应不大于 u_1 值。

表 5-9　比较仪的测量不确定度

尺寸范围/mm	测量不确定度 u_1 /mm			
	分度值（0.0005mm）	分度值（0.001mm）	分度值（0.002mm）	分度值（0.005mm）
≤25	0.0006	0.001	0.0017	0.003
>25～40	0.0007			
>40～65	0.0008	0.0011	0.0018	
>65～90	0.0008			
>90～115	0.0009	0.0012	0.0019	

注：本表规定的数值是指测量时，使用的标准由 4 块 1 级（或 4 等）量块组成的数值。

当选用 Ⅰ 档次的 u_1 且所选择的计量器具的 $[u_1] \leqslant u_1$ 时，$u =A=0.1T$，根据国家标准 GB/T 3177－2009 中的理论分析，误收率为零，产品质量得到保证，而误废率为 6.98%（工件实际尺寸遵循正态分布）～14.1%（工件实际尺寸遵循偏态分布）。

表 5-10　千分尺（螺旋测微器）和游标卡尺的测量不确定度

尺寸范围/mm	测量不确定度 u_1/mm			
	分度值（0.01mm）	分度值（0.01mm）	分度值（0.02mm）	分度值（0.05mm）
	外径千分尺	内径千分尺	游标卡尺	游标卡尺
≤50	0.004			
>50～100	0.005	0.008	0.02	0.05
>100～150	0.006			
>150～200	0.007	0.013		

注：① 当采用比较测量时，千分尺的测量不确定度可小于本表规定的数值。

② 当所选用的计量器具的 $u_1' > u_1$ 时，需计算出扩大的安全裕度 $A'\left(A'=\dfrac{u_1'}{0.9}\right)$；当 A' 值不超过工件公差 15% 时，允许选用该计量器具。此时需按 A' 值确定上、下验收极限。

当选 Ⅱ 档次、Ⅲ 档次的 u_1 且所选择的计量器具的 $[u_1] \le u_1$ 时，$u > A$（$A=0.1T$），误收率和误废率都有所增大，u 对 A 的比值（大于 1）越大，则误收率和误废率的增大就越多。

当验收极限采用不内缩方式，即安全裕度 A 等于零时，计量器具的测量不确定度 u_1 也分成 Ⅰ、Ⅱ、Ⅲ 3 个档次，从表 5-8 中选用，也应满足 $[u_1] \le u_1$。在这种情况下，根据 GB/T 3177—2009 中的理论分析，过程能力指数 C_P 越大，在同一工件尺寸公差的条件下，不同档次的 u_1 越小，则误收率和误废率就越小。例如，当工件实际尺寸与测量值均遵循正态分布且 C_P = 0.33 时，其 Ⅰ、Ⅱ、Ⅲ 3 个档次的误收率分别为 1.61、2.58 和 3.68，误废率分别为 1.83、3.15 和 4.92；当 C_P = 0.67 时，其 Ⅰ、Ⅱ、Ⅲ 3 个档次的误收率分别为 0.61、0.91 和 1.16，误废率分别为 0.97、1.89 和 3.41；当 C_P = 1 时，其 Ⅰ、Ⅱ、Ⅲ 3 个档次的误收率分别为 0.06、0081 和 0.10，误废率分别为 0.17、0.42 和 1.07。因此，只有 $C_P > 1$ 时，误收率和误废率才明显下降。

如果对测量结果有争议，就可采用更精确的计量器具进行检测或按事先双方商定的方法解决。

2）验收极限方式和计量器具的选择示例

【例 5-3】　试确定测量 $\phi 60 f 8\left(^{-0.030}_{-0.076}\right)$ Ⓔ 轴时的验收极限，并选择相应的计量器具。试判断可否对该轴使用标尺分度值为 0.01mm 的外径千分尺进行比较测量。

解：（1）确定验收极限。因为该轴采用包容要求，验收极限应按两边内缩方式确定。从表 5-8 查得该轴尺寸公差 $T=0.046\ \mathrm{mm}$，安全裕度 $A=0.0046\mathrm{mm}$。由式（5-29）计算其上、下验收极限 K_s 和 K_i，即

$$K_s = d_{\max} - A = 59.970 - 0.0046 = 59.9654\ （mm）$$

$$K_i = d_{\min} + A = 59.924 + 0.0046 = 59.9286\ （mm）$$

该轴的尺寸公差带及验收极限如图 5-16 所示。

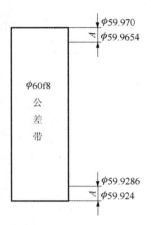

图 5-16 例 5-3 轴的尺寸公差带及验收极限

（2）按Ⅰ档次选择计量器具。由表 5-8 优先选用Ⅰ档次计量器具的测量不确定度 u_1，确定 $u_1=0.9 \times T/10=0.00414mm$。

由表 5-9 选用分度值为 0.005mm 的比较仪，其测量不确定度 $[u_1]=0.003mm < u_1$，能满足使用要求。

（3）用外径千分尺进行绝对测量。由表 5-10 可知，对于分度值为 0.01mm 的外径千分尺，其测量不确定度 $[u_1]=0.005mm > u_1$，不能满足要求。如果用扩大安全裕度 A 的方法，当选用Ⅰ档次时，需要按公式：$u=A$，$u_1=0.9u=0.9A$，反推出 $A=u_1/0.9=0.0056mm$；由于工件的尺寸公差 $T=0.046mm$，$0.046 \times 15/100=0.0069mm$，$A < 0.0069mm$，所以可以用外径千分尺进行绝对测量。根据安全裕度 A 计算出的上、下验收极限分别为 59.9644mm 和 59.9296mm。

（4）用外径千分尺进行比较测量。为了提高外径千分尺的使用精度，可以采用比较测量法。实践表明，当使用形状与工件形状相同的标准器进行比较测量时，外径千分尺的测量不确定度降为原来的 40%；当使用形状与工件形状不相同的标准器进行比较测量时，外径千分尺的测量不确定度降为原来的 60%。

本例使用形状与轴的形状不相同的标准器（60mm 量块组）进行比较测量，因此外径千分尺的测量不确定度可以减小到 $[u_1]=0.005 \times 60\%=0.003mm < 0.00414mm$，故能满足使用要求。

5.4.2 光滑极限量规

光滑极限量规是指具有以孔或轴的最大极限尺寸和最小极限尺寸为公称尺寸的标准测量面，并且能反映被测孔或轴边界条件的无刻线长度计量器具。孔和轴采用包容要求时，可以使用光滑极限量规检测。用光滑极限量规检测孔或轴时，如果光滑极限量规的通规能够自由通过但其止规不能通过，就表示被测孔或轴合格。如果其通规不能通过但止规能够自由通过，就表示被测孔或轴不合格。

1. 光滑极限量规的功用及种类

1）按工件形状不同分类

检测用的光滑极限量规如图 5-17 所示。用于检测孔径的光滑极限量规称为塞规，如图 5-17（a）所示，其测量面为外圆柱面。用于检测轴径的光滑极限量规称为环规，如图 5-17（b）所示，其测量面为内圆环面。塞规和环规均有通规与止规之分。通规用来模拟被测孔或轴的最大实体边界，通规的公称尺寸等于孔或轴的最大实体尺寸（$D_M = D_{min}$ 或 $d_M = d_{max}$）。检测孔或轴的实际轮廓（局部尺寸和形状误差的综合结果）是否超出其最大实体边界，即检测孔或轴的体外作用尺寸是否超出其最大实体尺寸。止规用来检测被测孔或轴的局部尺寸是否超出其最小实体尺寸。止规的公称尺寸等于孔或轴的最小实体尺寸（$D_L = D_{max}$ 或 $d_L = d_{min}$）。

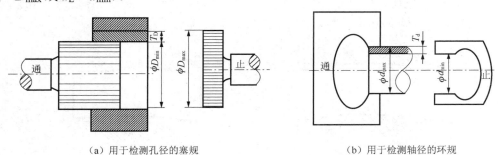

（a）用于检测孔径的塞规　　　　　　　　　（b）用于检测轴径的环规

图 5-17　检测用的光滑极限量规

2）按量规用途分类

工作量规是指生产现场使用的光滑极限量规等，孔和轴的工作量规都有通规（T）与止规（Z）之分。校对量规是指核对工作量规的量规。只对轴使用校对量规，因为孔的工作量规形状为轴，所以可用普通的计量器具校对。而轴正好相反，其工作量规形状为孔，用普通计量器具检测不方便。

校对量规又分为以下 3 种。

（1）用于校对工作量规的通端或通规称为校通-通（代号为 TT），其作用是防止轴用工作量规的通端尺寸过大（制造或使用过程造成的磨损等原因）。

（2）用于校对工作量规的止端或止规称为校止-通（代号为 ZT），其作用是防止轴用工作量规的止端尺寸过大。

（3）用于校对通端磨损极限的量规称为校通-损（代号为 TS）。其作用是防止轴用工作量规的通端在使用中超出磨损极限尺寸。通规在使用过程中要通过合格的被测孔或轴，因而会逐渐磨损。为了使通规具有一定的使用寿命，应预留适当的磨损裕量，对通规规定了磨损极限。止规通常不通过被测孔或轴，因此不预留磨损裕量，也没有磨损极限。

2. 光滑极限量规的设计

光滑极限量规的设计包括结构形式的选择、工作尺寸的计算及精度设计和设计图样的绘制等。

1）遵守泰勒原则

使用光滑极限量规时，应遵守泰勒原则（极限尺寸判断原则）的规定。泰勒原则是指孔或轴的局部尺寸与形状误差的综合结果所形成的体外作用尺寸（D_{fe} 或 d_{fe}）不允许超出最大实体尺寸（D_M 或 d_M），在孔或轴任何位置上的局部尺寸（D_a 或 d_a）不允许超出最小实体尺寸（D_L 或 d_L）。图 5-18 所示为孔与轴的体外作用尺寸 D_{fe}、d_{fe} 及其局部尺寸 D_a、d_a。

对于孔：$$D_{fe} \geq D_{min} \quad 且 \quad D_a \leq D_{max} \tag{5-30}$$

对于轴：$$d_{fe} \leq d_{max} \quad 且 \quad d_a \geq d_{min} \tag{5-31}$$

式中，D_{max}、D_{min} 分别为孔的最大与最小极限尺寸（孔的最小与最大实体尺寸）；d_{max}、d_{min} 分别为轴的最大与最小极限尺寸（轴的最大与最小实体尺寸）。

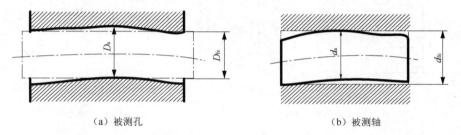

（a）被测孔　　　　　　　　　　　　　（b）被测轴

图 5-18　孔与轴的体外作用尺寸 D_{fe}、d_{fe} 及其局部尺寸 D_a、d_a

这里提到的泰勒原则和第 3 章中的包容要求实际的内容是一致的。包容要求是从设计的角度出发，反映对孔和轴的设计要求；而泰勒原则是从验收的角度出发，反映对孔和轴的验收要求。从保证孔和轴的配合性质要求来看，两者是一致的。

2）光滑极限量规的定形尺寸公差带和各项公差

光滑极限量规的精度比被测孔和轴的精度高得多，因此，国家标准 GB/T 1957－2006 规定了光滑极限量规的定形尺寸公差带和各项公差。

（1）光滑极限量规的定形尺寸公差带和各项公差。为了确保产品质量，国家标准 GB/T 1957－2006 规定，光滑极限量规定形尺寸公差不得超出被测孔和轴公差带。具体的孔和轴用光滑极限量规尺寸公差带的位置如图 5-19 所示，光滑极限量规的尺寸公差带宽度为公差值 T_1，光滑极限量规的通规应接近工件的最大实体尺寸，其尺寸公差带的中心距离最大实体尺寸为 Z_1，Z_1 也称为位置要素。光滑极限量规的止规应接近工件的最小实体尺寸，其尺寸公差带宽度与通规相同，也是用 T_1 表示。表 5-11 为工作量规的尺寸公差 T_1 及其通端位置要素 Z_1，当用光滑极限量规检测工件有争议时，应使用以下光滑极限量规尺寸条件：光滑极限量规的通规应等于或接近工件的最大实体尺寸，光滑极限量规的止规应等于或接近工件的最小实体尺寸。

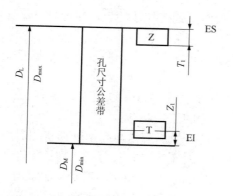

（a）用于检测孔的光滑极限量
规的尺寸公差带位置

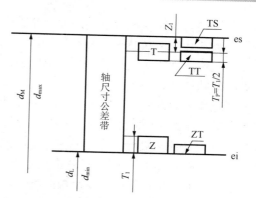

（b）用于检测轴的光滑极限量规的尺寸
公差带和校对量规的尺寸公差带位置

图 5-19　具体的孔和轴用光滑极限量规尺寸公差带的位置

表 5-11　工作量规的尺寸公差 T_1 及其通端位置要素 Z（摘自 GB/T 1957－2006）

工件孔或轴的公称尺寸/mm		工件孔或轴的公差等级											
		IT6			IT7			IT8			IT9		
		孔或轴的公差值	T_1	Z_1	孔或轴的公差值	T_1	Z_1	孔或轴的公差值	T_1	Z_1	孔或轴的公差值	T_1	Z_1
大于	至	μm											
—	3	6	1.0	1.0	10	1.2	1.6	14	1.6	2.0	25	2.0	3
3	6	8	1.2	1.4	12	1.4	2.0	18	2.0	2.6	30	2.4	4
6	10	9	1.4	1.6	15	1.8	2.4	22	2.4	3.2	36	2.8	5
10	18	11	1.6	2.0	18	2.0	2.8	27	2.8	4.0	43	3.4	6
18	30	13	2.0	2.4	21	2.4	3.4	33	3.4	5.0	52	4.0	7
30	50	16	2.4	2.8	25	3.0	4.0	39	4.0	6.0	62	5.0	8
50	80	19	2.8	3.4	30	3.6	4.6	46	4.6	7.0	74	6.0	9
80	120	22	3.4	3.8	35	4.2	5.4	54	5.4	8.0	87	7.0	10
120	180	25	3.8	4.4	40	4.8	6.0	63	6.0	9.0	100	8.0	12
180	250	29	4.4	5.0	46	5.4	7.0	72	7.0	10.0	115	9.0	14

工作量规的几何误差应在其尺寸公差带内，其几何公差为工作量规尺寸公差的 50%。当工作量规尺寸公差小于或等于 0.002mm 时，其几何公差为 0.001mm。工作量规工作面的表面粗糙度 Ra 的上限值为 0.05～0.8μm。

（2）校对量规的定形尺寸公差带和各项公差。校对量规的尺寸公差 T_p 为校对轴用光滑极限量规的尺寸公差 T_1 的 50%（$T_p=T_1/2$），其位置如图 5-19（b）所示，校对量规的校通-通的最小极限尺寸等于工作量规的通规的最小极限尺寸；校对量规的校通-损的最大极限尺寸等于轴的最大极限尺寸；校对量规的校止-通的最小极限尺寸等于工作量规的止规的最小极限尺寸。

校对量规的几何误差应在其尺寸公差带内，校对量规工作面的表面粗糙度 Ra 比工作量规小，通常其值为 0.05～0.4μm。

（3）工作量规的形式和应用尺寸范围。工作量规形式分为全形塞规、不全形塞规、片状塞规、球端杆规、环规及卡规。

选择工作量规形式时，首先需要判断被测工件是轴还是孔，以决定选择什么形式的工作量规，其次根据被测工件的公称尺寸选择合适的工作量规。

按泰勒原则要求设计的光滑极限量规，其通规的测量面应是与孔或轴形状相对应的完整表面（通常称为全形量规），其公称尺寸等于被测工件最大实体尺寸，并且长度等于配合长度，这样才能控制作用尺寸。止规的测量面应是点状的（不全形），两个测量面之间的公称尺寸等于被测工件的最小实体尺寸，并且长度远小于配合长度，因为它只须控制局部实际尺寸。

但实际应用中，由于生产制造及实际使用的原因，对于符合泰勒原则的工作量规，若在某些场合下应用不方便或有困难时，则可在保证被检测工件的形状误差不至于影响配合性质的条件下，允许使用偏离泰勒原则量规。为此，国家标准对光滑极限量规的设计偏离作出规定，具体情况见表 5-12 推荐的工作量规形式及其应用尺寸范围。当检测大孔时，对于通端，允许采用不全形量规，甚至用球端杆规，以保证制造和使用方便。

表 5-12　推荐的工作量规形式及其应用尺寸范围（摘自 GB/T 1957－2006）

用途	推荐顺序	工作量规的工作尺寸/mm			
		～18	大于 18～100	大于 100～315	大于 315～500
工件孔用的通端量规形式	1	全形塞规		全形塞规	球端杆规
	2	—	不全形塞规或片形塞规	片形塞规	—
工件孔用的止端量规形式	1	全形塞规	全形塞规或片形塞规		球端杆规
	2	—	不全形塞规		
工件轴用的通端量规形式	1	环规		卡规	
	2	卡规		—	
工件轴用的止端量规形式	1	卡规			
	2	环规			

当使用偏离泰勒原则的工作量规检测时，国家标准规定必须首先保证被测工件的形状误差不至于影响配合性质。同时，需要多检测几个方向，以保证不出现误判。

3．工作量规设计例题

【例 5-4】　计算用于检测 $\phi30H7/p6$Ⓔ孔轴配合的各种工作量规的尺寸，并绘制工作量规图样。

解：$\phi30H7$ 孔的下偏差为 0，即 EI=0；由表 5-11 或表 2-3 查得其公差 $T=0.021$mm，所以上偏差 ES=+0.021mm；由表 5-11 查得 $\phi30H7$ 孔所用的工作量规尺寸公差 $T_1=0.0024$mm，位置要素 $Z_1=0.0034$mm。

由表 2-5 查得 ϕ30p6 轴的下偏差 ei=+0.022mm；由表 5-11 或表 2-3 查得其公差 T=0.013 mm，所以上偏差 es=+0.035mm。由表 5-11 查得 ϕ30p6 轴所用的工作量规尺寸公差 T_1=0.002mm，位置要素 Z_1=0.0024mm，校对量规的尺寸公差 $T_P=T_1/2$=0.001mm。

（1）计算 ϕ30H7 孔的工作量规尺寸。在计算各种工作量规尺寸时，先把各种工作量规的尺寸公差带图画出，如图 5-19 所示。这样，能使解题方便且不会出错。

止规最大极限尺寸=$D_L=D_{max}$=30.021mm

止规上偏差=ES=+0.021mm

止规最小极限尺寸=$D_{max}-T_1$

止规下偏差=ES$-T_1$=+0.021-0.0024=+0.0186（mm）

通规最大极限尺寸=$D_{min}+Z_1+(T_1/2)$=30.0046（mm）

通规上偏差=EI$+Z_1+(T_1/2)$=0+0.0034+0.0012=+0.0046（mm）

通规最小极限尺寸=$D_{min}+Z_1-(T_1/2)$

通规下偏差=EI$+Z_1-(T_1/2)$=0+0.0034-0.0012=+0.0022（mm）

（2）计算 ϕ30p6 轴的工作量规尺寸。

止规最小极限尺寸=$d_L=d_{min}$=30.022 mm

止规下偏差=ei=+0.022mm

止规最大极限尺寸=$d_{min}+T_1$

止规上偏差=ei$+T_1$=+0.022+0.002=+0.024（mm）

通规最大极限尺寸=$d_{max}-Z_1+(T_1/2)$

通规上偏差=es$-Z_1+(T_1/2)$=+0.035-0.0024+0.001=+0.0336（mm）

通规最小极限尺寸=$d_{max}-Z_1-(T_1/2)$=30.0316（mm）

通规下偏差=es$-Z_1-(T_1/2)$=+0.035-0.0024-0.001=+0.0316（mm）

ϕ30H7 孔所用的工作量规尺寸公差带图如图 5-20 所示，ϕ30p6 轴所用的工作量规尺寸公差带图和校对量规尺寸公差带图如图 5-21 所示。

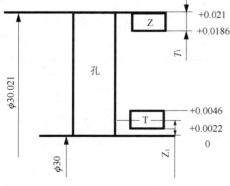

图 5-20　ϕ30H7 孔所用的工作量规
尺寸公差带图

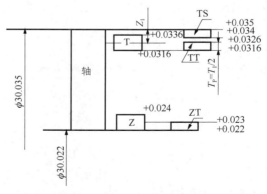

图 5-21　ϕ30p6 轴所用的工作量规尺寸公差带图
和校对量规尺寸公差带图

（3）计算 ϕ30p6 轴的校对量规尺寸。

校通损（磨损极限）TS：上偏差=es=+0.035mm；下偏差=es-T_P=+0.034（mm）

校通端（通规）TT：下偏差=工作通规的下偏差=+0.0316（mm）

上偏差=下偏差+T_P=+0.0326（mm）

校止端（止规）ZT：下偏差=ei=+0.022mm；上偏差=ei+T_P=+0.023（mm）

（4）绘制工作量规图样，确定技术要求。例 5-4 工作量规图样如图 5-22 所示，在该图样上标注尺寸时，检测孔所用的工作量规（塞规）的公称尺寸为该量规的最大极限尺寸，检测轴所用的工作量规（卡规）的公称尺寸为该量规的最小极限尺寸。

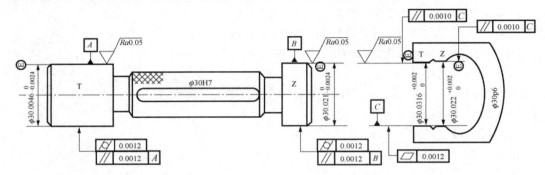

图 5-22　例题 5-4 工作量规图样

本章小结

　　本章主要介绍有关测量方面的基本概念和测量数据处理的方法，并针对长度尺寸的检测方法和检测要求进行了阐述；要求掌握光滑工件尺寸检测所用的普通计量器具和极限量规的不同之处；要求掌握常用的计量器具的使用方法。

习　题

一、填空题

5-1　对零件图上标注的 ϕ60JS7Ⓔ孔，采用内缩方式进行验收，则该孔的上验收极限尺寸为_____mm，下验收极限尺寸为_____mm。

5-2　按Ⅰ档次选择测量 ϕ50f8Ⓔ轴的计量器具时，其测量不确定度 u_1=_____mm。

二、选择题

5-3 光滑极限量规的止端是控制被测工件的（ ）不超出最小实体尺寸。

   A. 最大极限尺寸   B. 最小极限尺寸   C. 作用尺寸   D. 局部实际尺寸

5-4 用立式光学计测量 $\phi 25m6$ 轴的方法属于（ ）。

   A. 绝对测量   B. 相对测量   C. 综合测量   D. 主动测量

5-5 用于检测工作量规的量规称为（ ）。

   A. 验收量规   B. 校对量规   C. 位置量规   D. 综合量规

三、问答题

5-6 测量的实质是什么？测量和检测有什么区别？

5-7 "刻度值"、"刻度间距"与"放大比"三者有什么关系？"放大比"与"灵敏度"有何关系？标尺的"示值范围"与计量器具的"测量范围"有什么区别？

5-8 量块分"等"和"级"的依据是什么？按"等"和按"级"使用量块有什么不同？

5-9 测量误差分为几类？各有何特征？

5-10 如何减少测量误差对测量结果的影响？

四、计算题

5-11 在相同的测量条件下，对某个几何量重复测量 15 次，测量值分别为（单位 mm）：20.6348, 20.6337, 20.6344, 20.6338, 20.6341, 20.6346, 20.6339, 20.6339, 20.6345, 20.6345, 20.6338, 20.6345, 20.6341, 20.6342, 20.6344。试判断其中有无粗大误差，并删除粗大误差；试判断有无显著的系统误差；求单次测量值的标准偏差 σ 及测量极限误差；求算术平均值的标准偏差 $\sigma_{\bar{x}}$ 及测量极限误差。

5-12 用普通计量器具测量 $\phi 80^{+0.018}_{-0.012}$ Ⓔ 孔，安全裕度为 0.003mm，则该孔的上验收极限是多少？

5-13 试计算检测 $\phi 50H8/m7$ Ⓔ 孔轴配合所用的工作量规的通规和止规的尺寸及轴的校对量规的尺寸。

5-14 用如图 5-23 所示的方法测量样块的角度 α。已知实测的几何量为量块尺寸 $h=40mm$ 和正弦尺的两个圆柱的中心距 $L=100mm$，并且两者的函数关系是 $\sin\alpha=h/L$，系统误差和测量极限误差分别为 $\Delta h=-2\mu m$；$\Delta L=+4\mu m$；$\delta_{\lim(h)}=\pm 0.8\mu m$；$\delta_{\lim(L)}=\pm 0.7\mu m$。若指示表在该图示位置的测量值相等，并且不考虑平板和指示表，试求角度 α 及其测量极限误差。

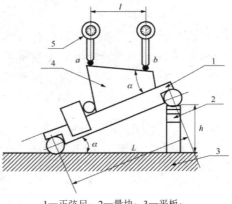

1—正弦尺；2—量块；3—平板；
4—样块；5—指示表

图 5-23 习题 5-14

第 6 章　滚动轴承精度设计

教学重点

滚动轴承内圈、外圈公差带及其特点，滚动轴承与轴和轴承座孔配合的选择方法。

教学难点

滚动轴承与轴和轴承座孔配合的选择方法。

教学方法

可和第 7 章合并教学，以提问方式给出问题（参看习题），学生回答，老师总结。

引 例

轴承是机械设备中常见的、重要的零部件，它的主要功能是支撑机械旋转体，用于降低设备在传动过程中的摩擦系数。按运动元件摩擦性质的不同，轴承可分为滚动轴承和滑动轴承两类。

滚动轴承是用来支承轴的标准零部件，可用于承受径向载荷、轴向载荷或径向与轴向的合成载荷。滚动轴承的类型很多，如图 6-1 所示。按滚动体的形状，分为深沟球轴承、滚子轴承、滚针轴承等；按承受载荷的方向，分为向心轴承、推力球轴承、向心推力球轴承等。本章重点介绍向心轴承。

（a）深沟球轴承　（b）滚子轴承　（c）滚针轴承　（d）向心推力球轴承　（e）推力球轴承

图 6-1　滚动轴承的类型

6.1 概　　述

由于滚动轴承为高精度零部件，若按照完全互换性原则生产，则成本高、制造困难，因此制造时对其中的组成零件采用不完全互换性方式。对于和其他轴、孔的配合，则采用完全互换性。

滚动轴承工作原理是以滚动摩擦代替滑动摩擦。滚动轴承一般由内圈、外圈、滚动体（钢球或滚子）和保持架（又称为隔离圈）等组成，如图 6-2 所示。

滚动轴承是由专业工厂生产，在机械设计中，只须选择滚动轴承的型号，确定滚动轴承的精度等级、滚动轴承与轴和轴承座孔的配合、轴和轴承座孔的几何公差及表面粗糙度参数。

本章涉及的国家标准主要有 GB/T307.3－2017《滚动轴承通用技术规则》、GB/T4199－2003《滚动轴承 公差 定义》、GB/T307.1－2017《滚动轴承 向心轴承 产品几何技术规范（GPS）和公差值》、GB/T275－2015《滚动轴承 配合》、GB/T4604.1－2012《滚动轴承 游隙 第 1 部分：向心轴承的径向游隙》、GB/T 273.3－2020《滚动轴承 外形尺寸总方案 第 3 部分：向心轴承》和 GB/T 7813—2018《滚动轴承 部分立式轴承座 外形尺寸》等。

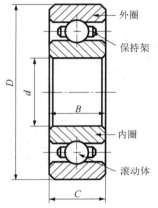

图 6-2　滚动轴承的组成

6.2 滚动轴承内径和外径的公差带及其特点

6.2.1 滚动轴承的公差带

根据国家标准 GB/T307.3－2017《滚动轴承 通用技术规则》规定，滚动轴承的公差等级按尺寸公差与旋转精度分级。公差等级依次由低到高排列，向心轴承（圆锥滚子轴承除外）分为普通级、6 级、5 级、4 级、2 级，共五级；圆锥滚子轴承分为普通级、6X 级、5 级、4 级、2 级，共五级；推力轴承分为普通级、6 级、5 级、4 级，共四级。6X 级轴承与 6 级轴承的内径公差、外径公差和径向跳动公差都相同，只不过前者装配宽度要求较为严格。

滚动轴承是一种标准化零部件。为了使轴承便于互换，轴承内圈与轴的配合采用基孔制，外圈与轴承座孔的配合采用基轴制，公差带均位于零线以下。轴承内径和外径的公差带图如图 6-3 所示。

滚动轴承各级精度的应用情况如下：

普通级（普通精度级）轴承应用在中等载荷、中等转速和旋转精度要求不高的一般机构中，如普通机床进给机构的轴承，汽车和拖拉机变速机构的轴承，普通电动机、水泵、压缩机等一般通用机械旋转机构的轴承。

6（6X）级（中等精度级）轴承应用于旋转精度和转速较高的旋转机构中，如普通机床的主轴轴承，精密机床传动轴使用的轴承。

5级、4级（高精度级）轴承应用于旋转精度高和转速高的旋转机构中，如精密机床的主轴轴承，精密仪器和机械使用的轴承。

2级（精密级）轴承应用于旋转精度和转速很高的旋转机构中，如精密坐标镗床的主轴轴承，高精度仪器和高转速机构中使用的轴承。

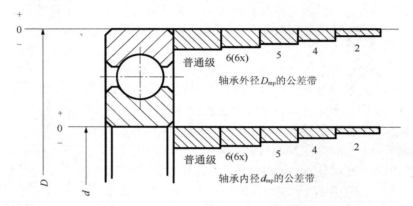

图6-3　轴承内径和外径的公差带图

6.2.2　滚动轴承的尺寸精度和旋转精度

轴承的配合是指内圈与轴颈及外圈与轴承座孔的配合。滚动轴承的内圈、外圈都是薄壁件，精度要求很高。在其制造、保管过程中容易变形（例如，变成椭圆形），但在装入轴和轴承座孔之后，这种变形又容易得到矫正。因此，国家标准 GB/T 4199－2003《滚动轴承 公差 定义》要求轴承的精度设计不仅要控制轴承与轴和轴承座孔配合的尺寸精度，还要控制轴承内圈、外圈的变形程度。

1. 滚动轴承的尺寸精度

对滚动轴承内圈内径 d、外圈外径 D、内圈宽度 B、外圈宽度 C 等尺寸（见图6-2）提出精度要求，对装配高度 H 的尺寸提出制造精度要求。

d 和 D 分别是轴承内径、外径的公称尺寸；d_s 和 D_s 分别是轴承的单一内径和外径；Δ_{d_s} 和 Δ_{D_s} 分别是轴承单一内径、外径偏差，它们控制同一轴承单一内径、外径偏差；$V_{d_{sp}}$ 和 $V_{D_{sp}}$ 分别是轴承单一平面内径、外径的变化量，它们用于控制轴承单一平面内径、外径圆度误差。

d_{mp} 和 D_{mp} 分别是同一轴承单一平面平均内径和外径；$\Delta_{d_{mp}}$ 和 $\Delta_{D_{mp}}$ 分别是同一轴承单一平面平均内径、外径偏差，它们用于控制轴承与轴和轴承座孔装配后的配合尺寸偏差；$V_{d_{mp}}$ 和 $V_{D_{mp}}$ 分别是同一轴承平均内径、外径的变化量，它们用于控制轴承与轴和轴承座孔装配后在配合面上的圆柱度误差。

B 和 C 分别是滚动轴承内圈、外圈宽度的公称尺寸；Δ_{B_s} 和 Δ_{C_s} 分别是轴承内圈、外圈单一宽度偏差，它们用于控制内圈、外圈宽度的实际偏差；V_{B_s} 和 V_{C_s} 分别是轴承内圈、外圈宽度的变化量，它们用于控制内圈、外圈宽度方向的形位误差；Δ_{C_s} 和 V_{C_s} 分别是轴承外圈凸缘宽度的偏差和变化量。

在上述滚动轴承术语定义中，"单一"（如单一内径、单一外径等）是指"局部、实际"的意思。最新标准规定，与特性相关的公差值可用 t 加上述特性符号表示。

2. 滚动轴承的旋转精度

滚动轴承旋转精度的评定参数有成套轴承内圈与外圈的径向跳动，即 K_{ia} 和 K_{ea}；成套轴承内圈与外圈的轴向跳动，即 S_{ia} 和 S_{ea}；内圈端面对内孔的垂直度 S_d；外圈外表面对端面的垂直度 S_D；成套轴承外圈凸缘背面轴向跳动 S_{ea1}；外圈外表面对凸缘背面的垂直度 S_{D1}。

对不同公差等级、不同结构形式的滚动轴承，其尺寸精度和旋转精度的评定参数有不同要求。表 6-1 和表 6-2 按 GB/T 307.1－2017《滚动轴承　向心轴承　公差》分别摘录了常用公称尺寸的各级向心轴承内圈与外圈评定参数的公差值，供使用参考。

表 6-1　向心轴承内径公差（摘自 GB/T 307.1－2017）

单位：μm

d/mm	公差等级	$t_{\Delta_{dmp}}$ 上极限偏差	$t_{\Delta_{dmp}}$ 下极限偏差	$t_{\Delta_{ds}}$① 上极限偏差	$t_{\Delta_{ds}}$① 下极限偏差	$t_{V_{dsp}}$ 直径系列 9 最大	$t_{V_{dsp}}$ 直径系列 0、1 最大	$t_{V_{dsp}}$ 直径系列 2、3、4 最大	$t_{V_{dmp}}$ 最大	$t_{K_{ia}}$ 最大	t_{S_d} 最大	$t_{S_{ia}}$② 最大	$t_{\Delta_{Bs}}$ 全部 上极限偏差	$t_{\Delta_{Bs}}$ 正常 下极限偏差	$t_{\Delta_{Bs}}$ 修正③ 下极限偏差	$t_{V_{Bs}}$ 最大
>30~50	普通级	0	-12	—	—	15	12	9	9	15	—	—	0	-120	-250	20
	6	0	-10	—	—	13	10	8	8	10	—	—	0	-120	-250	20
	5	0	-8	—	—	8	6	6	4	5	8	8	0	-120	-250	5
	4	0	-6	0	-6	6	5	5	3	4	4	4	0	-120	-250	3
	2	0	-2.5	0	-2.5		2.5		1.5	2.5	1.5	2.5	0	-120	-250	1.5
>50~80	普通级	0	-15	—	—	19	19	11	11	15	—	—	0	-150	-380	25
	6	0	-12	—	—	15	15	9	9	10	—	—	0	-150	-380	25
	5	0	-9	—	—	9	7	7	5	5	8	8	0	-150	-250	6
	4	0	-7	0	-7	7	5	5	3.5	4	5	5	0	-150	-250	4
	2	0	-4	0	-4		4		2	2.5	1.5	2.5	0	-150	-250	1.5
>80~120	普通级	0	-20	—	—	25	25	15	15	25	—	—	0	-200	-380	25
	6	0	-15	—	—	19	19	11	11	13	—	—	0	-200	-380	25
	5	0	-10	—	—	10	8	8	5	6	9	9	0	-200	-380	7
	4	0	-8	0	-8	8	6	6	4	5	5	5	0	-200	-380	4
	2	0	-5	0	-5		5		2.5	2.5	2.5	2.5	0	-200	-380	2.5

注：① 4级、2级轴承仅适用于直径系列0、1、2、3、4。
　　② 5级、4级、2级轴承仅适用于沟型球轴承。
　　③ 用于各级轴承的成对和成组安装时的单个轴承的内圈，其中普通级、6级、5级轴承也适用于 $d \geqslant 50\text{mm}$ 的圆锥孔轴承的内圈。

表 6-2 向心轴承外圈公差值（摘自 GB/T 307.1－2017）

单位：μm

D/mm	公差等级	$t_{\Delta_{Dmp}}$		$t_{\Delta_{Ds}}$④		$t_{V_{Dsp}}$①⑤ 开型轴承 直径系列 9	0，1	2～4	闭型轴承 2～4	$t_{V_{Dmp}}$①	$t_{K_{ea}}$	t_{S_D}③ $t_{S_{D1}}$②	$t_{S_{ea}}$②③	$t_{S_{ea1}}$②	$t_{\Delta_{Cis}}$②		$t_{V_{Cs}}$② $t_{V_{C1s}}$②
		上极限偏差	下极限偏差	上极限偏差	下极限偏差	最大				最大	最大	最大	最大	最大	上极限偏差	下极限偏差	最大
>50 ~80	普通级	0	-13	—	—	16	13	10	20	10	25	—	—	—	与同一轴承内圈的 Δ_{B_s} 及 V_{B_s} 相同		
	6	0	-11	—	—	14	11	8	16	8	13	—	—	—			
	5	0	-9	—	—	9	7	7		5	8	4	10	14	与同一轴承内的 Δ_{B_s} 相同		6
	4	0	-7	0	-7	7	5	5		3.5	5	2	5	7			3
	2	0	-4	0	-4	4	4	4		2	4	0.75	4	6			1.5
>80 ~120	普通级	0	-15	—	—	19	19	11	26	11	35	—	—	—	与同一轴承内圈的 Δ_{B_s} 及 V_{B_s} 相同		
	6	0	-13	—	—	16	16	10	20	10	18	—	—	—			
	5	0	-10	—	—	10	8	8		5	10	4.5	11	16	与同一轴承内的 Δ_{B_s} 相同		8
	4	0	-8	0	-8	8	6	6		4	6	2.5	6	8			4
	2	0	-5	0	-5	5	5	5		2.5	5	1.25	5	7			2.5

注：① 普通级和 6 级轴承仅适用于内、外止动环安装前或拆卸后。

　　② 仅适用于沟型球轴承。

　　③ 5 级、4 级、2 级轴承不适用于凸缘外圈轴承。

　　④ 4 级轴承仅适用于直径系列 1、2、3、4。

　　⑤ 2 级轴承仅适用于直径系列 1、2、3、4 的开型和闭型轴承。

【例 6-1】　有两个 4 级精度的中系列向心轴承，公称内径 $d=40\text{mm}$，从表 6-1 查得其内径的尺寸公差及形位公差分别如下。

$$d_{s\,max}=40\text{mm} \qquad d_{s\,min}=40\text{-}0.006=39.994\text{mm}$$

$$d_{mp\,max}=40\text{mm} \qquad d_{mp\,min}=40\text{-}0.006=39.994\text{mm}$$

$$V_{d_{sp}}=0.005\text{mm} \qquad V_{d_{mp}}=0.003\text{mm}$$

测量得到的两个轴承单一内径尺寸见表 6-3，其合格与否要按该表中的计算结果确定。

表 6-3 两个轴承的单一内径尺寸及计算结果

单位：mm

项目	第一个轴承			第二个轴承		
测量平面	I	II		I	II	
单一内径尺寸 d_s	$d_{s\,max}=40.000$ $d_{s\,min}=39.998$	$d_{s\,max}=39.997$ $d_{s\,min}=39.995$	合格	$d_{s\,max}=40.000$ $d_{s\,min}=39.994$	$d_{s\,max}=39.997$ $d_{s\,min}=39.995$	合格
计算结果 d_{mp}	$d_{mpI}=\dfrac{40+39.998}{2}$ $=39.999$	$d_{mpII}=\dfrac{39.997+39.995}{2}$ $=39.996$	合格	$d_{mpI}=\dfrac{40+39.994}{2}$ $=39.997$	$d_{mpII}=\dfrac{39.997+39.995}{2}$ $=39.996$	合格

续表

项目		第一个轴承			第二个轴承		
测量平面		I	II		I	II	
计算结果	$V_{d_{mp}}$	$V_{d_{mp}I} = 40 - 39.998$ $= 0.002$	$V_{d_{mp}II} = 39.997 - 39.995$ $= 0.002$	合格	$V_{d_{mp}I} = 40 - 39.994$ $= 0.006$	$V_{d_{mp}II} = 39.997 - 39.995$ $= 0.002$	不合格
	$V_{d_{mp}}$	$V_{d_{mp}} = d_{mp\,I} - d_{mp\,II} = 39.999 - 39.996 = 0.003$		合格	$V_{d_{mp}} = d_{mp\,I} - d_{mp\,II} = 39.997 - 39.996 = 0.001$		合格
结论		内径尺寸合格			内径尺寸不合格		

6.2.3　轴颈和轴承座孔的尺寸公差带

国家标准 GB/T 275－2015《滚动轴承　配合》给出了普通级滚动轴承与轴和轴承座孔配合时的常用公差带图，如图 6-4 所示。轴与轴承座孔的精度要求按照国家标准 GB/T 1800.1－2020 的规定。轴承座孔采用的基本偏差标示符为 G、H、J、JS、K、M、N 和 P；公差等级为 IT6 级、IT7 级、IT8 级。轴采用的基本偏差标示符为 g、h、j、js、k、m、n、p 和 r；公差等级为 IT5 级、IT6 级、IT7 级、IT8 级。

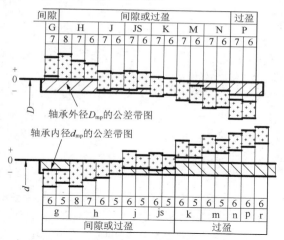

图 6-4　普通级滚动轴承与轴和轴承座孔配合时的常用公差带图

6.2.4　滚动轴承内径和外径公差带的特点

滚动轴承为标准件，轴承内圈与轴的配合采用基孔制；轴承外圈与轴承座孔的配合采用基轴制。

国家标准 GB/T 307.1－2017《滚动轴承　向心轴承　公差》规定，普通级、6 级、5 级、4 级、2 级各公差等级轴承的单一平面平均内径 d_{mp} 和单一平面平均外径 D_{mp} 的公差带均为单向制，而且统一采用公差带位于以公称直径为零线的下方，即上极限偏差为零，下极限偏差为负值，参考图 6-3 和图 6-4。

滚动轴承外圈与轴承座孔的配合采用基轴制，其单一平面平均外径（D_{mp}）的公差带位置与一般基轴制相同，所以基本保持了与 GB/T 1801－2009 中规定的配合性质。但 D_{mp} 的公差值是特殊规定的，其数值相对小些，因此轴承外圈与轴承座孔配合的松紧程度同极限与配合国家标准的同名配合相比也不完全相同。

轴承内圈基准孔的公差带位置与一般基准孔相反。在图 6-3 中，公差带都位于零线的下方，即上极限偏差为零，下极限偏差为负值，因此轴承内圈与轴的配合相比于 GB/T 1801－2009 中规定的配合性质发生了变化，与同名配合要紧得多。极限与配合国家标准中的一些过渡配合在这里实际上变成过盈配合的性质。

通常，滚动轴承内圈被安装在传动轴的轴颈上，随轴旋转，以传递扭矩，不允许轴孔之间有相对运动。因此，两者的配合要求一定的过盈。

6.3 滚动轴承与轴和轴承座孔的配合及其选用

6.3.1 轴承配合的选用

正确地选用轴和轴承座孔的公差带，对于充分发挥轴承的技术性能和保证机械机构的运转质量、使用寿命有着重要的意义。

影响公差带选用的因素较多，如轴承的工作条件（载荷类型、载荷大小、工作温度、旋转精度、径向游隙），配合零件的结构、材料及安装与拆卸的要求等。一般根据轴承所承受的载荷类型和大小，选用公差带。

1. 载荷的类型

作用在轴承上的合成径向载荷，是由定向载荷和旋转载荷合成的。若载荷的作用方向是固定不变的，则称之为定向载荷（如皮带的拉力、齿轮的传递力）；若载荷的作用方向是随套圈（内圈或外圈）一起旋转的，则称之为旋转载荷（如镗孔时的切削力）。根据套圈工作时相对于合成径向载荷的方向，可将载荷分为三种类型：局部载荷、循环载荷和摆动载荷。

（1）局部载荷。作用在轴承上的合成径向载荷与套圈相对静止，即载荷作用方向始终不变并作用在套圈滚道的局部区域。该套圈所承受的这种载荷称为局部载荷［见图 6-5（a）所示的外圈和图 6-5（b）所示的内圈］，或称为固定载荷。

（2）循环载荷。作用于轴承上的合成径向载荷与套圈相对旋转，即合成径向载荷顺次作用在套圈滚道的整个圆周上，该套圈所承受的这种载荷称为循环载荷。例如，轴承承受一个方向不变的径向载荷 F_r，该载荷依次作用在旋转的套圈上，所以套圈承受的载荷性质为循环载荷［见图 6-5（a）的内圈和图 6-5（b）的外圈］，或称为旋转载荷。又如图 6-5（c）所示的内圈和图 6-5（d）所示的外圈，轴承承受一个方向不变的径向载荷 F_r，同时又受到一个方向随套圈旋转的力 F_c 的作用，但两者的合成径向载荷仍然循环作用在套圈滚道的圆周上，该套圈所承受的载荷为循环载荷。

（3）摆动载荷。作用于轴承上的合成径向载荷与套圈在一定区域内相对摆动，例如，轴承承受一个方向不变的径向载荷 F_r，同时又受到一个方向随套圈旋转的力 F_c 的作用，但两者的合成径向载荷作用在套圈滚道的局部圆周上，该套圈所承受的载荷称为摆动载荷。

在图 6-5（a）中，内圈受循环载荷，外圈受局部载荷，这种配合主要用于皮带轮驱动轴。在图 6-5（b）中，内圈受局部载荷，外圈受循环载荷，这种配合主要用于汽车轮毂轴承和传送带托辊。在图 6-5（c）中，内圈受循环载荷，外圈受摆动载荷，这种配合主要用于振动机械轴承。在图 6-5（d）中，内圈受摆动载荷，外圈受循环载荷，这种配合主要用于回转式破碎机轴承。

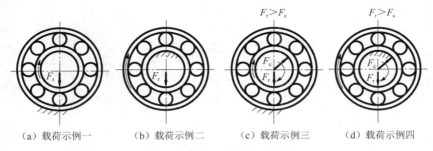

（a）载荷示例一　　　（b）载荷示例二　　　（c）载荷示例三　　　（d）载荷示例四

图 6-5　轴承承受的载荷类型

对于承受局部载荷的套圈，局部滚道始终受力，磨损集中，其配合类型应为间隙配合。对于承受循环载荷的套圈，滚道各点循环受力，磨损均匀，其配合类型应为过盈配合。对于承受摆动载荷的套圈，即承受载荷方向难于确定的套圈，其配合松紧程度介于循环载荷与局部载荷之下的配合，通常选用过盈配合。

2. 载荷的大小

滚动轴承套圈与轴颈或壳体孔配合时的最小过盈取决于载荷的大小。相关国家标准规定，向心轴承的载荷按径向当量动载荷 P_r 与径向额定动载荷 C_r 的比值大小分为三类：$P_r/C_r \leqslant 0.06$ 的，称为轻载荷；$0.06 < P_r/C_r \leqslant 0.12$ 的，称为正常载荷；$P_r/C_r > 0.12$ 的，称为重载荷。P_r 和 C_r 的数值分别由相关计算公式求出及通过轴承产品样本查出。

载荷越大，选择的配合过盈越大。承受较重的载荷或冲击载荷时，将引起轴承较大的变形，使结合面之间的实际过盈减小和轴承内部的实际间隙增大。这时，为了使轴承正常运转，应选较大的过盈。同理，当承受较轻的载荷，可选较小的过盈。

3. 径向游隙

GB/T 4604.1－2012《滚动轴承 游隙 第1部分：向心轴承的径向游隙》规定，滚动轴承的径向游隙分为 5 组，即 2 组、N 组、3 组、4 组、5 组，这 5 组径向游隙的大小依次由小到大，其中 N 组为基本组径向游隙，应优先选用。

径向游隙的大小要适度。当径向游隙过大时，不仅使转轴发生径向跳动和轴向窜动，还会使轴承工作时产生较大的振动和噪声；当径向游隙过小时，若选择过盈配合，则会使轴承滚动体与套圈产生较大的接触应力，使轴承摩擦发热，降低轴承的使用寿命。

对于在常温下工作的且具有基本组径向游隙的轴承，按表 6-4 向心轴承和轴承座孔配合时的孔公差带、表 6-5 向心轴承和轴配合时的轴公差带，选择轴承座孔与轴公差带，一般都能保证适度的径向游隙。当载荷较大时，选用较大过盈，此时为了补偿变形引起的径向游隙过小，应选用大于基本组径向游隙的轴承；当载荷较小，并且要求振动和噪声小、旋转精度高时，应减小过盈，此时应选择小于基本组径向游隙的轴承。

表 6-4　向心轴承和轴承座孔配合时的孔公差带（摘自 GB/T 275—2015）

载荷情况		举例	其他状况	公差带[1]	
				球轴承	滚子轴承
外圈承受固定载荷	小、正常、大	一般机械、铁路机车车辆轴箱	易发生轴向移动，可采用剖分式轴承座	H7、G7[2]	
	冲击		可能发生轴向移动，可采用整体或剖分式轴承座	J7、JS7	
方向不定载荷	小、正常	电机、泵、曲轴主轴承			
	正常、大		不发生轴向移动，采用整体式轴承座	K7	
	大、冲击	牵引电机		M7	
外圈承受旋转载荷	小	皮带张紧轮		J7	K7
	正常	轮毂轴承		M7	N7
	大			—	N7、P7

注：① 并列公差带随尺寸的增大从左至右选择，对旋转精度有较高要求时，可相应提高一个公差等级。

② 不适用于剖分式轴承座。

表 6-5　向心轴承和轴的配合时的轴公差带（摘自 GB/T 275—2015）

载荷情况	举例	圆柱孔轴承			公差带
		深沟球轴承、调心球轴承和角接触球轴承	圆柱滚子轴承和圆锥滚子轴承	调心滚子轴承	
		轴承公称内径/mm			
内圈承受旋转载荷和方向不定载荷	轻载荷	输送机、轻载齿轮箱	≤18	—	—	h5
			>18～100	≤40	≤40	j6[1]
			>100～200	>40～140	>40～100	k6[1]
				>140～200	>100～200	m6[1]
	正常载荷	一般通用机械、电动机、泵、内燃机、正齿轮传动装置	≤18	—	—	j5、js5
			>18～100	≤40	≤40	k5[2]
			>100～140	>40～100	>40～65	m5[2]
			>140～200	>100～140	>65～100	m6
			>200～280	>140～200	>100～140	n6
			—	>200～400	>140～280	p6
					>280～500	r6
	重载荷	铁路机车车辆轴箱、牵引电机、破碎机等	—	>50～140	>50～100	n6[3]
				>140～200	>100～140	p6[3]
				>200	>140～200	r6[3]
					>200	r7[3]

续表

		圆柱孔轴承					
载荷情况			举例	深沟球轴承、调心球轴承和角接触球轴承	圆柱滚子轴承和圆锥滚子轴承	调心滚子轴承	公差带
				轴承公称内径/mm			
内圈承受固定载荷	所有载荷	内圈在轴上易移动	非旋转轴上的各种轮子	所有尺寸			f6
							g6
		内圈不需要在轴上移动	张紧轮、绳轮				h6
							j6
仅有轴向载荷				所有尺寸			j6、js6
		圆锥孔轴承					
所有载荷		铁路机车车辆轴箱	装在退卸套上	所有尺寸			h8（IT6）[4][5]
		一般机械传动	装在紧定套上	所有尺寸			h9（IT7）[4][5]

注：① 对精度要求较高的场合，应用 j5、k5、m5 分别代替 j6、k6、m6

② 圆锥滚子轴承、角接触球轴承配合对游隙影响不大，可用 k6、m6 代替 k5、m5。

③ 重载荷下轴承游隙应选大于 N 组。

④ 凡精度要求较高或转速要求较高的场合，应选用 h7（IT5）代替 h8（IT6）。

⑤ IT6、IT7 表示圆柱度公差值。

4. 工作温度

轴承旋转时，套圈温度往往高于相邻零件的温度，轴承内圈可能因热膨胀而使配合变松，而外圈可能因热膨胀而使配合变紧。因此，在选择配合类型时应考虑温度的影响。特别是当轴承工作温度高于 100℃时，应对所选择的配合类型进行适当的修正。

与轴承配合的轴和机架多在不同的温度下工作，为了防止热变形使间隙减小（或过盈减小），承受局部载荷的套圈配合应松一些，而承受循环载荷的套圈配合应紧一些。

5. 其他因素

（1）壳体孔（或轴）的结构和材料。开式轴承座与轴承外圈配合时，宜采用较松的配合，但不应使外圈在轴承座孔内转动，以防止由轴承座孔或轴的形状误差引起的轴承内圈、外圈的不正常变形。当轴承安装在薄壁轴承座、轻合金轴承座或空心轴上时，应采用比厚壁轴承座、铸体轴承座或实心轴，使之配合得更紧，以保证轴承有足够的连接强度。

（2）安装与拆卸方便。为了便于安装与拆卸，特别对于重型机械，宜采用较松的配合。如果既要求拆卸方便又要求紧配合时，可采用分离型轴承或内圈为圆锥孔并带紧定套或退卸套的轴承。

（3）轴承工作时的微量轴向移动。当要求轴承的一个套圈（外圈和内圈）在运转中能沿轴向移动时，该套圈与轴或壳体孔的配合应较松。

（4）旋转精度。轴承的载荷较大，为消除弹性变形和振动的影响，不宜采用间隙配合，也不宜采用过盈较大的配合。当轴承的载荷较小且旋转精度很高时，为避免轴颈和轴承座孔的形位误差影响轴承的旋转精度，旋转套圈的配合和非旋转套圈的配合都应有较小的间隙。例如，内圆磨床磨头处的轴承内圈间隙为1～4μm，外圈间隙为4～10μm。

（5）旋转速度。当轴承旋转速度较高、又在冲击载荷的条件下工作时，轴承套圈与轴和轴承座孔的配合都应选择过盈配合，旋转速度越高，配合越紧。

对于滚动轴承与轴和轴承座孔的配合，要综合考虑上述因素，采用类比法选用公差带。

6.3.2 轴和轴承座孔的形位公差与表面粗糙度参数值的选用

为了保证轴承的工作质量及使用寿命，除了选用轴和轴承座孔的公差带，还应规定相应的形位公差及表面粗糙度参数值。国家标准推荐的轴和轴承座孔的形位公差与表面粗糙度参数值列于表6-6和表6-7中，供设计时选用。

表6-6 轴和轴承座孔的形位公差

单位：μm

公称尺寸/mm	圆柱度				端面圆跳动			
	轴颈		轴承座孔		轴肩		轴承座孔肩	
	轴承精度等级							
	普通级	6（6x）	普通级	6（6x）	普通级	6（6x）	普通级	6（6x）
	公差值							
≤6	2.5	1.5	4	2.5	5	3	8	5
>6～10	2.5	1.5	4	2.5	6	4	10	6
>10～18	3.0	2.0	5	3.0	8	5	12	8
>18～30	4.0	2.5	6	4.0	10	6	15	10
>30～50	4.0	2.5	7	4.0	12	8	20	12
>50～80	5.0	3.0	8	5.0	15	10	25	15
>80～120	6.0	4.0	40	6.0	15	10	25	15
>120～180	8.0	5.0	12	8.0	20	12	30	20
>180～250	10.0	7.0	14	10.0	20	12	30	20
>250～315	12.0	8.0	16	12.0	25	15	40	25
>315～400	13.0	9.0	18	13.0	25	15	40	25
>400～500	15.0	10.0	20	15.0	25	15	40	25

表6-7 轴和轴承座孔配合面的表面粗糙度参数值

单位：μm

轴或轴承座孔直径/mm		轴和轴承座孔配合表面直径公差等级					
		IT7		IT6		IT5	
		表面粗糙度 Ra					
>	≤	磨	车	磨	车	磨	车
—	80	1.6	3.2	0.8	1.6	0.4	0.8
80	500	1.6	3.2	1.6	3.2	0.8	1.6
500	1250	3.2	6.3	3.2	6.3	1.6	3.2
端面		3.2	6.3	6.3	6.3	6.3	3.2

6.3.3　轴和轴承座孔精度设计举例

【例 6-1】　在 C616 型车床主轴的后支承上装有两个单列向心轴承（见图 6-6），其外形尺寸为 $d×D×B$=50mm×90mm×20mm，试选定该轴承的精度等级，以及轴承与轴和轴承座孔的配合类型。

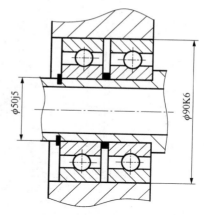

图 6-6　C616 型车床主轴后支承上的轴承结构

解：

（1）分析确定该轴承的精度等级。C616 型车床属于轻载普通车床，主轴承承受轻载荷，其主轴的旋转精度和转速较高，应选择 6 级精度的滚动轴承。

（2）分析并确定轴承与轴和壳体孔的配合类型。轴承内圈与主轴配合在一起旋转，外圈安装在轴承座孔中不转动。主轴后支承主要承受齿轮传递力，因此，内圈承受循环载荷，外圈承受局部载荷。前者应配合得紧，后者配合得略松。参考表 6-4 和表 6-5 选出的轴公差带代号为 $\phi 50j6$，由于该机床精度较高，所以最终确定的轴公差带代号为 $\phi 50j5$；轴承座孔的公差带代号为 $\phi 90J7$。

按滚动轴承公差的国家标准，由表 6-1 查出 6 级轴承单一平面平均内径偏差（Δd_{mp}）为 $\phi 50_{-0.01}^{0}$ mm，由表 6-2 查出 6 级轴承单一平面平均外径偏差（ΔD_{mp}）为 $\phi 90_{-0.013}^{0}$ mm。根据极限与配合国家标准（参考第 2 章）查出该轴为 $\phi 50j5_{-0.005}^{+0.006}$ mm 轴，轴承座孔为 $\phi 90J7_{-0.013}^{+0.022}$ mm 孔。

图 6-7 为 C616 型车床主轴后支承上的轴承公差与配合图解，由该图可知，相比轴承与轴承座孔的配合，轴承与轴配合得紧。

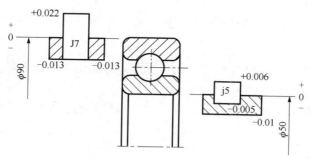

图 6-7　C616 型车床主轴后支承上的轴承公差与配合图解

轴承外圈与壳体孔的配合：X_{max}=+0.035mm；Y_{max}=-0.013mm；$X_{平均}$=+0.011mm

轴承内圈与轴的配合：X_{max}=+0.005mm；Y_{max}=-0.016mm；$Y_{平均}$=-0.0055mm

由表 6-6 和表 6-7 查出轴和壳体孔的形位公差与表面粗糙度参数值，并把它们标注在零件图上，如图 6-8 和图 6-9 所示。

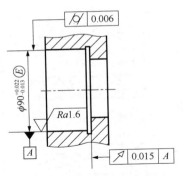

图 6-8 轴承座孔的公差标注

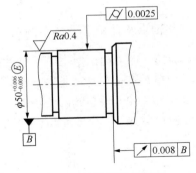

图 6-9 轴径的公差标注

本章小结

本章详细阐述了滚动轴承的精度设计，包括滚动轴承的公差带及其特点、滚动轴承与轴和轴承座孔的配合及其选择。

滚动轴承基准结合面的公差带单向布置在零线下侧，既可满足各种旋转机构不同配合性质的需要，又可以按照标准公差制造与之相配合的零件。轴和轴承座孔的公差带就是从极限与配合国家标准中选取的。

影响轴和轴承座孔公差带选用的因素较多，如轴承的工作条件（载荷类型、载荷大小、工作温度、旋转精度、径向游隙），配合零件的结构、材料及安装与拆卸的要求等，一般根据轴承所承受的载荷类型和大小选用公差带。

习 题

6-1 向心轴承的精度共几个等级？如何分布？各自适用于什么场合？

6-2 滚动轴承的互换性有什么特点？

6-3 滚动轴承内圈与轴的公差带、外圈与轴承座孔的公差带各有什么特点？

6-4 滚动轴承有几种载荷形式？各自的特点是什么？

6-5 影响滚动轴承配合的主要因素是什么？

6-6 滚动轴承内圈与轴的配合采用哪种基准制？其配合有什么特点？

6-7 滚动轴承外圈与轴承座孔的配合采用哪种基准制？其配合有什么特点？

6-8 某机床转轴配备 6 级精度的深沟球轴承，该轴承内径为 40mm，外径为 90mm。假设该轴承承受 4000N 的定向径向当量动载荷 P_r，其径向额定载荷 C_r 为 86410N，内圈随轴旋动，外圈静止。试确定：

（1）与轴承配合的轴、轴承座孔的公差带代号。

（2）画出公差带图，计算内圈与轴、外圈与轴承座孔的极限间隙或过盈。

（3）轴和轴承座孔的形位公差与表面粗糙度参数值。

（4）把所选公差标注在图样上（参考图 6-7～图 6-9）。

6-9　已知减速器的功率为 6.91kW，输出轴的转速为 44.4 r/min，其两端的轴承为 6212 型深沟球轴承（d=60mm，D=95mm）。从动齿轮的齿数 z=104，法向模数 m=2.5mm，标准压力角 α =20°。试确定轴和轴承座孔的公差带代号（尺寸极限偏差）、几何公差值和表面粗糙度 Ra，并将它们分别标注在装配图和零件图上。

第7章　键与花键精度设计

教学重点

了解键与花键的结构特点及其使用要求；掌握平键和矩形花键连接的基准制、尺寸公差带、几何公差与表面粗糙度的要求；掌握矩形花键的几何参数与定心方式。

教学难点
普通平键连接的精度设计，矩形花键连接的精度设计。

教学方法
可和第 6 章合并教学，以提问方式给出问题（参看习题），学生回答，老师总结。精讲多练，讲练结合；灵活运用多媒体教学，举例讲解，绘图讲解。

引 例

键连接在机械工程中应用广泛，通常用于轴和轴上传动件（如齿轮、皮带轮、联轴器等）之间的可拆连接，用于传递扭矩和运动。例如，通过图 7-1 所示的内、外花键将轴套和轴连接，通过图 7-2 所示的平键将轴和齿轮连接。当轴与传动件作轴向相对运动时，键连接还能起导向作用。例如，变速箱中的变速齿轮花键孔与花键轴的连接，可以使齿轮沿花键轴移动，以达到变换速度的目的。图 7-3 所示为内花键齿轮。

图 7-1　内、外花键　　　　　图 7-2　平键　　　　　　图 7-3　内花键齿轮

7.1　键连接概述

为了保证键连接的使用要求并保证其互换性，我国颁布了 GB/T 1095－2003《平键 键槽的剖面尺寸》、GB/T 1096－2003《普通型 平键》、GB/T 1097－2003《导向型 平键》、GB/T 1568－2008《键 技术条件》和 GB/T 1144－2001《矩形花键尺寸、公差和检测》等国家标准。

键连接分为单键连接和花键连接两大类。

1. 单键连接

采用单键连接时，需要在孔和轴上铣出键槽，然后通过单键把孔和轴连接在一起。按结构形状，单键分为平键、半圆键、楔形键和切向键等，其中平键又分为普通平键、导向平键和薄型平键。平键连接结构简单，装拆方便，应用最广泛。

2. 花键连接

按键齿形状，花键分为矩形花键、渐开线花键和三角形花键，如图 7-4 所示。

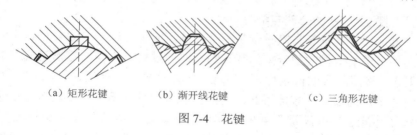

（a）矩形花键　　　　（b）渐开线花键　　　　（c）三角形花键

图 7-4　花键

与单键连接比较，花键连接具有以下优点：

（1）键与轴为一个整体，强度高，载荷分布均匀，可传递较大的扭矩。

（2）连接可靠，导向精度高，定心性好，易达到较高的同轴度要求。

但是，由于花键的加工制造比单键复杂，因此其成本较高。

在实际工程中，平键和矩形花键的应用比较广泛，本章只讨论普通平键和矩形花键连接的精度设计。

7.2　普通平键连接的精度设计

7.2.1　普通平键连接的结构和几何参数

普通平键连接通过键的侧面与轴键槽和轮毂键槽（简称轮毂槽）的侧面相互接触传递扭矩，键槽宽 b（包括轴键槽宽和轮毂槽宽）是键连接的主参数，也是键连接的配合尺寸。

普通平键的上表面和轮毂槽之间预留一定的间隙，其结构如图 7-5 所示。在普通平键剖面尺寸中，t_1 和 t_2 分别为轴键槽深与轮毂槽深，L 和 h 分别为键长与键高，d 为轴和轮毂的直径。

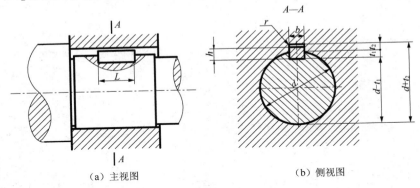

（a）主视图　　　　　　　　　　（b）侧视图

图 7-5　普通平键连接的结构

7.2.2　普通平键连接的公差与配合

1. 普通平键连接的极限与配合

1）普通平键配合尺寸的公差与配合

在普通平键连接中，键宽与键槽宽是配合尺寸，应规定较严格的公差。

键是标准件。键与键槽的配合采用基轴制，即通过规定不同的键槽宽公差带满足不同的配合性能要求。按照配合的松紧程度，普通平键连接分为松连接、正常连接和紧密连接。国家标准对普通平键的键宽只规定了 h8 一种公差带，对轴键槽宽和轮毂槽宽各规定了三种公差带，构成三种配合，以满足不同的工作要求。普通平键的键宽与键槽宽的公差带如图 7-6 所示，普通平键连接的公差带及其应用见表 7-1。

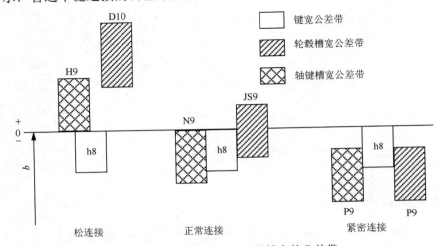

图 7-6　普通平键的键宽和键槽宽的公差带

表 7-1　普通平键连接的公差带及其应用

配合种类	键槽宽 b 的公差			配合性质及应用
	键	轴键槽	轮毂槽	
松连接		H9	D10	键在轴上及轮毂中均能滑动，主要用于导向平键，轮毂可在轴上移动
正常连接	h8	N9	JS9	键在轴上及轮毂中均固定，主要用于载荷不大的场合
紧密连接		P9	P9	键在轴上及轮毂中均固定，并且较正常连接更紧，主要用于载荷较大、载荷具有冲击性及双向传递扭矩的场合

部分普通平键的公差见表 7-2，普通平键键槽的尺寸与公差见表 7-3。

表 7-2　部分普通平键的公差（摘自 GB/T1096－2003）

单位：mm

键槽宽 b	公称尺寸	8	10	12	14	16	18	20	22	25	28
	极限偏差 h8	0 −0.022			0 −0.027			0 −0.033			
键高 h	公称尺寸	7	8	9	10	11	12	14	16		
	极限偏差 h11	0 −0.090				0 −0.110					

表 7-3　普通平键键槽的尺寸与公差（摘自 GB/T 1095－2003）

单位：mm

键尺寸 $b×h$	键槽											
	键槽宽 b						深度				半径	
	公称尺寸	极限偏差					轴键槽深 t_1		轮毂槽深 t_2			
		正常连接		紧密连接	松连接		公称尺寸	极限偏差	基本尺寸	极限偏差	最小	最大
		轴 N9	轮毂 JS9	轴和轮毂 P9	轴 H9	轮毂 D10						
2×2	2	−0.004 −0.029	±0.0125	−0.006 −0.031	+0.025 0	+0.060 +0.020	1.2	+0.1 0	1.0	+0.1 0	0.08	0.16
3×3	3						1.8		1.4			
4×4	4	0 −0.030	±0.015	−0.012 −0.042	+0.030 0	+0.078 +0.030	2.5		1.8		0.16	0.25
5×5	5						3.0		2.3			
6×6	6						3.5		2.8			
8×7	8	0 −0.036	±0.018	−0.015 −0.051	+0.036 0	+0.098 +0.040	4.0		3.3		0.25	0.40
10×8	10						5.0		3.3			
12×8	12	0 −0.043	±0.0215	−0.018 −0.061	+0.043 0	+0.120 +0.050	5.0		3.3			
14×9	14						5.5		3.8			
16×10	16						6.0	+0.2 0	4.3	+0.2 0		
18×11	18						7.0		4.4			
20×12	20	0 −0.052	±0.026	−0.022 −0.074	+0.052 0	+0.149 +0.065	7.0		4.9		0.40	0.60
22×14	22						9.0		5.4			
25×14	25						9.0		5.4			
28×16	28						10.0		6.4			

键尺寸 $b×h$	键槽										
		键槽宽 b					深度				半径
	公称尺寸	极限偏差					轴键槽深 t_1		轮毂槽深 t_2		
		正常连接		紧密连接	松连接		公称尺寸	极限偏差	基本尺寸	极限偏差	
		轴 N9	轮毂 JS9	轴和轮毂 P9	轴 H9	轮毂 D10					最小	最大
32×18	32						11.0		7.4	+0.2 0	0.40	0.60
36×22	36	0 −0.062	±0.031	−0.026 −0.088	+0.062 0	+0.180 +0.080	12.0	+0.3 0	8.4	+0.3 0	0.70	1.00
40×22	40						13.0		9.4			
45×25	45						15.0		10.4			
50×28	50						17.0		11.4			
56×32	56	0 −0.074	±0.037	−0.032 −0.106	+0.074 0	+0.220 +0.100	20.0		12.4		1.20	1.60
63×32	63						20.0		12.4			
70×36	70						22.0		14.4			
80×40	80						25.0		15.4			
90×45	90	0 −0.087	±0.0435	−0.037 −0.124	+0.087 0	+0.260 +0.120	28.0		17.4		2.00	2.50
100×50	100						31.0		19.5			

2）非配合尺寸的公差

在非配合尺寸中，键高 h 的公差一般采用 h11，键长 L 的公差采用 h14，轴键槽长度的公差采用 H14，轴键槽深 t_1 和轮毂槽深 t_2 的公差见表 7-3。为了便于测量，在图样上对轴键槽深和轮毂槽深分别标注 "$d-t_1$" 和 "$d+t_2$"，其极限偏差分别按照 t_1 和 t_2 的极限偏差选取，但 "$d-t_1$" 的上偏差为零，下偏差为负数；$d+t_2$ 的下偏差为零，上偏差为正数。

2. 普通平键连接极限配合的选用

对于普通平键连接，主要根据使用要求和应用场合确定配合种类。

对于导向平键，选用松连接，在这种连接方式中，由于几何误差的影响会使键（h8）与轴键槽（H9）的配合实际上为不可动连接，而键与轮毂槽（D10）的配合间隙较大，因此轮毂可以相对轴移动。

对于承受重载荷、冲击载荷或双向传递扭矩的情况，应选用紧密连接，因为此时键（h8）与键槽（P9）的配合较紧，再加上几何误差的影响，其结合紧密、可靠。

除了上述两种情况，对于承受一般载荷的普通平键，考虑拆装方便，应选用正常连接。

3. 键和键槽的几何公差与表面粗糙度的选用

为保证键侧面与键槽侧面之间有足够的接触面积，避免装配困难，应分别对轴键槽和轮毂槽规定对称度公差。对称度公差按 GB/T 1184—1996《形状和位置公差 未注公差值》确定，一般选用 7～9 级。对称度公差的公称尺寸是指键槽宽 b。

当普通平键的键长 L 与键槽宽 b 的比值大于或等于 8 时，应对该键的两个工作侧面在长度方向上规定平行度公差，对平行度公差，按国家标准 GB/T1184－1996《形状和位置公差　未注公差值》选取其值：当 $b \leqslant 6$mm 时，对平行度公差等级，选取 7 级；当 $b \geqslant 8 \sim 36$mm 时，对平行度公差等级，选取 6 级；当 $b \geqslant 40$mm 时，对平行度公差等级，选取 5 级。

国家标准推荐键槽结合面的表面粗糙度 Ra 的上限值一般为 $1.6 \sim 3.2 \, \mu m$，非配合表面的表面粗糙度 Ra 的上限值为 $6.3 \, \mu m$。

4. 键槽尺寸和公差在图样上的标注

键槽（包括轴键槽和轮毂槽）标注示例如图 7-7 所示，其中图 7-7（a）为轴键槽标注示例，图 7-7（b）为轮毂槽标注示例。

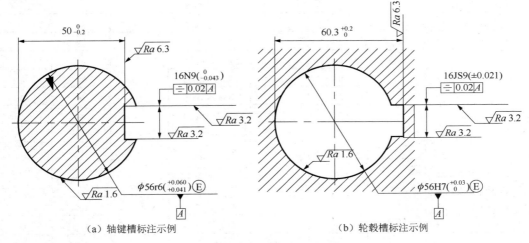

（a）轴键槽标注示例　　　　　　　　　　（b）轮毂槽标注示例

图 7-7　键槽标注示例

7.3　矩形花键连接的精度设计

7.3.1　矩形花键的尺寸系列

国家标准 GB/T 1144－2001《矩形花键尺寸、公差和检测》规定了矩形花键的尺寸系列、定心方式、公差与配合、标注方法及检测规则。

为了便于加工和测量，矩形花键的键数 N 为偶数，如 6、8、10。按承载能力的不同，矩形花键分为中、轻两个系列，中系列的键高值较大，承载能力强；轻系列的键高值较小，承载能力相对较弱。矩形花键的基本尺寸系列见表 7-4。

表 7-4　矩形花键的基本尺寸系列（摘自 GB/T 1144－2001）

单位：mm

小径	轻系列				中系列			
d	规格 N×d×D×b	键数 N	大径 D	键槽宽 b	规格 N×d×D×B	键数 N	大径 D	键槽宽 b
11					6×11×14×3		14	3
13					6×13×16×3.5		16	3.5
16	—	—	—	—	6×16×20×4		20	4
18					6×18×22×5	6	22	5
21					6×21×25×5		25	
23	6×23×26×6		26	6	6×23×28×6		28	6
26	6×26×30×6	6	30		6×26×32×6		32	
28	6×28×32×7		32	7	6×28×34×7		34	7
32	8×32×36×6		36	6	8×32×38×6		38	6
36	8×36×40×7		40	7	8×36×42×7		42	7
42	8×42×46×8		46	8	8×42×48×8		48	8
46	8×46×50×9	8	50	9	8×46×54×9	8	54	9
52	8×52×56×10		56	10	8×52×60×10		60	10
56	8×56×62×10		62		8×56×65×10		65	
62	8×62×68×12		68		8×62×72×12		72	
72	10×72×78×12		78	12	10×72×82×12		82	12
82	10×82×88×12		88		10×82×92×12		92	
92	10×92×98×14	10	98	14	10×92×102×14	10	102	14
102	10×102×108×16		108	16	10×102×112×16		112	16
112	10×112×120×18		120	18	10×112×125×18		125	18

7.3.2　矩形花键的几何参数和定心方式

1. 矩形花键的几何参数

矩形花键的几何参数有大径 D、小径 d、键数 N 和键槽宽 b，如图 7-8 所示。其中图 7-8（a）为内花键，图 7-8（b）为外花键。

2. 矩形花键的定心方式

矩形花键的主要使用要求是保证内、外花键连接后具有较高的同轴度，以及键侧面与键槽侧面接触的均匀性，并能传递一定的扭矩。为此，必须保证配合性质。

矩形花键有 3 个结合面，即大径、小径和键侧面。确定配合性质的结合面称为定心表面。理论上，每个结合面都可作为定心表面，即矩形花键连接有 3 种定心方式：按大径 D 定心、按小径 d 定心和按键槽宽 b 定心，如图 7-9 所示。若要求这 3 个尺寸都起定心作用很困难，而且也没有必要。对于定心尺寸，应按较高的精度制造，以保证定心精度；对于非定心尺寸，可按较低的精度制造。由于传递扭矩是通过键和键槽侧面进行的，因此，键槽宽 b 不论是否作为定心尺寸，都要求较高的尺寸精度。

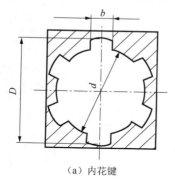
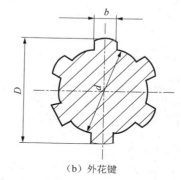

（a）内花键　　　　　　　　　　　　　　　　（b）外花键

图 7-8　矩形花键的几何参数

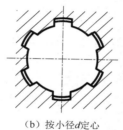

（a）按大径D定心　　　　（b）按小径d定心　　　　（c）按键槽宽b定心

图 7-9　花键的定心方式

GB/T 1144—2001《矩形花键尺寸、公差和检测》规定矩形花键采用小径定心，因为矩形花键连接常需要内、外花键相对移动，要求表面硬度达到 50HRC 左右。因此为保证加工精度，在加工过程中要求淬火后进行磨削加工，采用小径定心可以满足精度的要求。

采用小径定心时，对内花键淬火后的变形，可用内圆磨修复，从而达到高精度要求。同时，对外花键的小径精度，可用成型磨削保证。因此，采用小径定心方式时，定心精度高，定心稳定性好，使用寿命长，有利于产品质量的提高。

7.3.3　矩形花键连接的极限与配合

1. 矩形花键连接的极限与配合的两种情况

矩形花键连接的极限与配合分为两种情况：一种为一般用途的矩形花键连接的极限与配合，另一种为精密传动用矩形花键连接的极限与配合。矩形花键的内、外花键尺寸公差带见表 7-5。

表 7-5　矩形花键的内、外花键尺寸公差带（摘自 GB/T 1144－2001）

用途	内花键				外花键			装配形式
	小径 d	大径 D	键槽宽 b		小径 d	大径 D	键槽宽 b	
			拉削后不热处理	拉削后热处理				
一般用途	H7	H10	H9	H11	f7		d10	滑动
					g7		f9	紧滑动
					h7		h10	固定
精密传动用	H5	H10	H7、H9		f5	a11	d8	滑动
					g5		f7	紧滑动
					h5		h8	固定
	H6				f6		d8	滑动
					g6		f7	紧滑动
					h6		h8	固定

注：① 对于精密传动用内花键，当需要控制键侧面配合间隙时，对键槽宽可选用 H7，一般情况下可选用 H9。

　　② 当内花键的尺寸公差带代号为 H6 和 H7 时，允许与高一级的外花键配合。

　　为了减少加工和检测内花键所使用的花键拉刀与花键量规的规格和数量，矩形花键连接采用基孔制配合。

　　一般用途的内花键在拉削后需要进行热处理，其键槽宽的变形不易修正，因此其公差要降低等级（由 H9 等级降为 H11 等级）。对于精密传动用内花键，当要求键侧配合间隙较大时，槽宽公差带选用 H7，一般情况下选用 H9。

　　在一般情况下，对定心直径 d 的公差带内、外花键选用相同的公差等级。这个规定不同于普通光滑孔和轴的配合（在一般情况下，当公差等级高于 8 级时，孔的公差等级比轴低一级），主要因为矩形花键采用小径定心，其加工精度高一些。但在某些情况下，允许内花键与高一级的外花键配合，例如，公差带代号为 H7 的内花键可以与公差带代号为 f6、g6、h6 的外花键配合，公差带代号为 H6 的内花键可以与公差带代号为 f5、g5、h5 的外花键配合，因为这些情况下矩形花键常用作齿轮的基准孔。在贯彻齿轮标准的过程中，可能出现外花键的定心直径公差等级高于内花键的定心直径公差等级的情况。

　　相关国家标准规定，矩形花键的装配形式分为滑动式装配、紧滑动式装配和固定式装配三种。前两种连接方式用于工作过程中内、外花键之间存在相对移动的情况，而固定连接方式用于内、外花键之间无轴向相对移动的情况。由于几何误差的影响，矩形花键各结合面均配合得较紧。

　　2. 矩形花键连接的极限与配合的选用

　　矩形花键连接的极限与配合的选用主要是指确定矩形花键连接的精度等级和装配形式。该精度等级的选用主要是指根据定心精度要求和传递扭矩的大小选择矩形花键。精密传动用矩形花键连接的定心精度高，传递扭矩大而且平稳，多用于精密机床主轴变速箱，以及各种减速器中的轴与齿轮花键孔的连接。一般用途的矩形花键连接适用于定心精度要求不高但传递扭矩较大的情况，如载重汽车、拖拉机的变速箱。

选用装配形式时，首先根据内、外花键之间是否有轴向移动，确定选用固定式装配还是滑动式装配。对于内、外花键之间存在相对移动且移动距离长、移动频率高的情况，应选用配合间隙较大的滑动式装配，以保证运动的灵活性及结合面之间有足够的润滑油层。例如，汽车、拖拉机等的变速箱中的齿轮与轴的连接。对于内、外花键定心精度要求高且传递扭矩大或经常有反向转动的情况，应选用配合间隙较小的紧滑动式装配。对于内、外花键之间无轴向移动且只用于传递扭矩的情况，应选用固定式装配。

3. 矩形花键连接的几何公差要求和表面粗糙度要求

1）几何公差要求

内、外花键是具有复杂表面的配合件，并且键长与键宽的比值较大，因此，还需要有几何公差要求。为保证配合性质，内、外花键的小径定心表面的形状公差和尺寸公差的关系应遵守包容要求。

为控制内、外花键的分度误差，一般规定位置度公差（其尺寸公差带见表 7-5），应注意键宽的位置度公差与小径定心表面的尺寸公差关系应符合最大实体要求。检测时采用花键量规，因此适用于大批量生产。矩形花键的位置度公差标注示例如图 7-10 所示，矩形花键的位置度公差见表 7-6。

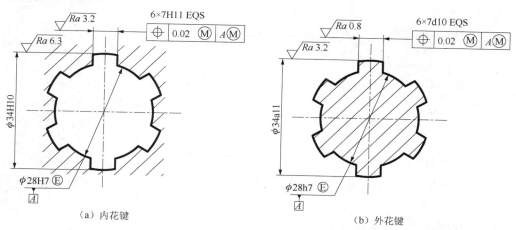

图 7-10　矩形花键的位置度公差标注示例

表 7-6　矩形花键的位置度公差（摘自 GB/T 1144—2001）

单位：mm

键槽宽或键宽		3	3.5～6	7～10	12～18
		位置度公差 t_1			
键槽宽		0.010	0.015	0.020	0.025
键宽	滑动式装配、固定式装配	0.010	0.015	0.020	0.025
	紧滑动式装配	0.006	0.010	0.013	0.016

单件、小批量生产时，一般需要规定键或键槽的中心平面相对于定心表面轴线的对称度公差和矩形花键等分度公差（矩形花键的对称度公差见表7-7），对称度公差、等分度公差与小径定心表面尺寸公差的关系均应遵守独立原则。相关国家标准规定，当花键的等分度公差等于花键的对称度公差时，可省略标注。矩形花键的对称度公差标注示例如图7-11所示。

表 7-7　矩形花键的对称度公差（摘自 GB/T 1144－2001）

单位：mm

键槽宽或键宽	3	3.5～6	7～10	12～18
	对称度公差 t_2			
一般用途	0.010	0.012	0.015	0.018
精密传动用	0.006	0.008	0.009	0.011

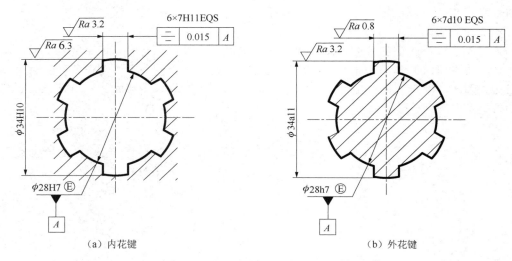

（a）内花键　　　　　　　　　　　（b）外花键

图 7-11　矩形花键的对称度公差标注

另外，对于较长的矩形花键，可根据要求自行规定键侧面相对于花键轴线的平行度公差。

2）矩形花键的表面粗糙度 Ra 要求

一般只标注 Ra 的上限值要求，矩形花键的表面粗糙度推荐值见表7-8。

表 7-8　矩形花键的表面粗糙度推荐值

加工表面	内花键	外花键
	$Ra/\mu m$ 不大于	
小径	1.6	0.8
大径	6.3	3.2
键侧面	6.3	1.6

4. 矩形花键连接的标注代号

矩形花键连接在图样上的标注代号按顺序包括键数 N、小径 d、大径 D、键槽宽 b 及其相应的尺寸公差带代号，各项用"×"号连接。此外，还应注明矩形花键的国家标准号 GB/T 1144－2001。

例如，有一个花键连接，键数 N 为 6，小径 d 的配合代号为 23H7/f7，大径 D 的配合代号为 26H10/a11，键槽宽 b 的配合代号为 6H11/d10。由此可知，这是一般用途的滑动式矩形花键连接。其在图样上的标注代号如下。

（1）矩形花键规格 $N×d×D×b$，应记为 6×23×26×6。

（2）矩形花键副的配合代号在装配图上的标注如下。

$$6×23\frac{H7}{f7}×26\frac{H10}{a11}×6\frac{H11}{d10}\quad \text{GB/T } 1144－2001$$

（3）相应的零件图标注如下。

内花键：　　　6×23 H7×26 H10×6 H11　GB/T 1144－2001

外花键：　　　6×23 f7×26 a11×6 d10　GB/T 1144－2001

5. 矩形花键的检测

矩形花键的检测有单项测量和综合检测两种。

单项测量主要用于单件、小批量生产，用通用量具分别对定心小径 d、键槽宽 b、大径 D 进行单项测量，并检测键槽宽的对称度、键齿（槽）的等分度和大径、小径的同轴度等几何误差项目。

综合检测适用于大批量生产，用量规检测。综合量规用于控制被测花键的最大实体边界，即综合检测小径、大径及键槽宽的关联作用尺寸，将其控制在最大实体边界内，然后用单项止端量规分别检测尺寸 d、b、D 的最小实体尺寸。检测时，若综合通规能通过工件，而单项止规不能通过工件，则工件合格。

矩形花键的检测规定参看 GB/T1144－2001 的附录。

本章小结

键和花键的连接在机械设计中非常普遍，需要掌握对平键和矩形花键的结构及各自的应用要求。平键是标准件，它通常作为外构件，由专业厂家制造。花键是需要企业加工制造的，因此需要了解加工工艺对其精度的影响。在学习的过程中，正确理解相关国家标准，拓宽知识面，掌握键与花键的精度设计要求。

习　题

7-1　花键与平键在结构上有什么不同？花键连接有什么优点？

7-2　平键连接采用什么基准制？为什么认为键（槽）宽 b 是其主要参数？

7-3　平键连接有哪些几何公差要求？公差值如何确定？

7-4　为什么要对矩形花键规定小径定心？其优点是什么？

7-5　花键连接采用什么基准制？为什么？

7-6　矩形花键的尺寸公差和几何公差是如何规定的？用什么方法检测其几何公差？

7-7　某减速器输出轴的伸出端与配合件的孔的配合代号为 45H7/m6，并且采用正常连接。试确定轴键槽和轮毂槽的剖面尺寸及其极限偏差、键槽对称度公差和键槽表面粗糙度参数值，将各项公差值标注在零件图上（参考图 7-8）。

7-8　某车床的床头箱中有一个变速滑动齿轮与轴的结合采用矩形花键固定连接，该矩形花键的公称尺寸为 6mm×23 mm×26 mm×6 mm，齿轮内孔不需要热处理。试查表确定该矩形花键的大径、小径和键槽宽的公差带，并且画出公差带图，写出该矩形花键副的配合代号、内花键和外花键的公差带代号。

7-9　试查表确定矩形花键配合代号 $6 \times 28\dfrac{H7}{g7} \times 32\dfrac{H10}{a11} \times 7\dfrac{H11}{f9}$ 中的内花键、外花键的极限偏差，画出公差带图，并指出该矩形花键连接的用途及装配形式。

第 8 章 螺纹精度设计

教学重点

普通螺纹几何参数误差对互换性的影响，螺纹的中径合格性判定条件，普通螺纹公差与配合标准及选用。

教学难点

普通螺纹几何参数误差对互换性的影响。

教学方法

讲授法，问题教学法。

引 例

在机械制造业和日常生活中，螺钉、螺栓和螺母都是应用广泛的零件，它们都通过螺纹连接零件。利用螺纹可以夹紧零件或物体；可以带动零件运动。例如，在图 8-1 所示的台虎钳中，转动手柄、丝杆的旋转可以带动套在丝杆上的钳口运动，从而夹紧待加工的零件。此外，螺纹还可以起到密封作用。例如，旋紧图 8-2 所示的汽车油箱的密封盖，可以防止汽油外漏。如何规定螺纹精度，如何判断螺纹是否合格，这些都是本章要介绍的内容。限于学时，本章主要介绍普通螺纹的精度设计及检测。

图 8-1 台虎钳

图 8-2 汽车油箱的密封盖

8.1 概　　述

螺纹结合是机械制造和仪器制造中应用最广泛的结合形式。螺钉、螺栓和螺母作为连接件和紧固件在日常生活中司空见惯，它们是完全互换性的零件。国家颁布了有关螺纹精度设计的系列标准及选用方法，保证了螺纹的互换性要求。

本章涉及的国家标准主要有 GB/T 192－2003《普通螺纹　基本牙型》、GB/T 193－2003《普通螺纹　直径与螺距系列》、GB/T 196－2003《普通螺纹　基本尺寸》、GB/T 197－2018《普通螺纹　公差》、GB/T 2516－2003《普通螺纹　极限偏差》、GB/T 9144～9146－2003《普通螺纹　优选系列》等。

8.1.1　螺纹的种类及使用要求

螺纹在机电产品中的应用十分广泛，按用途螺纹分为三大类：

（1）紧固螺纹（普通螺纹）。紧固螺纹主要用于连接和紧固各种机械零件。紧固螺纹是各种螺纹中使用最普遍的一种，通常其牙型的形状为等边三角形，因此称为普通螺纹或三角螺纹。紧固螺纹结合的使用要求是可旋合和连接可靠。

（2）传动螺纹。传动螺纹主要用于传递动力和精确位移，如丝杠等，其牙型主要有梯形、锯齿形，如梯形螺纹和锯齿形螺纹。传动螺纹结合的使用要求是传递动力的可靠性或传动比的稳定性（保持恒定）和可旋入性。

（3）紧密螺纹。紧密螺纹可以使两个零件紧密而无泄漏地结合，如连接管道用的螺纹、油箱和水箱的密封盖。其牙型主要有等腰三角形，如管螺纹的牙型。紧密螺纹的使用要求是结合紧密、连接可靠和可旋合，以保证不漏水、漏气和漏油。

本章主要讨论普通螺纹的互换性及其精度选择。

8.1.2　普通螺纹的基本牙型和主要几何参数

普通螺纹的基本牙型为三角形，其牙型的原始形状是一个等边三角形。所谓的基本牙型，是指在螺纹的轴剖面内，三角形牙型的原始三角形高度为 H，顶部被截去 $H/8$ 高度、底部被截去 $H/4$ 而获得的高度为 $5H/8$ 的螺纹牙型。普通螺纹的基本尺寸和基本牙型如图 8-3 所示，其中的粗实线为普通螺纹的基本牙型。螺纹的各主要参数的位置可参考图 8-3 中的标注。

（1）大径（d 或 D）。大径是指与外螺纹牙顶或内螺纹牙底重合的假想圆柱的直径。外螺纹用 d 表示，内螺纹用 D 表示。国家标准规定，公制普通螺纹大径的基本尺寸为螺纹的公称直径。大径也是外螺纹的顶径、内螺纹的底径。

（2）小径（d_1 或 D_1）。小径是指与外螺纹牙底或内螺纹牙顶重合的假想圆柱的直径。外螺纹用 d_1 表示，内螺纹用 D_1 表示。小径也是外螺纹的底径、内螺纹的顶径。

（3）中径（d_2 或 D_2）。中径也是指一个假想圆柱的直径，该圆柱的母线通过牙型上沟槽和凸起宽度相等且等于 $P/2$ 的位置。外螺纹用 d_2 表示，内螺纹用 D_2 表示。

（4）螺距（P）。螺距是指相邻两个螺纹牙在中径线上对应的两点之间的轴向距离，螺距分为粗牙螺距和细牙螺距。

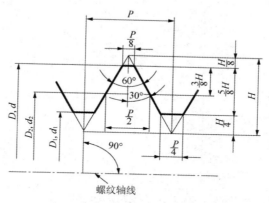

图 8-3　普通螺纹的基本尺寸和基本牙型

表 8-1 给出了普通螺纹的部分中径、小径和螺距的基本尺寸，其中，螺距栏内的斜体且加粗的数字为粗牙螺距，其余数字为细牙螺距。

表 8-1　普通螺纹基本尺寸（摘自 GB/T 196－2003）

单位：mm

公称直径（大径）D、d	螺距 P	中径 D_2、d_2	小径 D_1、d_1	公称直径（大径）D、d	螺距 P	中径 D_2、d_2	小径 D_1、d_1
10	*1.5*	9.026	8.376	20	*2.5*	18.376	17.294
	1.25	9.188	8.647		2	18.701	17.835
	1	9.350	8.917		1.5	19.026	18.376
	0.75	9.513	9.188		1	19.350	18.917
11	*1.5*	10.026	9.376	22	*2.5*	20.376	19.294
	1	10.350	9.917		2	20.701	19.835
	0.75	10.513	10.188		1.5	21.026	20.376
					1	21.350	20.917
12	*1.75*	10.863	10.106	24	*3*	22.051	20.752
	1.5	11.026	10.376		2	22.701	21.835
	1.25	11.188	10.647		1.5	23.026	22.376
	1	11.350	10.917		1	23.0350	22.917
14	*2*	12.701	11.835	25	*2*	23.701	22.835
	1.5	12.026	12.376		1.5	24.026	23.376
	1.25	13.188	12.647		1	24.350	23.917
	1	13.350	12.917				
15	*1.5*	14.026	13.376	26	*1.5*	25.026	24.376
	1	14.350	13.917				

公称直径（大径）D、d	螺距P	中径 D_2、d_2	小径 D_1、d_1	公称直径（大径）D、d	螺距P	中径 D_2、d_2	小径 D_1、d_1
16	**2**	14.701	13.835	27	**3**	25.051	23.752
	1.5	15.026	14.376		2	25.701	24.835
	1	15.350	14.917		1.5	26.026	25.376
					1	26.350	25.917
17	**1.5**	16.026	15.376	28	**2**	26.701	25.835
	1	16.350	15.917		1.5	27.026	26.376
					1	27.350	26.917
18	**2.5**	16.376	15.294	30	**3.5**	27.727	26.211
	2	16.701	15.835		3	28.051	26.752
	1.5	17.025	16.376		2	28.701	27.835
	1	17.350	16.917		1.5	29.026	28.376
					1	29.350	28.917

表中的螺纹中径和小径是按照下列公式计算的。计算数值圆整到小数点后的第三位。

$$D_2 = D - 2 \times \frac{3}{8} H = D - 0.6495P \qquad d_2 = d - 2 \times \frac{3}{8} H = d - 0.6495P$$

$$D_1 = D - 2 \times \frac{5}{8} H = D - 1.0825P \qquad d_1 = d - 2 \times \frac{5}{8} H = d - 1.0825P$$

$$H = \frac{\sqrt{3}}{2} P = 0.866025404P$$

（5）单一中径。当螺距无误差时，螺纹的中径就是指螺纹的单一中径。当螺距有误差时，单一中径与中径是不相等的（见图8-4）。在检测时，单一中径可替代实际中径。

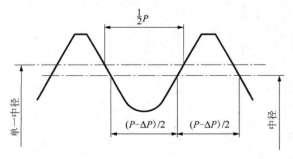

图 8-4　螺纹的中径和单一中径

（6）牙型角（α）和牙侧角（α_1 和 α_2）。牙型角是指螺纹轴线的剖面内螺纹牙型两条侧边之间的夹角，用 α 表示。对于普通螺纹，牙型角 $\alpha=60°$，牙型半角 $\alpha/2=30°$。

牙侧角是指螺纹轴线的剖面内螺纹牙型的两条侧边分别与螺纹轴线的垂线之间的夹角，分别用 α_1 和 α_2 表示。牙侧角是和互换性有关的重要参数。

若螺纹的轴线没有几何误差，则普通螺纹的牙侧角与牙型半角的关系为

$$\alpha_1 = \alpha_2 = \frac{\alpha}{2} = 30°$$

（7）螺纹旋合长度（ *l* ）。螺纹旋合长度是指两个相配合的螺纹沿螺纹轴线方向相互旋合的长度。螺纹旋合长度分为短旋合长度、中等旋合长度和长旋合长度，分别用符号 S、N 和 L 表示。螺纹旋合长度如图 8-5 所示。

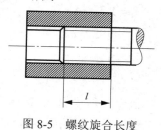

图 8-5　螺纹旋合长度

8.2　普通螺纹几何参数误差对互换性的影响

影响螺纹互换性的主要几何参数有螺纹的螺距、牙侧角和直径。

8.2.1　螺距误差对互换性的影响

对紧固螺纹来说，螺距误差主要影响螺纹的旋合性和连接的可靠性；对传动螺纹来说，螺距误差直接影响传动精度，影响螺牙上载荷分布的均匀性。

螺距误差包括局部误差和累积误差。螺距局部误差 ΔP 是指螺距的实际值与其基本值之差，由于 ΔP 较小，对旋合性影响不大，但螺距累积误差 ΔP_Σ 会增大，直接影响旋合性。

螺距累积误差 ΔP_Σ 是指在规定的螺纹长度内，任意两条同名牙侧边与中径线交点之间的实际轴向距离与其基本值之差的最大绝对值，它与旋合长度有关。ΔP_Σ 对螺纹互换性的影响更明显，因此分析的重点是螺距累积误差。

螺距累积误差对旋合性的影响如图 8-6 所示。假定内螺纹为理想牙型，与之相配合的外螺纹存在螺距误差，并且外螺纹的螺距 $P_外$ 略大于内螺纹的螺距 $P_内$，当旋合一定长度时，内、外螺纹的牙型产生较大的干涉，不能进一步旋合。这种情况相当于外螺纹的中径增大，其增值称为螺距误差的中径当量，用 f_p 或 F_p （对应内螺纹）表示，该值与螺距累积误差的关系如式 8-1 所示。

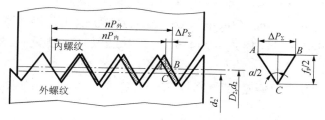

图 8-6　螺距累积误差对旋合性的影响

从图 8-6 中的 $\triangle ABC$ 可得

$$f_p = \Delta P_\Sigma \cot \frac{\alpha}{2} \tag{8-1}$$

外螺纹螺距误差的中径当量：$f_p = 1.732 |\Delta P_\Sigma|$

内螺纹螺距误差的中径当量：$F_p = 1.732 |\Delta P_\Sigma|$

8.2.2　牙侧角偏差对互换性的影响

牙侧角偏差是指牙侧角的实际值与其理论值（30°）之差。它包括螺纹牙侧的形状误差和牙侧相对于螺纹轴线的位置误差，它对螺纹的旋合性和连接强度均有影响。

牙侧角偏差对旋合性的影响如图 8-7 所示。假设内螺纹（对应图 8-7 中的 1）具有理想牙型（左、右牙侧角的大小均为30°），外螺纹（对应图 8-7 中的 2）左侧和右侧均存在牙侧角偏差。检测螺纹时，需要检测两侧的牙侧角偏差。在图 8-7 中，假设外螺纹左牙侧角偏差为负值，旋合时干涉区出现在中径线以上；假设右牙侧角偏差为正值，旋合时干涉区出现在中径线以下。牙侧角偏差导致螺纹旋合困难，相当于外螺纹的实际中径增大 f_α，f_α 称为牙侧角偏差的中径当量。计算时选取左、右牙侧角偏差的平均中径当量作为螺纹牙侧角偏差的中径当量。

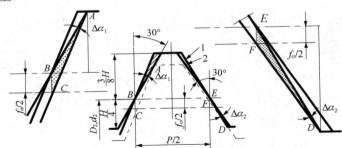

图 8-7　牙侧角偏差对旋合性的影响

图 8-7 给出了外螺纹左牙侧角偏差为负值时和右牙侧角偏差为正值时的牙型几何关系，可以根据该图推导出 f_α 与 $\Delta\alpha$ 的关系式。考虑到左、右牙侧角偏差可能出现的各种情况及必要的单位换算，经过整理后得出如下公式：

外螺纹的牙侧角中径当量：$f_\alpha = 0.073 P \left(K_1 |\Delta\alpha_1| + K_2 |\Delta\alpha_2| \right)$（μm）　(8-2)

式中，P 为螺距，单位 mm（1mm$=10^3$μm）；$\Delta\alpha_1$、$\Delta\alpha_2$ 分别为左、右牙侧角偏差（$\Delta\alpha_1 = \alpha_1 - 30°$，$\Delta\alpha_2 = \alpha_2 - 30°$），单位为分；180°$=$3.14 弧度（1′$=0.291\times10^{-3}$ 弧度）；K_1，K_2 分别为左、右牙侧角偏差系数。

对于外螺纹，当牙侧角偏差为正值时，K_1 和 K_2 值都为 2；当牙侧角偏差为负值时，K_1 和 K_2 值都为 3。

内螺纹的牙侧角中径当量 F_α 的推导和外螺纹类似，在此不再介绍。推导时，应注意公式中的内螺纹左、右牙侧角偏差系数 K_1 和 K_2 的取值情况。

内螺纹的牙侧角中径当量：$F_\alpha = 0.073P(K_1|\Delta\alpha_1| + K_2|\Delta\alpha_2|)$（μm）　　　　　　（8-3）

对于内螺纹，当牙侧角偏差为正值时，K_1 和 K_2 的值都为 3；当牙侧角偏差为负值时，K_1 和 K_2 的值都为 2。

8.2.3　螺纹直径偏差对互换性的影响

为了保证螺纹的旋合性，必须使内螺纹的实际直径大于或等于外螺纹的实际直径。由于相配合的内、外螺纹的直径基本尺寸相同，因此，如果使内螺纹的实际直径大于或等于其基本尺寸（内螺纹直径实际偏差为正值），而外螺纹的实际直径小于或等于其基本尺寸（外螺纹直径实际偏差为负值），就能保证内、外螺纹的旋合性。螺纹直径与接触高度如图 8-8 所示。

在图 8-8 中，螺纹的顶径（内螺纹小径和外螺纹大径）会影响螺纹的接触高度 h，接触高度减小，会导致螺纹连接强度不足，而螺纹底径（内螺纹大径和外螺纹小径）不会对接触高度 h 产生影响。中径位于接触高度之内，螺纹中径的偏差会直接影响螺纹的连接强度。因此，国家标准对内螺纹的中径和小径、外螺纹的中径和大径提出公差要求，即对螺纹中径和顶径提出公差要求，而对螺纹底径没有提出公差要求。在螺纹的 3 个直径（大径、小径和中径）参数中，中径实际尺寸的影响是主要的，它直接决定螺纹的配合性质。

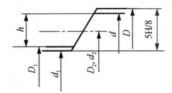

图 8-8　螺纹直径与接触高度

8.2.4　作用中径和螺纹中径合格性的判断

作用中径和螺纹中径合格性的判断条件如下：

（1）螺纹作用中径（d_{2m}，D_{2m}）。当螺纹存在螺距的累积误差、牙侧角偏差和中径偏差时，螺纹的旋合性和连接的可靠性受到影响。这种情况相当于内螺纹的中径减小和外螺纹的中径增大，使两者配合紧密。这个变化的中径称为作用中径，直接影响配合精度，因此它是一个重要参数。

（2）作用中径的计算。

$$d_{2m} = d_{2a} + (f_p + f_\alpha) \tag{8-4}$$

$$D_{2m} = D_{2a} - (F_p + F_\alpha) \tag{8-5}$$

（3）中径公差。由于螺距和牙侧角偏差的影响均可折算为中径当量，因此螺纹中径公差有 3 个作用：控制中径的尺寸误差、控制螺距误差和控制牙侧角偏差。由此可知，不必单独规定螺距公差和牙侧角公差。可见，中径公差是一项综合公差。

$$T_{d_2} = T_{d_{2a}} + T_{f_p} + T_{f_a} \quad 或 \quad T_{D_2} = T_{D_{2a}} + T_{F_p} + T_{F_a} \tag{8-6}$$

（4）中径合格性的判断原则。作用中径的大小影响螺纹旋合性，实际中径的大小影响螺纹连接的可靠性。相关国家标准规定中径合格性的判断应遵循泰勒原则，即实际螺纹的作用中径不能超过最大实体牙型的中径，并且任意位置的实际中径（单一中径）不能超过最小实体牙型的中径。根据中径合格性的判断原则（泰勒原则），合格的螺纹应满足下列关系式。

对于外螺纹，

$$d_{2m} \leqslant d_{2MMS} = d_{2max} \tag{8-7}$$

$$d_{2a} \geqslant d_{2LMS} = d_{2min} \tag{8-8}$$

对于内螺纹，

$$D_{2m} \geqslant D_{2MMS} = D_{2min} \tag{8-9}$$

$$D_{2a} \leqslant D_{2LMS} = D_{2max} \tag{8-10}$$

8.3 普通螺纹的公差与配合

8.3.1 螺纹公差带

螺纹配合由内、外螺纹公差带组合而成，国家标准 GB/T 197－2018《普通螺纹 公差》将普通螺纹公差带的两个要素，即公差等级（公差带的大小）和基本偏差（公差带位置）进行标准化，组成各种螺纹公差带。考虑到旋合长度对螺纹精度的影响，由螺纹公差带与旋合长度构成螺纹精度，形成较为完整的螺纹公差体系。

1. 公差等级

从作用中径的定义和中径合格性的判断原则可知，不需要规定螺距、牙侧角公差，只规定中径公差就可综合控制它们对互换性的影响。因此，国家标准仅对螺纹的中径和顶径分别规定若干个公差等级（见表 8-2）。在表 8-2 的各个公差等级中，3 级最高，公差值最小；等级依次降低，9 级最低，6 级是基本级，其公差值可查表 8-3 和表 8-4。考虑内螺纹加工工艺的特点，在同一公差等级中，内螺纹中径公差应比外螺纹的中径公差大 32%左右。

表 8-2 普通螺纹的公差等级

螺纹直径	公差等级
外螺纹中径 d_2	3 级、4 级、5 级、6 级、7 级、8 级、9 级
外螺纹大径 d	4 级、6 级、8 级
内螺纹中径 D_2	4 级、5 级、6 级、7 级、8 级
内螺纹小径 D_1	4 级、5 级、6 级、7 级、8 级

表 8-3 普通螺纹中径公差（摘自 GB/T 197—2018）

单位：μm

公称直径 d、D/mm		螺距 P/mm	内螺纹中径公差 T_{D_2}					外螺纹中径公差 T_{d_2}						
			公差等级					公差等级						
>	≤		4	5	6	7	8	3	4	5	6	7	8	9
5.6	11.2	0.75	85	106	132	170	—	50	63	80	100	125	—	—
		1	95	118	150	190	236	56	71	90	112	140	180	224
		1.25	100	125	160	200	250	60	75	95	118	150	190	236
		1.5	112	140	180	224	280	67	85	106	132	170	212	265
11.2	22.4	1	100	125	160	200	250	60	75	95	118	150	190	236
		1.25	112	140	180	224	280	67	85	106	132	170	212	265
		1.5	118	150	190	236	300	71	90	112	140	180	224	280
		1.75	125	160	200	250	315	75	95	118	150	190	236	300
		2	132	170	212	265	335	80	100	125	160	200	250	315
		2.5	140	180	224	280	355	85	106	132	170	212	265	335
22.4	45	1	106	132	170	21	—	63	80	100	125	160	200	250
		1.5	125	160	200	250	315	75	95	118	150	190	236	300
		2	140	180	224	280	355	85	106	132	170	212	265	335
		3	170	212	265	335	425	100	125	160	200	250	315	400
		3.5	180	224	280	355	450	106	132	170	212	265	335	425
		4	190	236	300	375	475	112	140	180	224	280	355	450
		4.5	200	250	315	400	500	118	150	190	236	300	375	475

表 8-4 普通螺纹顶径公差（摘自 GB/T 197—2018）

单位：μm

螺距 P/mm	内螺纹小径公差 T_{D_1}					外螺纹大径公差 T_d		
	公差等级					公差等级		
	4	5	6	7	8	4	6	8
1	150	190	236	300	375	112	180	280
1.25	170	212	265	335	425	132	212	335
1.5	190	236	300	375	475	150	236	375
1.75	212	265	335	425	530	170	265	425
2	236	300	375	475	600	180	280	450
2.5	280	355	450	560	710	212	335	530
3	315	400	500	630	800	236	375	600
3.5	355	450	560	710	900	265	425	670
4	375	475	600	750	950	300	475	750

2. 基本偏差

国家标准 GB/T 197—2018《普通螺纹 公差》对螺纹大径、中径和小径规定了相同的基本偏差，内、外螺纹的基本偏差（公差带位置）分别如图 8-9 和图 8-10 所示。内螺纹的基本偏差为下偏差 EI，外螺纹的基本偏差为上偏差 es。若已知一个偏差，根据公式 $T=ES(es)-EI(ei)$，即可求出另一个偏差。内、外螺纹的基本偏差见表 8-5。

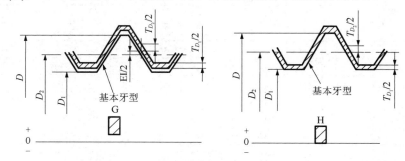

图 8-9　内螺纹的基本偏差

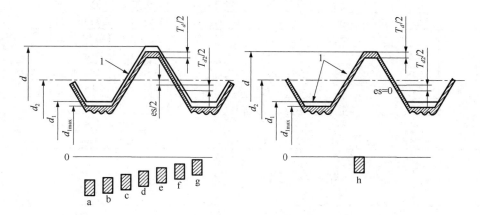

图 8-10　外螺纹的基本偏差

表 8-5　内、外螺纹的基本偏差（摘自 GB/T 197－2018）

单位：μm

螺距 P/mm	内螺纹的基本偏差 EI		外螺纹的基本偏差 es			
	G	H	e	f	g	h
1	+26		−60	−40	−26	
1.25	+28		−63	−42	−28	
1.5	+32		−67	−45	−32	
1.75	+34		−71	−48	−34	
2	+38	0	−71	−52	−38	0
2.5	+42		−80	−58	−42	
3	+48		−85	−63	−48	
3.5	+53		−90	−70	−53	
4	+60		−95	−75	−60	

3. 螺纹公差带代号

将螺纹公差等级和基本偏差标示符组合，就组成螺纹公差带代号，如内螺纹公差带代号 7H、6G，外螺纹公差带代号 6g、8h 等。注意：螺纹公差带代号与一般尺寸公差带符号不同，其公差等级在前，基本偏差标示符在后。

8.3.2 螺纹公差带的选用

1. 配合精度的选用

按公差等级和旋合长度螺纹公差带分 3 种精度等级。精度等级的高低代表了螺纹加工的难易程度。

精密级：用于精密螺纹连接，要求配合性质稳定，配合间隙变化较小，需要保证一定的定心精度的螺纹连接。

中等级：用于一般的螺纹连接。

粗糙级：用于对精度要求不高或制造比较困难的螺纹连接。

2. 旋合长度的确定

相关国家标准按螺纹公称直径和螺距基本值规定了 3 组旋合长度，分别为短旋合长度、中等旋合长度和长旋合长度。设计时，常选用中等旋合长度（组别为 N），螺纹旋合长度见表 8-6。只有在结构或强度上需要时，才选用短旋合长度（组别为 S）和长旋合长度（组别为 L）。

表 8-6 螺纹旋合长度（摘自 GB/T 197—2018）

单位：mm

公称直径 D、d		螺距 P	螺纹旋合长度			
			S		N	L
>	≤		≤	>	≤	>
5.6	11.2	0.75	2.4	2.4	7.1	7.1
		1	3	3	9	9
		1.25	4	4	12	12
		1.5	5	5	15	15
11.2	22.4	1	3.8	3.8	11	11
		1.25	4.5	4.5	13	13
		1.5	5.6	5.6	16	16
		1.75	6	6	18	18
		2	8	8	24	24
		2.5	10	10	30	30

3. 公差带和基本偏差的确定

在生产中，为了减少刀具、量具的规格和数量，对公差带的数量（或种类）应加以限制。根据螺纹的使用精度和旋合长度，相关国家标准推荐了一些常用公差带（见表 8-7）。除非特殊需要，一般不宜选用国家标准以外的公差带，应优先按表 8-7 选取螺纹公差带，依据螺纹公差精度（精密级、中等级、粗糙级）和旋合长度组别（S、N、L）确定螺纹公差带。如果不知道螺纹的实际旋合长度（如标准螺栓），可按中等旋合长度组（N）确定螺纹公差带。

表 8-7 普通螺纹常用公差带（摘自 GB/T 197－2018）

公差精度	内螺纹公差带						外螺纹公差带											
	基本偏差代号 G			基本偏差代号 H			基本偏差代号 e			基本偏差代号 f			基本偏差代号 g			基本偏差代号 h		
	S	N	L	S	N	L	S	N	L	S	N	L	S	N	L	S	N	L
精密级	—	—	—	4H	5H	6H	—	—	—	—	—	—	—	(4g)	(5g4g)	(3h4h)	**4h**	(5h4h)
中等级	(5G)	**6G**	(7G)	**5H**	**6H**	**7H**	6e	(7e6e)		**6f**	—		(5g6g)	**6g**	(7g6g)	(5h6h)	6h	(7h6h)
粗糙级	—	(7G)	(8G)		7H	8H		(8e)	(9e8e)					8g	(9g8g)	—	—	—

对于表 8-7 中的公差带，优先选用顺序为粗体公差带、正常字体公差带、括号内的公差带。在粗黑框中的粗体公差带用于大批量生产的紧固件螺纹。

4. 配合代号的选用

表 8-7 中的内、外螺纹常用公差带可以任意组合，但是，为了保证足够的接触高度，国家标准推荐加工后的螺纹宜优先组成 H/g、H/h 或 G/h 配合。对公称直径小于或等于 1.4mm 的螺纹，应选用 5H/6h、4H/6h 或更精密的配合。

对于需要涂镀保护层的螺纹，如无特殊规定，涂镀前一般应按推荐公差带制造螺纹。涂镀后，螺纹实际轮廓上的任意点均不应超过按基本偏差代号 H 或 h 确定的最大实体牙型。

8.3.3 普通螺纹标记

1. 零件图上的普通螺纹标记

普通螺纹的完整标记由螺纹代号、螺纹公差带代号和螺纹旋合长度代号组成，三者之间用一字线 "－" 分开。

普通螺纹代号用 "M" 及公称直径×螺距（单位是 mm）表示，对粗牙螺纹不标注螺距。当螺纹为左旋时，在螺纹代号之后加 "左" 或 "LH"，不标注时为右旋螺纹；螺纹公差带代号包括螺纹中径公差带代号和顶径公差带代号（当中径公差带和顶径公差带相同时，可只标注一个），标注在螺纹代号之后；螺纹旋合长度代号标注在螺纹公差带代号之后，不标注中等旋合长度。

例如，M10－5g6g 表示公制普通外螺纹大径（公称直径）为 10mm；右旋，粗牙外螺纹；中径公差带代号为 5g，顶径（大径）公差带代号为 6g；中等旋合长度。

又如，M10×1 左－6H－S 表示公制普通内螺纹大径（公称直径）为 10mm；左旋，细牙螺距为 1mm；中径和顶径（小径）公差带代号均为 6H，短旋合长度。对短旋合长度或长旋合长度，也可直接标注出旋合长度数值，如 M20×2－7g6g－40

2. 装配图上的普通螺纹标记

内、外螺纹装配在一起，它们的公差带代号用斜线分开，斜线左边表示内螺纹公差带代号，右边表示外螺纹公差带代号，如 M20×2－6H/6g，M20×2 左－7H/6g7g。

【例 8-1】 查表写出 M20×2－6H/5g6g 代表的大径、中径、小径尺寸，中径、顶径的上下偏差和公差。

解： 由 M20×2-6H/5g6g 可知，大径（D、d）为 20mm；此螺纹右旋且为细牙螺纹，螺距 P 等于 2 mm；内螺纹中径和顶径的公差带代号均为 6H，EI=0；外螺纹中径公差带代号为 5g，顶径公差带代号 6g；中等旋合长度（N）。

查表 8-1 可知，中径（D_2 或 d_2）=18.701mm；小径（D_1 或 d_1）=17.835mm

查表 8-3 可知，$T_{D_2} = 0.212$mm；$T_{d_2} = 0.125$mm

查表 8-4 可知，$T_{D_1} = 0.375$mm；$T_{d_1} = 0.280$mm

查表 8-5 可知，es $= -0.038$mm

由此计算得到以下偏差：

内螺纹中径上偏差 ES $=$ EI $+ T_{D_2} = 0 + 0.212 = +0.212$ （mm）

内螺纹顶径上偏差 $D_1 = 0.375$mm $+ 0 = +0.375$

外螺纹中径下偏差 ei $=$ es $- T_{d_2} = -0.038 - 0.125 = -0.163$ （mm）

外螺纹顶径下偏差 ei $=$ es $- T_{d_1} = -0.038 - 0.280 = -0.318$ （mm）

【例 8-2】 有一个 M20-7H 内螺纹，螺距 P=2.5mm，测得其实际中径 D_{2a}=18.610mm，螺距累积误差 $\Delta P_\Sigma = 40\mu m$，左边实际牙侧角 α_1=30°30′，右边实际牙侧角 α_2=29°10′，试判断内螺纹的中径是否合格。

解： 查表 8-1 可知，中径 $D_2 = 18.376$ mm；查表 8-3 可知，中径公差 $T_{D2} = 0.280$ mm

因为中径的公差带代号为 7H，EI=0，所以，中径的极限尺寸 D_{2max}=18.656mm，D_{2min}=18.376mm。

根据式（8-4）可知，内螺纹的作用中径 $D_{2m} = D_{2a} - (F_p + F_\alpha)$。

根据式（8-1）可知，$F_p = 1.732|\Delta P_\Sigma|$=1.732×40=69.28 （μm）=0.06928 （mm）。

根据式（8-3）可知，

$$F_\alpha = 0.073P(K_1 | \Delta\alpha_1 | + K_2 | \Delta\alpha_2 |)$$
$$= 0.073 \times 2.5 \times (3 \times 30' + 2 \times 50')$$
$$= 34.675 （\mu m） = 0.035 （mm）$$

所以，D_{2m}=18.61-0.06928-0.035=18.506（mm）。

根据中径合格性判断原则、式（8-9）和式（8-10），

$$D_{2a}=18.610mm<D_{2max}=18.656mm$$
$$D_{2m}=18.506mm>D_{2min}=18.376mm$$

因为 $D_{2a}<D_{2max}$，$D_{2m}>D_{2min}$，所以判断内螺纹的中径合格。

8.4 普通螺纹的检测

8.4.1 综合检测

对于批量生产的螺纹类零件，为提高生产效率，一般采用综合检测的方法。综合检测是指用螺纹量规检测被测螺纹各个几何参数误差的综合结果。例如，用量规的通规检测被测螺纹的作用中径和底径，用量规的止规检测被测螺纹的实际中径（单一中径）和顶径的实际尺寸。

螺纹量规的通规应具有完整的牙型，其螺纹长度应等于被测螺纹的旋合长度；螺纹量规的止规采用截短的牙型，只有2～3个螺距的螺纹长度。

用螺纹量规检测被测螺纹时，判断被测螺纹合格的条件如下：通规能够与被测螺纹旋合并通过整个被测螺纹，而止规不能与被测螺纹旋合或不能完全旋合（只允许与被测螺纹的两端旋合，并且旋合长度不能超过2个螺距）。

螺纹量规分为螺纹塞规和螺纹环规两种。螺纹塞规用于检测内螺纹，螺纹环规用于检测外螺纹。

8.4.2 单项测量

单项测量是指对被测螺纹的各个实际几何参数分别进行测量，主要测量方法有以下3种。

1）用三针法测量螺纹中径

该方法只能用于测量外螺纹，属于间接测量法。所谓三针法，是指把3根直径相同的精密圆柱量针放入被测螺纹直径方向的两边沟槽中，一边沟槽放一个量针，另一边沟槽放两个量针，量针与沟槽两个侧面接触；用测量仪测量这3根量针外侧母线之间的距离（跨针距），然后通过几何计算得出被测螺纹的单一中径。

2）用影像法测量外螺纹几何参数

该方法是利用工具显微镜将被测螺纹的牙型轮廓放大成像，然后测量其螺距、牙侧角、中径，也可测量其大径和小径。

以上两种方法测量精度较高，主要用于测量精密螺纹、螺纹量规、螺纹刀具和丝杠螺纹。

3）用螺纹千分尺测量螺纹中径

该方法测量精度较低，主要在单件、小批量生产中对较低精度的外螺纹进行测量。

本章小结

　　本章对螺纹的公差与检测进行了较详细的阐述，包括螺纹分类、主要几何参数、普通螺纹几何参数误差对互换性的影响、普通螺纹的公差与配合及普通螺纹的检测。

　　要求了解影响螺纹互换性的主要几何参数，掌握螺纹中径合格性的判断原则（泰勒原则）。

习　题

8-1　普通螺纹的中径、单一中径和作用中径三者有什么区别和联系？

8-2　若普通螺纹的实际中径在中径极限尺寸内，是否可以判断其中径合格？为什么？

8-3　解释下列螺纹标记的含义：

M24×2－5H6H－L

M20－7g6g－40

M42－6G/5h6h

8-4　有一个 M30×2－6h 螺栓，其单一中径 $d_{2\text{单}} = 28.551$ mm，螺距误差 $\Delta P_\Sigma = +35\,\mu m$，牙侧角偏差 $\Delta \alpha_1 = -30'$，$\Delta \alpha_2 = +65'$，试判断该螺栓的中径是否合格。

8-5　现要求加工 M18×2－6g 螺纹，已知加工方法所产生的螺距累积误差的中径当量 $f_p = 0.018$ mm，牙侧角偏差的中径当量 $f_\alpha = 0.022$ mm，求该加工方法允许的中径实际最大尺寸、最小尺寸各是多少？

8-6　螺纹配合代号为 M16×1－6H/5g6g，试查表确定外螺纹的中径、大径和内螺纹的中径、小径的极限偏差。

第9章 圆柱齿轮精度设计

引 例

　　齿轮传动是机械传动中最主要的一类传动，主要用来传递运动和动力。由于齿轮传动具有传动效率高、结构紧凑、承载能力强、工作可靠等特点，已广泛应用于汽车、轮船、飞机、工程机械、农业机械、机床、仪器仪表等机械产品中。图 9-1 为油泵齿轮，图 9-2 为减速器齿轮。

图 9-1　油泵齿轮

图 9-2　减速器齿轮

9.1　齿轮传动及其使用要求

9.1.1　齿轮传动

齿轮传动一般是由齿轮、轴、轴承、键等零件组成的。齿轮传动的质量不仅与各个组成零件的制造质量直接有关，还与各个组成零件之间的装配质量密切相关。齿轮作为传动系统中的重要零件，其误差会影响传动精度。

齿轮传动的质量对机械产品的工作性能、承载能力、工作精度及使用寿命等都有很大的影响。为了保证齿轮传动的质量和互换性，有必要研究齿轮误差对其使用性能的影响，探讨提高齿轮加工精度和测量精度的途径。

本章涉及的齿轮精度国家标准有 GB/T 10095.1－2022《圆柱齿轮 ISO 齿面公差分级制 第 1 部分：齿面偏差的定义和允许值》、GB/T 10095.2－2023《圆柱齿轮 ISO 齿面公差分级制 第 2 部分：径向综合偏差的定义和允许值》、GB/Z 18620.1～4－2008《圆柱齿轮检测实施规范》及 GB/T 13924－2008《渐开线圆柱齿轮精度 检测细则》等。

9.1.2　齿轮传动的使用要求

齿轮传动在不同机械中的用途不同，其使用要求也不同，一般可以归纳为 4 个方面的使用要求：传动的准确性、传动的平稳性、载荷分布的均匀性和合理的齿侧间隙（简称侧隙）。齿轮传动的使用要求是制定齿轮公差标准的依据，通过控制齿轮误差指标满足齿轮的传动精度要求。

1）传动的准确性

传动的准确性是指齿轮运动协调，从而保证准确地传递回转运动或准确分度，其实质就是要求齿轮的传动比保持恒定或在齿轮转动一周时传动比变化尽量小。由于加工误差和安装误差的影响，齿廓相对于旋转中心分布不均，从动齿轮的实际转角偏离了理论转角，实际传动比与理论传动比有差异，并且实际渐开线也不是理论渐开线。因此，在齿轮传动过程中必然会引起传动比的变化。

2）传动的平稳性

传动的平稳性是指齿轮在传动过程中无冲击、振动和噪声，其实质就是要求齿轮在转一齿范围内的瞬时转角误差尽量小，即齿轮在转动一个齿距时瞬时传动比变化尽量小。由于受到齿形误差和齿距误差等影响，因此齿轮瞬时传动比会发生变化。

3）载荷分布的均匀性

载荷分布的均匀性（齿轮接触精度）是指在轮齿啮合过程中，齿面接触良好，啮合齿面（工作齿面）沿齿宽和齿高方向保持均匀接触，并且具有尽可能大的接触面积，以保证载荷分布均匀，防止引起应力集中，从而影响齿轮的使用寿命。因此，必须保证啮合齿面沿齿宽和齿高方向的实际接触面积足够大，以满足承载的均匀性要求。

4）合理的侧隙

侧隙是指装配好的齿轮副啮合传动时，非啮合齿面之间应预留一定的间隙，用于储存润滑油，以补偿由齿轮的制造误差、安装误差、热变形和受力变形引起的弹性变形，防止齿轮传动时出现卡死或烧伤现象。但是，齿轮侧隙必须合理，若齿轮侧隙过大，则会增大冲击、噪声和空程误差等。

在上述使用要求中，"传动的准确性"、"传动的平稳性"及"载荷分布的均匀性"是对齿轮的精度要求，"合理的侧隙"是独立于精度要求之外的另一类要求。

相同工作条件和不同用途的齿轮对上述使用要求的侧重点不同，例如，对精密机床和控制系统中的分度齿轮、测量仪器中的读数齿轮的主要要求是传动的准确性，以保证从动轮与主动轮运动的协调性；对汽车、拖拉机和机床中的变速齿轮的主要要求是传动的平稳性，以减小振动和噪声；对起重机械、矿山机械等重型机械中的低速重载齿轮的主要要求是载荷分布的均匀性，以保证足够的承载能力；对汽轮机和涡轮机中的高速重载齿轮，要求其具有较高的传动的准确性、传动的平稳性和载荷分布的均匀性，同时还要求这些齿轮应具有较大的侧隙，以储存润滑油和补偿受力产生的弹性变形。

在齿轮设计制造过程中，由于在用途、工作条件及侧重点的不同，一般都应根据上述使用要求，合理确定齿轮的精度和侧隙，这是设计制造齿轮的关键，以适应不同的使用要求，获得最佳的精度要求和经济效益。

9.2 圆柱齿轮加工误差的分析

9.2.1 圆柱齿轮加工误差的主要来源

产生圆柱齿轮加工误差的原因很多，主要源于齿轮加工系统中的机床、刀具、夹具和齿坯的加工误差及安装或调整误差。圆柱齿轮的加工方法很多，如滚齿、插齿、剃齿、磨齿等。下面以常见的滚齿加工（见图9-3）为例，介绍圆柱齿轮加工误差的主要来源。

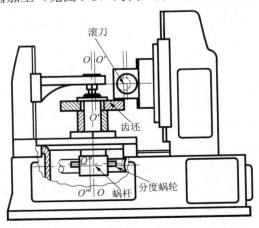

图9-3 滚齿加工示意

1）几何偏心

几何偏心是指齿坯在机床上加工时的安装偏心，这是因齿坯定位孔与机床心轴之间有间隙，使齿坯定位孔中心线（$O'-O'$）与机床工作台的回转中心线（$O-O$）不重合而产生的。几何偏心使加工过程中的圆柱齿轮相对于滚刀的径向距离发生变化，从而引起齿轮径向误差，造成轮齿在以 O' 为圆心的圆周上分布不均匀。

2）运动偏心

运动偏心是指因机床上的分度蜗轮中心线（$O''-O''$）与工作台回转中心（$O-O$）线不重合而引起的偏心。它会使圆柱齿轮在加工过程中出现蜗轮与蜗杆中心距的周期性变化，使带动齿坯运转的机床上的分度蜗轮的角速度发生变化，引起齿轮切向误差，造成轮齿在分度圆上分度不均匀。

3）滚刀误差

滚刀误差是指滚刀的齿形误差、径向误差、切向误差和刀具轴线安装倾斜造成的误差（安装误差）等，前三者是制造误差。滚刀的齿距、齿形、基圆齿距有制造误差时，会将误差反映到被加工齿轮上，从而使齿轮基圆半径发生变化，产生基圆齿距偏差和齿形误差。

另外，在圆柱齿轮加工过程中，滚刀的径向跳动使圆柱齿轮相对于滚刀的径向距离发生变化，引起齿轮径向误差；滚刀的轴向窜动使齿坯相对于滚刀的转速变得不均匀，产生切向误差；滚刀安装误差破坏了滚刀和齿坯之间的相对运动关系，从而使被加工齿轮产生基圆误差，导致基圆齿距偏差和齿廓偏差。

4）机床传动链误差

机床传动链误差主要指由机床上的分度蜗杆的径向跳动和轴向窜动等引起的圆柱轮齿的高频误差。当机床上的分度蜗杆存在安装误差和轴向窜动时，蜗轮转速发生周期性的变化，使被加工齿轮出现齿距偏差和齿廓偏差，产生切向误差。机床上的分度蜗杆造成的误差是以分度蜗杆的一转为周期的，在圆柱齿轮转动过程中重复出现。

9.2.2 圆柱齿轮加工误差的分类

1. 按方向特征分类

按方向特征（见图 9-4 分类），圆柱齿轮加工误差分为以下 3 种。

（1）径向误差。径向误差是指沿被加工齿轮直径方向（齿高方向）的误差，该误差是由切齿刀具与被加工齿轮之间径向距离的变化引起的。

（2）切向误差。切向误差是指沿被加工齿轮圆周方向（齿厚方向）的误差，该误差是由切齿刀具与被加工齿轮之间的分齿滚切运动误差引起的。

（3）轴向误差。轴向误差是指沿被加工齿轮轴线方向（齿向方向）的误差，该误差是由切齿刀具沿被加工齿轮轴线移动的误差引起的。

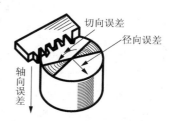

图 9-4 齿轮误差的方向特征

2. 按表现特征分类

按表现特征分类，圆柱齿轮加工误差可分为以下 4 种。

（1）齿廓误差。齿廓误差是指加工后的齿廓不是理论渐开线，其主要原因为刀具本身的刀刃轮廓误差及齿形角偏差、滚刀的轴向窜动和径向跳动、齿坯的径向跳动，以及在每转动一个齿距角内转速不均匀等。

（2）齿距误差。齿距误差是指加工后的齿廓相对于工件的旋转中心分布不均匀，其主要原因为齿坯安装偏离中心（简称偏心）、机床上的分度蜗轮齿廓分布不均匀及其安装偏心等。

（3）齿向误差。齿向误差是指加工后的齿面沿齿轮轴线方向上的形状和位置误差，其主要原因为刀具进给运动的方向偏心、齿坯安装偏心等。

（4）齿厚误差。齿厚误差是指加工后的轮齿厚度相对于理论值在整个齿圈上不一致，其主要原因为刀具的铲形面相对于被加工齿轮中心的位置误差、刀具齿廓的分布不均匀等。

3. 按误差在齿轮的一转中出现的次数分类

按误差在齿轮的一转中出现的次数分类，圆柱齿轮加工误差可分为以下 2 种。

（1）长周期误差。在图 9-3 所示的滚齿加工过程中，可以把旋转的滚刀看成其刀齿沿滚刀轴向移动，这相当于齿条与被加工齿轮的啮合运动，滚刀和齿坯的旋转运动应严格保持这种运动关系。如果这种运动关系被破坏，圆柱齿轮就会产生误差。例如，当齿轮安装偏心（几何偏心）和机床上的分度蜗轮的加工误差和安装偏心（运动偏心）时，就会影响齿坯和滚刀之间正确的运动关系，因为其在齿坯转动一周的过程中引起的齿轮最大误差只出现一次，所以称为长周期误差，也称为低频误差。该误差以齿轮的一转为周期，主要影响圆柱齿轮传动的准确性。

（2）短周期误差。如果机床上的分度蜗杆或滚刀存在转速误差、径向跳动和轴向窜动等造成的误差，也会破坏滚刀和齿坯之间的运动关系，因为刀具的转数远比齿坯转数高，所引起的误差在齿坯的一转中重复出现，因此其出现的频率较高，所以称为短周期误差，也称为高频误差。

9.3　圆柱齿轮精度的评定参数及其检测

为保证圆柱齿轮（下文简称齿轮）传动的工作质量，需要控制齿轮加工误差，因此，必须了解和掌握这些误差的评定参数。通常，单个圆柱齿轮精度的检测项目主要包括齿距、齿形、齿向和齿厚的检测。在齿轮新标准中，齿轮误差、偏差统称齿轮偏差，单项要素测量所用的基本偏差标示符由小写字母（如 f）和相应的下标组成，而对表示若干单项要素偏差组成的累积偏差或累积总偏差所用的符号，采用大写字母（如 F）和相应的下标，下角标"T"应用于公差值符号。例如，f_p 表示单个齿距偏差，f_{pT} 表示单个齿距公差。

9.3.1　齿距偏差

齿轮精度国家标准 GB/T10095.1—2022 规定了齿距偏差有单个齿距偏差 f_p、齿距累积总偏差 F_p 两个必检指标，以及非必检指标——齿距累积偏差 F_{pk}。

1. 单个齿距偏差

单个齿距偏差 f_p 是指所有任意单个齿距偏差 f_{pi} 的最大绝对值，即 $f_p=\max|f_{pi}|$。任意单个齿距偏差 f_{pi} 是指在圆柱齿轮的端平面内、测量圆上，实际齿距与理论齿距的代数差，该偏差是任意齿面相对于相邻同侧齿面偏离其理论位置的位移量，左侧齿面及右侧齿面的 f_{pi} 值的个数均等于齿数。单个齿距偏差如图 9-5 所示，其中实线代表实际齿廓，双点画线代表理论齿廓。测量圆的上端面齿距 $p_{tM} = \pi d_M / z$，式中的 d_M 表示测量圆的直径。

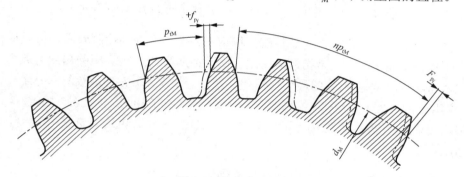

图 9-5　单个齿距偏差

无论是齿距正偏差或齿距负偏差，均会造成圆柱齿轮在交替啮合中的瞬时传动比的变化，影响传动的平稳性。单个齿距偏差的测量方法与齿距累积总偏差的测量方法相同，只是数据处理方法不同。进行相对测量时，理论齿距由所有实际齿距的平均值表示。

机床传动链误差会造成单个齿距偏差。齿轮的基圆齿距与分度圆齿距的关系式为

$$p_b=p_t\cos\alpha \tag{9-1}$$

式中，p_b 为齿轮基圆齿距；p_t 为齿轮分度圆齿距；α 为齿轮分度圆上的齿形角。

对式（9-1）进行微分，得

$$\Delta p_b=\Delta p_t\cos\alpha -\Delta p_t\,\alpha\sin\alpha \tag{9-2}$$

式中，Δp_b 为基圆齿距误差；Δp_t 为齿距误差；$\Delta\alpha$ 为齿形角误差。

由式（9-2）可知，齿距偏差与基圆齿距偏差和齿形角误差都有关，是基圆齿距偏差和齿廓偏差的综合反映，影响了传动的平稳性。因此，必须限制单个齿距偏差。

2. 齿距累积总偏差

齿距累积总偏差 F_p 是指齿轮所有轮齿的指定齿面的任意齿距累积偏差 F_{pi} 的最大代数

差，即 $F_p=F_{pi,\ max}-F_{pi,\ min}$。任意齿距累积偏差 F_{pi} 表示 n 个相邻齿距的弧长与理论弧长的代数差，n 的范围为 $1\sim z$，左侧齿面和右侧齿面的 F_{pi} 值的个数均等于齿数，理论上 F_{pi} 等于这 n 个齿距的任意单个齿距偏差 f_{pi} 的代数和，是相对于一个基准轮齿齿面任意轮齿齿面偏离其理论位置的位移量（见图 9-5）。

齿距累积总偏差 F_p 在测量中以被测齿轮的轴线为基准，在端平面内接近齿高中部的一个与齿轮轴线同心的圆上，对每齿测量一个点，所取点数有限且不连续。该指标反映了几何偏心和运动偏心造成的综合误差，所以能在一定程度上全面地评定圆柱齿轮传动的准确性，它也是一个综合性指标。由于 F_p 的测量可使用较普及的齿距仪、万能测齿仪等仪器，因此它是目前工厂中常用的一种齿轮传动精度的评定参数，也是国家标准规定的强制性检测指标。

3. k 个齿距的齿距累积偏差 F_{pk} 和八分之一齿数的齿距累积偏差 $F_{pz/8}$

对某些齿数多的圆柱齿轮，为了控制其局部累积偏差和提高检测效率，可以检测 k 个轮齿的齿距累积偏差 F_{pk}。F_{pk} 是指针对指定齿侧面在所有跨 k 个齿距的扇形区域内，任意齿距累积偏差（分度偏差）F_{pi} 的最大代数差。在特定情况下，k 为齿数的八分之一，记为 $F_{pz/8}$，其仅用于齿数大于或等于 12 的齿轮。国家标准 GB/T 10095.1－2022 规定，k 的取值范围一般为 $2\sim z/8$。齿距累积偏差的测量方向是端平面内沿测量圆直径 d_M 的圆弧方向（见图 9-6）。

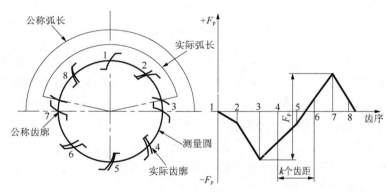

图 9-6　齿距累积偏差

对齿距累积总偏差 F_p 和齿距累积偏差 F_{pk}，通常用万能测齿仪、齿距仪和光学分度头测量，测量的方法有绝对测量法和相对测量法两种，相对测量法较常用，如图 9-7 所示。在测量时，首先，使万能测齿仪的固定量爪和活动量爪在齿高中部分度圆附近与齿面接触，以圆柱齿轮上的任意齿距为基准齿距，将指示表上的指针调整为零；其次，沿整个齿圈依次测出其他实际齿距，计算出实际齿距与基准齿距之差（称为相对齿距偏差）；最后，通过数据处理求出齿距累积总偏差 F_p 和 k 个齿距的齿距累积偏差 F_{pk}。

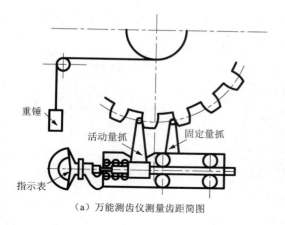

重锤

活动量抓　　固定量抓

指示表

（a）万能测齿仪测量齿距简图

（b）用万能测齿仪测量齿距

图 9-7　齿距的相对测量法

9.3.2　齿廓偏差

齿廓偏差是指被测齿廓偏离设计齿廓的量值，从端平面内且垂直于渐开线齿廓的方向对其计值。除非另有规定，被测齿廓的计值范围一般从齿廓控制圆直径 d_{C_f} 到齿顶成形圆直径 d_{F_a} 范围的 95%（从 d_{C_f} 算起）。齿廓相关参数示意如图 9-8 所示。其中，序号 1 表示被测齿廓，d_a 表示齿顶圆直径，h_k 表示齿顶倒角，d_{F_f} 表示齿根成形圆直径。当无其他限定时，设计齿廓是指端面齿廓。

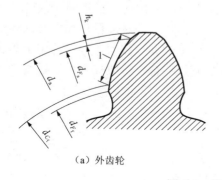

（a）外齿轮

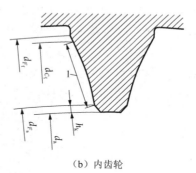

（b）内齿轮

图 9-8　齿廓相关参数示意

齿廓偏差又分为齿廓总偏差 F_α、齿廓形状偏差 $f_{f\alpha}$ 和齿廓倾斜偏差 $f_{H\alpha}$。图 9-9 所示为齿廓偏差曲线，其中 F_a 为齿顶成形点（齿顶修角起始点），C_f 为齿廓控制点，N_f 为有效齿根点，a 为齿顶点，L_α 为齿廓计值长度，g_α 为啮合线长度。

在图 9-9 中各线型含义如下：

粗实线代表被测齿廓。被测齿廓是指测量齿廓时，测头沿齿面走过的齿廓部分，包含从齿廓控制圆直径 d_{C_f} 到齿顶成形圆直径 d_{F_a} 在内的部分，即图 9-8 中的数字 1 所示部分。

点画线代表设计齿廓平行线。设计齿廓是指设计人员给定的齿廓，在展开图中，竖向代表对理论渐开线进行修正，横向代表沿基圆切线方向上的展开长度。未作特别说明时，设计齿廓就是一条未修正的渐开线，在图中用点画线表示。

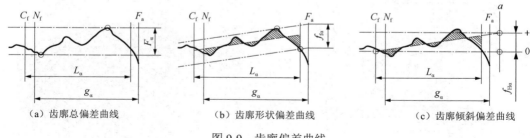

（a）齿廓总偏差曲线　　　　（b）齿廓形状偏差曲线　　　　（c）齿廓倾斜偏差曲线

图 9-9　齿廓偏差曲线

虚线代表平均齿廓。平均齿廓是指与齿廓计值范围内测得的运动轨迹相匹配且表达设计齿廓总体趋势的直线（或曲线）。双点画线代表平均齿廓平行线。

（1）齿廓总偏差。在齿廓计值范围内，包容被测齿廓的两条设计齿廓平行线的距离称为齿廓总偏差。在图 9-9（a）中，设计齿廓平行线与设计齿廓平行。

（2）齿廓形状偏差。在齿廓计值范围内，包容被测齿廓的两条平均齿廓平行线的距离称为齿廓形状偏差。在图 9-9（b）中，平均齿廓平行线与平均齿廓平行。

（3）齿廓倾斜偏差。以齿廓控制圆直径 d_{C_f} 为起点，以平均齿廓的延长线与齿顶圆直径 d_a 的交点为终点，与这两点相交的两条设计齿廓平行线的距离称为齿廓倾斜偏差。在图 9-9（c）中，设计齿廓平行线与设计齿廓平行。

齿廓偏差主要是由刀具的齿形误差、安装误差及机床分度传动链误差造成的。存在齿廓偏差的齿轮啮合时，齿廓的接触点会偏离啮合线。齿廓偏差对齿轮传动平稳性的影响如图 9-10 所示。其中，两个啮合齿 A_1 和 A_2 应在啮合线上的 a 点接触，但是，由于齿轮存在齿廓偏差，使接触点偏离了啮合线，在啮合线外的 a' 点啮合，造成齿轮啮合过程中瞬时动比的变化，影响传动的平稳性。

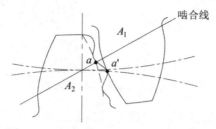

图 9-10　齿廓偏差对传动平稳性的影响

一般情况下，只须检测齿廓总偏差。通常用万能渐开线检查仪或单圆盘渐开线检查仪齿廓总偏差，图 9-11 所示为单圆盘渐开线检查仪。在图 9-11 中，被测齿轮与直径等于被测齿轮基圆直径的基圆盘安装在同一心轴上，并使基圆盘与装在滑座上的直尺相切，当滑座移动时，直尺带动基圆盘和齿轮无滑动地转动，与指标表连接的杠杆顶端的测头与被测齿轮的相对运动轨迹是理想渐开线。若被测齿轮齿廓没有误差，则测头不动，此时指示表的读数为零。如果被测齿廓存在误差，那么检测过程中指示表读数的最大值与最小值之差就是齿廓总偏差。

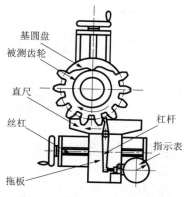

图 9-11　单圆盘渐开线检查仪

9.3.3　螺旋线偏差

螺旋线偏差又称为齿向偏差，是指在端面基圆切线方向上，被测螺旋线相对于设计螺旋线的偏离量。螺旋线计值范围是指两个端面之间的齿面区域，若这个区域存在倒角、圆角及其他类型的修角，则为修角起始点之间的齿面区域。螺旋线偏差分为螺旋线总偏差、螺旋线形状偏差和螺旋线倾斜偏差。图 9-12 所示为螺旋线偏差曲线，该图中的 I 为基准面，II 为非基准面，b 为齿宽或两个端面倒角之间的距离，L_β 为螺旋线计值长度。

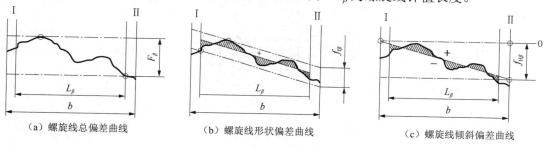

（a）螺旋线总偏差曲线　　　　（b）螺旋线形状偏差曲线　　　　（c）螺旋线倾斜偏差曲线

图 9-12　螺旋线偏差曲线

在图 9-12 中各线型含义如下：

粗实线代表被测螺旋线。测量时，两个端面之间的齿面全长与测头接触的部分就是被测螺旋线。若这一部分存在倒角、圆角及其他类型的修角，则为修角起始点之间的部分。

单点画线代表设计螺旋线的平行线。设计螺旋线是指设计人员给定的螺旋线，在展开图中，竖向代表对理论螺旋线进行的修正，横向代表齿宽；未给定时，设计螺旋线是指未修正的螺旋线。

虚线代表平均螺旋线。平均螺旋线是指与测得的运动轨迹相匹配且表达设计螺旋线总体趋势的直线（或曲线）。

双点画线代表平均螺旋线的平行线，平均螺旋线的平行线与平均螺旋线平行。

（1）螺旋线总偏差 F_β。在螺旋线计值范围内，包容被测螺旋线的两条设计螺旋线的平行线的距离称为螺旋线总偏差。在图 9-12（a）中，设计螺旋线平行线与设计螺旋线平行。

（2）螺旋线形状偏差 $f_{f\beta}$。在螺旋线计值范围内，包容被测螺旋线的两条平均螺旋线的平行线的距离称为螺旋线形状偏差。在图 9-12（b）中，平均螺旋线的平行线与平均螺旋线平行。

（3）螺旋线倾斜偏差 $f_{H\beta}$。在齿轮的齿宽 b 内，通过平均螺旋线的延长线和两个端面的交点的两条设计螺旋线的平行线的距离称为螺旋线倾斜偏差。在图 9-12（c）中，设计螺旋线的平行线与设计螺旋线平行。

螺旋线偏差产生的原因主要有机床刀架垂直导轨与工作台回转中心线的倾斜误差、齿坯安装误差及机床差动传动链（加工斜齿轮）的调整误差等。在上述螺旋线偏差的 3 个评定指标中，一般情况下，只须检测螺旋线总偏差。

螺旋线总偏差直接影响轮齿在齿宽方向的接触好坏，是评价载荷分布均匀性的指标。该偏差主要影响齿面接触进度，可以采用展成法或坐标法，通过齿向检查仪、渐开线螺旋检查仪、螺旋角检查仪和三坐标测量仪等仪器上测量该偏差。

直齿轮螺旋线总偏差的测量较简单（见图 9-13），将被测齿轮以其轴线为基准安装在顶尖上，把 $d=1.68m$（m 为齿轮模数）的精密量棒放入齿槽中，由指示表读出该量棒两个端点的高度差 Δh。然后，将 Δh 乘以齿宽 b 与量棒长度 L 的比值，即可得到螺旋线总偏差，即 $F_\beta = \Delta h \times b/L$。为避免测量误差的影响，可在相隔 $180°$ 的齿槽中测量，选取其平均值作为测量结果。

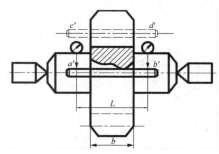

图 9-13　螺旋线总偏差的测量

9.3.4　径向跳动

齿轮的径向跳动值（F_r）是指在齿轮的一转中，将各种形状的测头（球形、圆柱形、砧形或棱柱形测头）相继置于在被测齿轮的每个齿槽内（或齿轮上），在接近齿高中部与左右齿面接触，从齿轮轴线到测头的中心或其他指定位置的任意径向测量距离 r_i 的最大值与最小值之差（最大变化量）齿轮的径向跳动如图 9-14 所示。

齿轮的径向跳动值属于长周期误差，主要是由几何偏心引起的，可以反映齿距累积误差中的径向误差，但不能反映由运动偏心引起的切向误差。因此，不能把它作为全面评定传动准确性的指标，只能作为单项指标，属于非必检项目。

　　齿轮的径向跳动值可用齿轮径向跳动检查仪、万能测齿仪或普通偏摆检查仪测量。可用球形测头测量齿轮的径向跳动值，如图 9-14 所示。测量时球形测头与齿槽双面接触，以齿轮孔中心线为测量基准，逐齿测量。在齿轮的一转中，指示表读数的最大值与最小值之差就是被测齿轮的径向跳动值，该值等于径向偏差的最大值与最小值之差。在测量时，径向跳动值很小或没有齿距偏差，这是因为所加工的齿槽宽度相等。此时，可采用"骑架"测头，但不能因此认为测量径向跳动值为零。各种形状的侧头如图 9-14（b）所示。

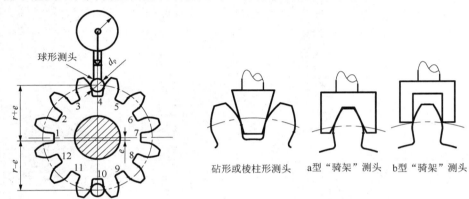

（a）用球形测头测量齿轮的径向跳动值　　　　（b）各种形状的测头

图 9-14　齿轮的径向跳动的检测

9.3.5　切向综合偏差

　　为了便于讨论齿轮传动误差（偏差），国家标准 GB/T 10095.1－2022 以附录（资料性）方式，给出了一齿切向综合偏差 f_{is} 及切向综合总偏差 F_{is}，作为圆柱齿轮测量时的备选参数使用。

　　1. 切向综合总偏差

　　切向综合总偏差是指被测齿轮与测量齿轮单面啮合时，在被测齿轮的一转中，齿轮分度圆上实际圆周位移与理论圆周位移的最大差值（见图 9-15），以分度圆弧长计值。切向综合总偏差代表齿轮一转中的最大转角误差，既反映切向误差，又反映径向误差，是评定齿轮运动准确性的综合性指标。当切向综合总偏差小于或等于所规定的允许值时，表示齿轮满足传动准确性的使用要求。

　　2. 一齿切向综合偏差

　　一齿切向综合偏差是指被测齿轮与测量齿轮单面啮合时，在被测齿轮转过一个齿距角内的切向综合偏差（见图9-15），以分度圆弧长计值。

一齿切向综合偏差主要反映由滚刀和机床分度传动链的制造误差及安装误差引起的齿廓偏差、齿距误差，是切向短周期误差和径向短周期误差的综合结果，可以把它作为全面评定齿轮传动平稳性的指标，可用于控制噪声和振动。

对切向综合总偏差和一齿切向综合偏差，可以用单面啮合仪（简称单啮仪）测量。单啮仪的结构有多种形式，图9-16所示为目前应用较多的光栅式单啮仪的工作原理。在图9-16中，被测齿轮与标准测量齿轮（可以是标准蜗杆或齿条等）进行单面啮合，二者各带一个圆光栅盘和信号发生器，二者的角位移信号经过分频器后变为同频信号。当被测齿轮有误差时，将引起回转角有误差，此回转角的微小误差将产生两路信号相应的相位差，经过比相器比较，由记录仪记下被测齿轮的切向综合总偏差。用单啮仪测量切向综合总偏差的同时，也可测出一齿切向综合偏差。

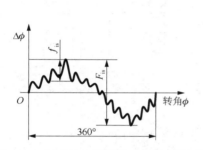

图9-15 切向综合总偏差 F_{is} 和一齿切向
综合偏差 f_{is} 示意

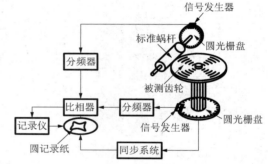

图9-16 光栅式单啮仪的工作原理

测量时，如果所测的是单个齿轮的切向综合总偏差，那么测量齿轮的精度应至少比被测齿轮高4级，并且只要齿轮转动一周即可获得该偏差曲线图。否则，应对测量齿轮引起的误差进行修正。在实际测量时，测量齿轮允许用标准齿条、蜗杆、测头等测量元件代替，但是需要注意：用基准蜗杆或测头代替测量齿轮时，只能获得某截面上的切向综合偏差。要想获得齿宽方向的切向综合偏差，必须沿齿宽方向连续测量。对于直齿轮，可用蜗杆或测头测得的截面切向综合总偏差近似地评定被测齿轮的精度。对于斜齿轮，必须在齿宽方向测量切向综合总偏差。若测量对象是齿轮副，则需旋转若干圈，以形成切向综合偏差曲线图。

9.3.6 径向综合偏差

国家标准 GB/T10095.2—2023 规定了径向综合偏差包括径向综合总偏差 F_{id}、一齿径向综合偏差 f_{id} 两个必检指标，以及一个可选非必检指标 k 齿径向综合偏差 f_{idk}。

1. 径向综合总偏差

径向综合总偏差是指在被测齿轮的所有轮齿与码特齿轮双面啮合时，中心距的最大值与最小值之差主要用来评定齿轮传动的准确性。码特齿轮是指双面啮合测量中满足精度要求并用来测量被测齿轮径向综合偏差的齿轮。

可用双面啮合仪（简称双啮仪）测量径向综合总偏差，如图 9-17 所示，测量时将被测齿轮安装在固定轴上，将码特齿轮安装在可左右移动的滑座轴上，借助弹簧的弹力，使这两个齿轮双面紧密地啮合。当齿轮啮合传动时，由指示表读出两个齿轮中心距的变化量。

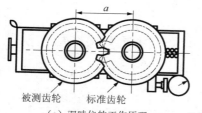

（a）双啮仪的工作原理

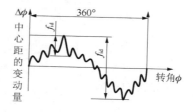

（b）径向综合总偏差和齿径和向综合偏差示意

图 9-17　用双啮仪测量径向综合总偏差

用双啮仪测量径向综合总偏差时，测量结果同时受左、右两侧齿廓和测量齿轮的精度以及总重合度的影响，不能全面地反映齿轮传动的准确性要求。但是，由于双啮仪在测量时的啮合状态与切齿时的状态相似，能够反映齿坯和刀具的安装误差，并且该仪器结构简单，环境适应性好，操作方便，测量效率高，因此在大批量生产中常用双啮仪测量径向综合总偏差。

2. 一齿径向综合偏差

一齿径向综合偏差是指在被测齿轮的所有轮齿与码特齿轮双面啮合过程中，中心距在任意齿距内的最大变化量。该指标主要用来评定齿轮传动的平稳性。

用双啮仪也可以测量一齿径向综合偏差，即图 9-17（b）中小波纹的最大幅值。一齿径向综合偏差主要反映短周期径向误差（基圆齿距偏差和齿廓偏差）的综合结果。由于这种测量方法受左、右齿面误差的共同影响，评定结果不如一齿切向综合偏差精确。

3. k 齿径向综合偏差

当采用一齿径向综合偏差和径向综合总偏差检测合格的齿轮时，若大部分径向综合总偏差仅出现在少数几个轮齿上，则仍可能存在功能上不可接受的传动误差；在双面啮合测量中，对于具有高重合度的齿轮传动，一个轮齿的异常可能会影响到其他多个轮齿；对于具有较高重合度的齿轮传动，相邻轮齿上的其他附加缺陷可能会严重影响齿轮的使用效果。跨多个齿距测量径向综合偏差则有助于识别此类问题。

k 齿径向综合偏差 F_{idk} 是指通过双面啮合测量齿轮的所有轮齿后得到的任意 k 个齿距范围内中心距最大变化量。通常 k 值为 $3 \sim z/8$ 个齿距，测量部分的最大跨齿数 k_{max} 值可以利用标准中相关公式计算得到。图 9-18 所示为齿数为 50、跨 4 个齿距的齿轮径向综合偏差。

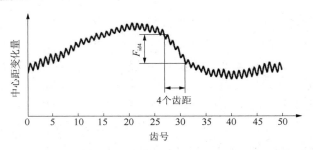

图 9-18 齿数为 50、跨 4 个齿距的齿轮径向综合偏差

9.3.7 齿轮的其他评定参数

除了上述国家标准规定或推荐的评定参数，GB/Z 18620.1～4 也给出了一些常用的评定参数。

1. 基圆齿距偏差

基圆齿距（旧称基节）偏差 f_{pb} 是指实际基圆齿距与公称基圆齿距的代数差（见图 9-19），该参数主要用来评定齿轮传动的平稳性。按渐开线形成原理，实际基圆齿距是指基圆柱切平面所截的两个相邻同侧齿面交线之间的法向距离。

通常采用图 9-20 所示的手持式基圆齿距检查仪测量基圆齿距偏差，该检查仪，可测量模数为 2～16mm 的齿轮的基圆齿距偏差。测量时先按照被测齿轮的基圆齿距的公称值组合量块，并按照量块组尺寸调整相平行的活动量爪与固定量爪之间的距离，将上述检查仪指示表调零，然后将该检查仪放在被测齿轮相邻两个同侧齿面上，使之与齿面相切，指示表就可以显示基圆齿距偏差。

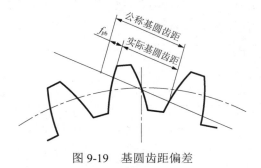

图 9-19 基圆齿距偏差   图 9-20 手持式基圆齿距检查仪

2. 轮齿的接触斑点

被测齿轮与测量齿轮的轮齿接触斑点 c_p 可用来评估装配后的齿轮螺旋线偏差和齿廓精度，齿轮副的接触斑点可以用来评估齿轮载荷分布的均匀性。

检测时，将红丹油或颜料涂在测量齿轮的齿面上。在轻微制动下，齿轮运转后齿面上分布的接触斑点如图 9-21 所示。接触斑点的长度和高度表示如下。

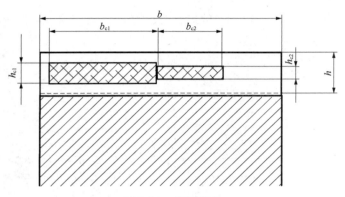

图 9-21　接触斑点

沿齿宽方向，接触斑点的长度 b_{c1}（b_{c2}）与齿宽 b 之比的百分数为

$$\frac{b_{c1}}{b}\times100\%$$ （9-3）

沿齿高方向，接触斑点的高度 h_{c1}（h_{c2}）与有效齿面高度 h 之比的百分数为

$$\frac{h_{c1}}{h}\times100\%$$ （9-4）

在图 9-21 中，b_{c1} 是接触斑点的较大长度，b_{c2} 是接触斑点的较小长度，h_{c1} 是接触斑点的较大高度，h_{c2} 是接触斑点的较小高度。

齿轮装配后（空载情况下）的接触斑点分布同齿轮精度之间的一般指示关系可参阅国家标准 GB/Z 18620.4－2008《圆柱齿轮　检测实施规范　第 4 部分：表面结构和轮齿接触斑点的检测》。

3. 齿厚偏差和公法线长度

预留适当的侧隙是齿轮副正常工作的必要条件。为了保证齿轮副的侧隙，一般通过改变齿轮副中心距的大小或把齿轮的轮齿厚度减小。对于单个齿轮，影响侧隙大小和载荷分布不均匀性的主要因素是实际齿厚的大小及其变化量。可通过控制轮齿的齿厚 s 保证适当的侧隙，而轮齿的齿厚由齿厚偏差和公法线长度控制。

1）齿厚偏差

齿厚偏差 f_{sn} 是指在分度圆柱上实际齿厚与公称值之差（对于斜齿轮齿厚，公称值是指法向齿厚），如图 9-22 所示。齿厚上偏差代号为 E_{sns}，下偏差代号为 E_{sni}。

外齿轮的齿厚偏差可以用齿厚游标卡尺测量，如图 9-23 所示。

由于分度圆上的弧齿厚不便测量，因此通常测量分度圆上的弦齿厚。标准圆柱齿轮分度圆公称弦齿厚 $\bar{s}$ 及公称弦齿高 $\bar{h}$ 可用式（4-5）计算，即

$$\begin{cases}\bar{s}=mz\sin\dfrac{90^\circ}{z}\\[2mm]\bar{h}=m\left[1+\dfrac{z}{2}\left(1-\cos\dfrac{90^\circ}{z}\right)\right]\end{cases}$$ （9-5）

齿厚的测量以齿顶圆为测量基准，测量结果受齿顶圆加工误差的影响。因此，必须保证齿顶圆的精度，以降低测量误差。在实际工程中，常以公法线长度偏差的检测代替齿厚偏差的检测，因为公法线长度偏差检测方便且准确。

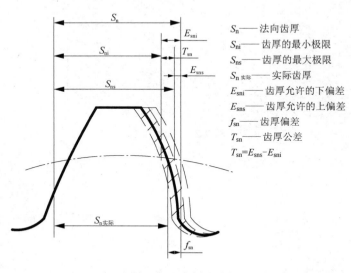

S_n——法向齿厚

S_{ni}——齿厚的最小极限

S_{ns}——齿厚的最大极限

$S_{n实际}$——实际齿厚

E_{sni}——齿厚允许的下偏差

E_{sns}——齿厚允许的上偏差

f_{sn}——齿厚偏差

T_{sn}——齿厚公差

$T_{sn}=E_{sns}-E_{sni}$

图 9-22　齿厚偏差

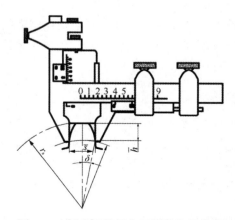

图 9-23　用齿厚游标卡尺测量齿厚偏差

2）公法线长度

公法线长度 W_k 是指在基圆柱切平面上跨 k 个轮齿（外齿轮）或 k 个齿槽（内齿轮），在接触到一个轮齿的右齿面和另一个轮齿的左轮齿面的两个平行平面之间的距离，这个距离在两个齿廓间沿所有法线都是常数。在图 9-24 中，标准直齿圆柱齿轮的公法线长度 W_k 等于 $k-1$ 个基圆齿距和一个基圆齿厚之和，即

$$W_k=(k-1)P_b+S_b=m\cos\alpha\left[(k-0.5)\pi+z\,\mathrm{inv}\alpha\right] \tag{9-6}$$

式中，$\mathrm{inv}\,\alpha$ 为渐开线函数，当 $\alpha=20°$ 时，$\mathrm{inv}20°=0.014$；k 为跨齿数；z 为齿数。

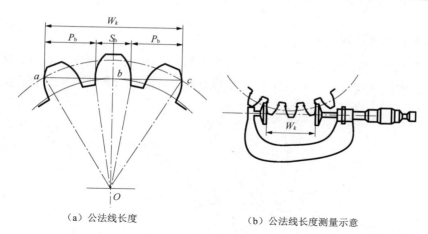

（a）公法线长度　　　　　　　　　　（b）公法线长度测量示意

图 9-24　标准直齿圆柱齿轮的公法线长度及其测量示意

对于齿形角 $\alpha = 20°$ 的标准齿轮，$k=z/9+0.5$。通常 k 值不为整数，计算 W_k 时，应将 k 值化整为最接近计算值的整数。

由于公法线长度没有包括侧隙的允许偏差，因此需要考虑公法线长度的上偏差 E_{bns} 和下偏差 E_{bni}。内、外齿轮的公法线长度偏差 W_{ka} 的合格范围如下。

内齿轮：
$$W_k - E_{bni} \leqslant W_{ka} \leqslant W_k - E_{bns} \tag{9-7}$$

外齿轮：
$$W_k + E_{bni} \leqslant W_{ka} \leqslant W_k + E_{bns} \tag{9-8}$$

可以用公法线千分尺测量公法线长度。为避免机床运动偏心对评定结果的影响，测量时，应选取公法线长度的平均值。

9.4　齿轮副安装误差的评定参数

齿轮副是指一对啮合齿轮。齿轮副的安装误差同样也影响齿轮传动性能，因此有必要对这类误差予以控制。为检验齿轮传动性能，国家标准规定了齿轮副中心距偏差和轴线平行度偏差等评定参数。

9.4.1　齿轮副中心距偏差

齿轮副中心距偏差 f_a 是指实际中心距与公称中心距的差值。齿轮副中心距偏差会影响齿轮副的侧隙。当实际中心距小于设计中心距时，会使侧隙减小；反之，会使侧隙增大。因此，为了保证侧隙满足要求，要求用中心距允许偏差控制中心距偏差。

在齿轮只进行单向承载运转而不经常反转的情况下，最大侧隙不是主要的控制因素，此时中心距允许偏差主要取决于重合度。对于控制运动用齿轮，确定其中心距允许偏差时，必须考虑侧隙的控制；当齿轮上的载荷反向时，确定其中心距允许偏差时需要考虑的因素包括轴、箱体和轴承的偏心，齿轮轴线不共线，齿轮轴线的偏心、安装误差、轴承跳动、温度影响、旋转件的离心膨胀等。

9.4.2　齿轮副轴线平行度偏差

齿轮副轴线平行度偏差分为轴线平面内的平行度偏差 $f_{\Sigma\delta}$ 和垂直平面内的平行度偏差 $f_{\Sigma\beta}$，它会影响齿轮副的接触精度和侧隙。轴线平行度偏差示意如图 9-25 所示。

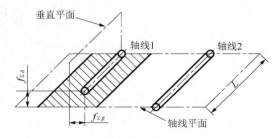

图 9-25　轴线平行度偏差示意

新国家标准推荐的轴线平面内的平行度偏差的最大值为

$$f_{\Sigma\delta} = 2f_{\Sigma\beta} \tag{9-9}$$

新国家标准推荐的垂直平面内的平行度偏差的最大值为

$$f_{\Sigma\beta} = 0.5\left(\frac{L}{b}\right)F_\beta \tag{9-10}$$

式中，L 为齿轮副的两条轴线中较长的一条轴线的长度；b 为齿宽；F_β 为螺旋线总偏差。

9.5　渐开线圆柱齿轮公差等级标准

国家标准 GB/T 10095.1—2022 和 GB/T 10095.2—2023 规定单个渐开线圆柱齿轮齿面的制造和合格判定的公差分级制，确立单个渐开线圆柱齿轮及扇形齿轮的径向综合偏差的公差分级制，还规定各项偏差、公差的术语以及公差分级制的结构和允许值。

9.5.1　齿面公差分级制及其应用

1. 公差分级制

国家标准 GB/T 10095.1—2022《圆柱齿轮 ISO 齿面公差分级制 第 1 部分：齿面偏差的定义和允许值》规定了单个渐开线圆柱齿轮齿面的制造和合格判定的公差分级制，提供了供需双方参考的公差值，并且按照公差值由小到大的顺序，定义了 11 个齿面公差等级，即 1～11 级，其中，1 级精度最高，11 级精度最低，适用于齿数范围为 $5 \leqslant z \leqslant 1000$、分度圆直径范围为 $5\text{mm} \leqslant d \leqslant 15000\text{mm}$、法向模数范围为 $0.5\text{mm} \leqslant m_n \leqslant 70\text{mm}$、齿宽范围为 $4\text{mm} \leqslant b \leqslant 1200\text{mm}$、螺旋角 $\beta \leqslant 45°$ 的渐开线圆柱齿轮。

GB/T 10095.2—2023《圆柱齿轮 ISO 齿面公差分级制 第 2 部分：径向综合偏差的定

义和允许值》确立了单个渐开线圆柱齿轮及扇形齿轮的径向综合偏差的公差分级制，在径向综合公差分级制中将径向综合总偏差 F_{id} 和一齿径向综合偏差 f_{id} 划分为 21 个公差等级，即 R30～R50。其中，R30 级精度最高，R50 级精度最低，适用于齿数 $z \geq 3$、分度圆直径 $d \leq 600mm$ 的渐开线圆柱齿轮及扇形齿轮。

2. 齿面公差分级制的应用

当按照国家标准规定齿轮公差等级时，应使用规定的标识。

（1）齿面公差等级的标识或规定应按下述格式表示：

$$GB/T\ 10095.1-2022，等级\ A$$

其中，A 表示设计齿面公差等级，若未列出年代，则使用最新的 GB／T10095.1。

（2）径向综合偏差的公差等级的标注方式为

$$GB/T\ 10095.2-2023，R××级$$

其中，×× 为设计的径向综合偏差的公差等级，若未列出年代，则使用最新的 GB/T10095.2。

通常，轮齿两侧采用相同的公差等级，在某些情况下，相比非载荷齿面或轻载荷齿面，载荷齿面采用更高的精度等级。此时，应在齿轮工程图样上进行说明，并注明载荷齿面。对于给定的具体齿轮，各偏差项目可使用不同的齿面公差等级。对于齿轮总的公差等级，应按照国家标准规定的所有偏差项目中最大公差等级确定。

在某些应用场合，为取得令人满意的使用性能，可对齿轮提出额外的特性并指明其公差等级。例如，对于齿厚尺寸或表面粗糙度公差，在具体应用中为了确保令人满意的性能，应在工程图样上或采购协议中体现这些尺寸或公差。

国家标准规定的径向综合公差适用于产品齿轮与码特齿轮啮合时的测量结果。对于两个产品齿轮互相啮合时测量得到的径向综合公差，应由供需双方协商决定。需要注意的是，使用国家标准规定的径向综合偏差测量方法确定的公差等级与使用 GB/T 10095.1—2022 规定的单项偏差测量方法确定的公差等级无关。

3. 评定参数的公差值与极限偏差的确定

以上两个最新国家标准提供了单个渐开线圆柱齿轮齿面的各项齿面公差，以及单个产品齿轮与码特齿轮双面啮合时的径向综合偏差的公差计算公式，但没有提供相应的公差表。可根据表 9-1 所列的计算公式计算指定齿面公差等级的齿轮的各项公差值。

在表 9-1 中，单个齿距公差 f_{pT}、齿距累积总公差 F_{pT}、齿距累积公差 f_{pkT}、齿廓倾斜公差 $\pm f_{H\alpha T}$、齿廓形状公差 $f_{f\alpha T}$、齿廓总公差 $F_{\alpha T}$、螺旋线倾斜公差 $\pm f_{H\beta T}$、螺旋线形状公差 $f_{f\beta T}$、螺旋线总公差 $F_{\beta T}$、一齿切向综合公差 f_{isT}、切向综合总公差 F_{isT} 以及径向跳动公差 F_{rT} 这 12 个评定参数允许值是以 5 级精度规定的计算公式乘以（或除以）级间公比计算相邻较大（或较小）一级数值的，两个相邻公差等级的级间公比等于 $\sqrt{2}$，把 5 级精度未圆整的计算值乘以 $2^{0.5(A-5)}$，即可得到任意齿面公差等级的数值。其中，A 是指定齿面公差等级的数值；f_{isT} 和 F_{isT} 的应用范围：公差等级从 1 级到 11 级，$1.0\ mm \leq m_n \leq 50mm$，$5 \leq z \leq 400$，$5mm \leq d \leq 2500mm$。表 9-1 中的一齿径向综合公差 f_{idT}、径向综合总公差 F_{idT} 及 k 齿径向综

合公差 $F_{\mathrm{idk}T}$ 等计算公式所用到的齿数规定如下：对于 200 齿以上的齿轮（扇形齿轮除外），计算齿数 z_c 应为默认值 200；对于扇形齿轮，齿数 z 是将扇形扩展到 360° 后的当量齿数。

表 9-1　评定参数允许值的计算公式（摘自 GB/T 10095.1－2022 和 GB/T 10095.2－2023）

单位：μm

评定参数	计算公式	计算值圆整规则
单个齿距公差 $f_{\mathrm{p}T}$	$f_{\mathrm{p}T} = \left(0.001d + 0.4m_n + 5\right)\sqrt{2}^{A-5}$	（1）当计算值大于 10μm 时，圆整到最接近的整数值；（2）当计算值不大于 10μm 且不小于 5μm 时，圆整到最接近的尾数为 0.5μm 的值；（3）当计算值小于 5μm 时，圆整到最接近的尾数为 0.1μm 的值
齿距累积总公差 $F_{\mathrm{p}T}$	$F_{\mathrm{p}T} = \left(0.002d + 0.55\sqrt{d} + 0.7m_n + 12\right)\sqrt{2}^{A-5}$	
齿距累积公差 $f_{\mathrm{p}kT}$	$F_{\mathrm{p}kT} = f_{\mathrm{p}T} + \frac{4k}{z}\left(0.001d + 0.55\sqrt{d} + 0.3m_n + 7\right)\sqrt{2}^{A-5}$ 对于 $F_{\mathrm{p}z/8T}$，　$F_{\mathrm{p}z/8T} = \dfrac{f_{\mathrm{p}T} + F_{\mathrm{p}T}}{2}$	
齿廓倾斜公差 $\pm f_{\mathrm{H}\alpha T}$	$\pm f_{\mathrm{H}\alpha T} = \left(0.4m_n + 0.001d + 4\right)\sqrt{2}^{A-5}$	
齿廓形状公差 $f_{\mathrm{f}\alpha T}$	$f_{\mathrm{f}\alpha T} = \left(0.55m_n + 5\right)\sqrt{2}^{A-5}$	
齿廓总公差 $F_{\alpha T}$	$F_{\alpha T} = \sqrt{f_{\mathrm{H}\alpha T}^2 + f_{\mathrm{f}\alpha T}^2}$	
螺旋线倾斜公差 $\pm f_{\mathrm{H}\beta T}$	$\pm f_{\mathrm{H}\beta T} = \left(0.05\sqrt{d} + 0.35\sqrt{b} + 4\right)\sqrt{2}^{A-5}$	
螺旋线形状公差 $f_{\mathrm{f}\beta T}$	$f_{\mathrm{f}\beta T} = \left(0.07\sqrt{d} + 0.45\sqrt{b} + 4\right)\sqrt{2}^{A-5}$	
螺旋线总公差 $F_{\beta T}$	$F_{\beta T} = \sqrt{f_{\mathrm{H}\beta T}^2 + f_{\mathrm{f}\beta T}^2}$	
一齿切向综合公差 $f_{\mathrm{is}T}$	$f_{\mathrm{is}T} = f_{\mathrm{is(design)}} \pm \left(0.37m_n + 5.0\right)\sqrt{2}^{A-5}$ 其中，"+" 号对应 $f_{\mathrm{is}T,\max}$，"–" 号对应 $f_{\mathrm{is}T,\min}$，若此值为负，则选取 0；对一齿切向综合公差设计值 $f_{\mathrm{is(design)}}$，应通过分析设计和检测条件确定	
切向综合总公差 $F_{\mathrm{is}T}$	$F_{\mathrm{is}T} = F_{\mathrm{p}T} + f_{\mathrm{is}T,\max}$	
径向跳动公差 $F_{\mathrm{r}T}$	$F_{\mathrm{r}T} = 0.9F_{\mathrm{p}T} = 0.9\left(0.002d + 0.55\sqrt{d} + 0.7m_n + 12\right)\sqrt{2}^{A-5}$	
一齿径向综合公差 $f_{\mathrm{id}T}$	$f_{\mathrm{id}T} = \left(0.08\dfrac{z_c m_n}{\cos\beta} + 64\right)2^{[(R-R_x-44)/4]} = \dfrac{F_{\mathrm{id}T}}{2^{(R_x/4)}}$ $z_c = \min\left(\lvert z\rvert, 200\right)$ $R_x = 5\{1 - 1.12^{[(1-z_c)/1.12]}\}$ 式中，R 为公差等级，R_x 为基于齿数的公差等级修正系数，z_c 为计算齿数	公差值应圆整到最接近的整数值。若小数部分为 0.5，则应向上圆整到最近的整数
圆柱齿轮及齿数大于 2/3 整圆齿数的扇形齿轮的径向综合总公差 $F_{\mathrm{id}T}$	$F_{\mathrm{id}T} = \left(0.08\dfrac{z_c m_n}{\cos\beta} + 64\right)2^{[(R-44)/4]}$	
齿数小于或等于 2/3 整圆齿数的扇形齿轮的径向综合总公差 $F_{\mathrm{id}T}$	$F_{\mathrm{id}T} = \left(0.08\dfrac{z_c m_n}{\cos\beta} + 64\right)2^{[(R-44)/4]}\left[\left(1 - 1.5\dfrac{\lvert z_k\rvert - 1}{\lvert z\rvert}\right)2^{\frac{-R_x}{4}} + 1.5\dfrac{\lvert z_k\rvert - 1}{\lvert z\rvert}\right]$ 式中，Z_k 为扇形齿轮齿数	
k 齿径向综合公差 $F_{\mathrm{id}kT}$	$F_{\mathrm{id}kT} = \left(0.08\dfrac{z_c m_n}{\cos\beta} + 64\right)2^{[(R-44)/4]}\left[\left(1 - 1.5\dfrac{k-1}{\lvert z\rvert}\right)2^{\frac{-R_x}{4}} + 1.5\dfrac{k-1}{\lvert z\rvert}\right]$ 式中，除了扇形齿轮，其他所有齿轮测量部分的最大跨齿数 $k_{\max} = \dfrac{z_c}{1.5}$，扇形齿轮测量部分的最大跨齿数 $k_{\max} = \min\left(\dfrac{\lvert z\rvert}{1.5}, \lvert z_k\rvert\right)$	

9.5.2　齿轮副侧隙精度指标的确定

设计时选取的齿轮副最小侧隙必须满足正常储存润滑油，以及补偿由齿轮和箱体温升引起的变形需要。

齿轮副侧隙分为圆周侧隙 j_{wt} 和法向侧隙 j_{bn}。圆周侧隙是指在齿轮的分度圆上进行检测的圆周晃动量。对法向侧隙，可在齿轮的法向平面上或沿啮合线进行检测，可以用塞尺在非工作面进行检测（见图 9-26）。

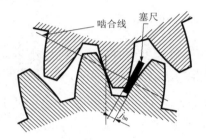

图 9-26　用塞尺检测法向侧隙

圆周侧隙便于测量，法向侧隙是基本的参数，因为它可与法向齿厚、公法线长度、油膜厚度等建立函数关系。对于齿轮副侧隙，应根据工作条件，用最小法向侧隙 $j_{bn,min}$ 加以控制。由箱体/轴和轴承的偏心、箱体的偏差和轴承的间隙导致的齿轮轴线的歪斜，以及安装误差、轴承的径向跳动、温度的影响、旋转件的离心膨胀等因素都会影响齿轮副的最小法向侧隙。

在实际工程中可以用计算法和查表法确定最小法向侧隙。

1. 计算法

综合各种工作因素，设计时选取的最小法向侧隙一般为补偿温升引起的变形所需的最小法向侧隙 j_{bn1} 与保证正常润滑所需的最小法向侧隙 j_{bn2} 之和，即

$$j_{bn,\ min}=j_{bn1}+j_{bn2}（mm）\tag{9-11}$$

$$j_{bn1}=a(\alpha_1\Delta t_1-\alpha_2\Delta t_2)\times2\sin\alpha_n（mm）\tag{9-12}$$

式中，a 为中心距（mm）；α_1、α_2 分别为齿轮和箱体材料的线膨胀系数；Δt_1、Δt_2 分别为齿轮和箱体工作温度与标准温度（20℃）之差；α_n 为法向压力角（°）

j_{bn2} 取决于润滑方式和齿轮工作时的圆周速度，其参考值见表 9-2。

因为影响法向侧隙的因素较多，而实际中仅考虑以上两项因素，所以其计算值偏小。实际设计时可以按下式选取，即

$$j_{bn,\ min}\geqslant j_{bn1}+j_{bn2}(mm)\tag{9-13}$$

表 9-2　保证正常润滑所需的最小法向侧隙 j_{bn2} 的参考值

单位：mm

润滑方式	齿轮工作时的圆周速度 v/（m·s^{-1}）			
	低速传动 （$v<10$）	中速传动 （$10\leq v\leq 25$）	高速传动 （$25<v\leq 60$）	超高速传动 （$v>60$）
喷油润滑	0.01 m_n	0.02 m_n	0.03 m_n	（0.03～0.05）m_n
油池润滑	（0.005～0.01）m_n			

注：m_n 为法向模数。

2. 查表法

齿轮和箱体一般都为黑色金属，工作时节圆线速度小于 15m/s；轴和轴承都为常用的齿轮传动，齿轮副最小法向侧隙 $j_{bn,\ min}$ 可用式（9-14）计算，即

$$j_{bn\ min} = \frac{2}{3}(0.06 + 0.0005a_i + 0.03m_n) \qquad (9\text{-}14)$$

式中，a_i 为最小中心距，一般取其绝对值（单位为 mm）。

由式（9-14）可以计算得出表 9-3 所列的推荐值，在设计时可以按照实际情况选用该表中的推荐数据。

表 9-3　中、大模数齿轮的最小法向侧隙推荐值（摘自 GB/Z 18620.2－2008）

模数 m_n	最小中心距 a_i / mm					
	50	100	200	400	800	1600
1.5	0.09	0.11	—	—	—	—
2	0.10	0.12	0.15	—	—	—
3	0.12	0.14	0.17	0.24	—	—
5	—	0.18	0.21	0.28	—	—
8	—	0.24	0.27	0.34	0.47	—
12	—	—	0.35	0.42	0.55	—
18	—	—	—	0.54	0.67	0.94

齿轮的轮齿配合采用基准中心距制，在此前提下，可采用控制齿厚或公法线长度等方法保证侧隙满足要求。

1）用齿厚极限偏差控制齿厚

为了获得最小法向侧隙 $j_{bn,\ min}$，应保证齿厚有最小变化量，该变化量是由分度圆齿厚上偏差 E_{sns} 形成的。对于 E_{sns} 的确定，可用类比法选取，也可参考下述方法计算选取。当主动轮与被动轮的齿厚都做成最大值时，即做成上偏差时，可获得最小法向侧隙 $j_{bn,\ min}$。通常认为主动轮与被动轮的齿厚上偏差相等，此时

$$j_{bn,min} = |E_{sns1} + E_{sns2}|\cos\alpha_n = 2|E_{sns}|\cos\alpha_n \qquad (9\text{-}15)$$

式中，α_n 为法向齿形角；E_{sns1}、E_{sns2} 分别为主动轮与被动轮的齿厚上偏差。

若对主动轮与从动轮选取相同的齿厚上偏差，则

$$E_{\text{sns}} = E_{\text{sns1}} = E_{\text{sns2}} = -\frac{j_{\text{bn,min}}}{2\cos\alpha_{\text{n}}} \tag{9-16}$$

当对最大侧隙也有要求时，也需要控制齿厚下偏差 E_{sni}。此时需计算齿厚公差 T_{sn}。要适当选取齿厚公差，若齿厚公差过小，则会增加齿轮的制造成本；若齿厚公差过大，则会使侧隙变大，使齿轮反转时空转行程过大。可以根据齿厚上偏差和齿厚公差求得齿厚下偏差，齿厚公差 T_{sn} 可按式（9-17）计算，即

$$T_{\text{sn}} = \sqrt{F_{\text{rT}}^2 + b_{\text{r}}^2} \times 2\tan\alpha_{\text{n}} \tag{9-17}$$

式中，F_{rT} 为径向跳动公差；b_{r} 为切齿径向进刀公差，可按照表 9-4 选取其值。

表 9-4　切齿径向进刀公差

齿轮精度等级	4 级	5 级	6 级	7 级	8 级	9 级
b_{r}	1.26 IT7	IT8	1.26 IT8	IT9	1.26 IT9	IT10

齿厚的下偏差 E_{sni} 可按式（9-18）计算，即

$$E_{\text{sni}} = E_{\text{sns}} - T_{\text{sn}} \tag{9-18}$$

式中，T_{sn} 为齿厚公差。

显然，若齿厚偏差（上偏差和下偏差）合格，则实际齿厚偏差 E_{sn} 应处于齿厚公差带内，从而保证侧隙满足要求。

2）用公法线长度极限偏差控制齿厚

齿厚偏差的变化必然引起公法线长度的变化。测量公法线长度同样可以控制侧隙大小，在实际生产中，常用控制公法线长度极限偏差的方法保证侧隙满足要求。公法线长度极限偏差和齿厚偏差存在如下关系。

公法线长度上偏差：$\qquad\qquad E_{\text{bns}} = E_{\text{sns}}\cos\alpha_{\text{n}} \tag{9-19}$

公法线长度下偏差：$\qquad\qquad E_{\text{bni}} = E_{\text{sni}}\cos\alpha_{\text{n}} \tag{9-20}$

9.5.3　检测项目的选择

齿轮的几何特征可通过多种方法测量，具体测量方法取决于公差的等级、相关的测量不确定度、齿轮的尺寸及其产量、可用设备、齿坯精度和测量成本等。对于直齿轮和斜齿轮的测量方法与检测实施，GB/Z 18620.1－2008 中有相关说明。在检测中，测量全部轮齿要素的偏差既不经济也没有必要，因为其中有些要素对于特定齿轮的功能并没有明显的影响。另外，考虑到工厂检测条件和齿轮的传动性能，有些测量项目可以代替另一些项目。例如，切向综合偏差检测可代替齿距偏差检测，径向综合偏差检测可代替径向跳动检测等。

现行最新国家标准对于指定齿面公差等级和尺寸的所有单个偏差，给出了最少可接受参数的推荐表，即表 9-5 被测参数推荐表。当供需双方同意时，可用备选参数替代默认参数。选择默认参数还是备选参数取决于可用的测量设备，评定齿轮参数时可使用更高精度的齿面公差等级的参数表。

表 9-5　被测参数推荐表

直径/mm	齿面公差等级	最少可接受参数	
		默认参数	备选参数
$d \leqslant 4000$	10～11 级	F_p, f_p, s, F_α, F_β	s, c_p, $F_{id}^{①}$, $f_{id}^{①}$
	7～9 级	F_p, f_p, s, F_α, F_β	s, $c_p^{②}$, F_{is}, f_{is}
	1～6 级	F_p, f_p, s F_α, $f_{f\alpha}$, $f_{H\alpha}$ F_β, $f_{f\beta}$, $f_{H\beta}$	s, $c_p^{②}$, F_{is}, f_{is}
$d > 4000$	7～11 级	F_p, f_p, s, F_α, F_β	F_p, f_p, s,（f_β或 $c_p^{②}$）

注：① 根据国家标准 GB/T 10095.2，仅限于齿轮尺寸不受限制时。
　　② 如需采用接触斑点的验收标准和测量方法，则应经供需双方同意。

对于 1～6 级公差等级的齿轮，可以根据需要按照国家标准规定的检测项目和相应允许值进行检测。这一类精度齿轮都是主机的关键部位，如果检测项目不到位，就会在主机工作时产生不良反应，甚至出现危险后果。

7～11 级公差等级的齿轮成本相对较低，一般大批量生产，对大批量生产的每个齿轮都进行 f_p、F_p、F_α 和 F_β 四项偏差检测是不经济的，也是不科学和不现实的。因此，在大批量生产这一类齿轮前，首先用某种方法生产第一批少量齿轮，对它们的 f_p、F_p、F_α 和 F_β 四项偏差进行仔细检测；评定它们合格后，对按照相同方法生产的其他批次齿轮，可以通过测量径向综合偏差或径向跳动，判断它们是否有变化，不必重复进行仔细检测。最后对已加工好的少量齿轮进行上述四项偏差项目的检测。这种生产方式既能保证全部齿轮精度又能节省生产时间和成本。

9.5.4　齿坯公差

齿轮的传动性能与齿坯的精度有关。齿坯的尺寸偏差、形状误差和表面质量对齿轮的加工、检测及齿轮副的接触条件与运转状况有很大的影响。为了保证齿轮的传动性能，必须控制齿坯精度，使加工出的轮齿精度（齿廓偏差、相邻齿距偏差等）符合要求。

1. 确定齿轮基准轴线的方法

有关齿坯精度参数的数值只有在明确其特定的旋转轴线的情况下才有意义。测量时齿轮旋转的轴线若发生变化，则这些参数的测量值也将改变。因此，在设计时必须把轮齿基准轴线明确标注在图样上。事实上，整个齿轮的几何形状均以该轴线为基准，基准轴线是由基准面中心确定的,设计时应使基准轴线和工作轴线重合。国家标准 GB/Z 18620.3－2008 规定了确定齿轮基准轴线的 3 种方法。

（1）由两个"短的"圆柱形基准面或圆锥形基准面上设定的两个圆的圆心确定基准轴线的两个点（见图 9-27）。在图 9-27 中基准轴线为公共基准轴线 $A—B$，一般指安装轴承的轴线。

（2）用一个"长的"圆柱形基准面或圆锥形基准面同时确定基准轴线的位置和方向。孔的轴线可以用与之相匹配、正确装配的工作芯轴的轴线代表，在图 9-28 中，以齿轮孔的轴线 A 为基准轴线。

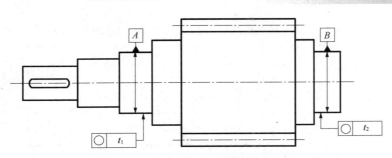

图 9-27　确定齿轮基准轴线的方法 1

（3）用一个"短的"圆柱形基准面上一个圆的圆心确定基准轴线的位置，用垂直于该轴线的一个基准端面确定其方向（见图 9-29）。

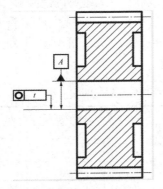

图 9-28　确定齿轮基准轴线的方法 2　　　　图 9-29　确定齿轮基准轴线的方法 3

2. 齿轮基准面和安装面的形状公差及安装面的跳动公差

国家标准 GB/Z 18620.3－2008 对齿轮基准面和安装面的形状公差及安装面的跳动公差做了较为详细的规定，分别见表 9-6 和表 9-7。

表 9-6　齿轮基准面和安装面的形状公差（摘自 GB/Z 18620.3－2008）

用于确定轴线的基准面	几何公差特征项目		
	圆度	圆柱度	平面度
两个"短的"圆柱形基准面或圆锥形基准面	$0.04\left(\dfrac{L}{b}\right)F_\beta$或 $0.1\,F_p$，选取两者中的小值	—	—
一个"长的"圆柱形基准面或圆锥形基准面		$0.04\left(\dfrac{L}{b}\right)F_\beta$或 $0.1\,F_p$，选取两者中的小值	—
一个"短的"圆柱形基准面和一个端面	$0.06\,F_p$		$0.06\left(\dfrac{D_d}{b}\right)F_\beta$

注：① 齿坯的公差应减至能经济制造的最小值。

　　② L 为较大的轴承跨距，D_d 为基准面直径，b 为齿宽。

表 9-7　齿轮安装面的跳动公差（摘自 GB/Z 18620.3－2008）

用于确定轴线的基准面	跳动量（总的指示幅度）		
	径向		轴向
仅指圆柱形基准面或圆锥形基准面	$0.15\left(\dfrac{L}{b}\right)F_\beta$ 或 $0.3F_p$，选取两者中的大值		
一个圆柱形基准面和一个端面	$0.3\,F_p$		$0.2\left(\dfrac{D_d}{b}\right)F_\beta$

注：齿坯的公差应减至能经济制造的最小值。

9.5.5　齿轮齿面和基准面的表面粗糙度要求

齿轮齿面的表面粗糙度影响齿轮的传动性能、表面承载能力和弯曲强度，必须加以控制。可把直接测得的表面粗糙度参数值与规定的允许值进行比较，应优先选用表 9-8 中的表面粗糙度。轮廓算术平均偏差（Ra）和微观不平度十点高度（Rz）都可以作为一种判断依据，但不应在同一部分使用两者。

表 9-8　齿轮齿面的表面粗糙度（摘自 GB/Z 18620.4－2008）

齿轮精度等级	轮廓的算术平均偏差（Ra）/μm			微观不平度十点高度（Rz）/μm		
	$m<6$	$6\leq m\leq 25$	$m>25$	$m<6$	$6\leq m\leq 25$	$m>25$
5 级	0.5	0.63	0.80	3.2	4.0	5.0
6 级	0.8	1.00	1.25	5.0	6.3	8.0
7 级	1.25	1.6	2.0	8.0	10.0	12.5
8 级	2.0	2.5	3.2	12.5	16	20
9 级	3.2	4.0	5.0	20	25	32
10 级	5.0	6.3	8.0	32	40	50
11 级	10	12.5	16	63	80	100
12 级	20	25	32	125	160	200

注：① 国家标准规定的齿轮精度等级和本表中的表面粗糙度等级之间没有直接关系。

② 本表中表面粗糙度等级并不与特定的制造工艺对应。

③ 本表中的微观不平度十点高度（Rz）是旧标准中的名称，注意与本书第 4 章对应的术语区分。

9.5.6　图样上的齿轮齿面公差要求

最新国家标准规定，在工程图样或齿轮计算书中规定的齿轮齿面公差要求应包括但不限于以下内容：

（1）国家标准的引用，如 GB／T10095.1—2022。

（2）各偏差项目的齿面公差等级（各偏差项目的公差等级可不相同）和公差值（根据公差公式进行计算），单位为微米（μm）。

（3）用于测量的基准轴线（最佳工作基准轴线）。

（4）工作基准轴线（用于评价）。

（5）如果测量圆直径与标准规定的不相同，应指明测量圆直径。

（6）如果最少检查齿数与标准规定的不相同，应指明最少检查齿数。

（7）如果需要，应指明齿廓或螺旋线修正的设计形状。

（8）齿廓和螺旋线测量的计值范围。

（9）齿廓控制圆直径（表述为直径、展开长度或展开角）。

（10）其他测量要求，如齿厚（表述为分度圆齿厚、跨齿距或跨球距）、齿顶圆直径和齿根圆直径、齿根圆角轮廓、齿面的表面粗糙度。

通常，以上要求可用参数表给出。

本章小结

本章对圆柱齿轮的公差及其检测进行了较详细的阐述，包括齿轮传动的使用要求、齿轮的加工误差及其对齿轮传动性能的影响、单个渐开线圆柱齿轮的评定参数及检测、齿轮副的评定参数和圆柱齿轮精度标准等。

齿轮传动的使用要求包括传动的准确性、传动的平稳性、载荷分布的均匀性和，合理的齿侧间隙，主要从以上 4 个方面确定齿轮精度的评定参数。

习　题

9-1　齿轮传动的使用要求有哪些？彼此有什么区别与联系？

9-2　产生齿轮加工误差的主要因素有哪些？如何对齿轮加工误差进行分类？

9-3　齿轮传动四项使用要求的评定参数有哪些？

9-4　应在什么情况下检测接触斑点？影响接触斑点的因素有哪些？

9-5　在齿轮齿面公差分级制中，对圆柱齿轮的齿面公差等级的规定是什么？

9-6　已知某齿轮模数为 m_n=3mm，齿数 z=32，齿宽 b=20mm，齿轮公差等级为 8 级。试求单个齿距公差 f_{pT} 和螺旋线总公差 $F_{\beta T}$ 的允许值。

9-7　某通用减速器中有一对直齿圆柱齿轮副，模数 m=3mm，齿形角 α=20°，小齿轮齿数 z_1=32，大齿轮齿数 z_2=96，齿宽 b=20mm，传递的最大功率为 5kW，转速 n=1280r/min；齿轮箱体采用喷油润滑，齿轮工作温度 t_1=75℃，箱体工作温度 t_2=50℃。钢齿轮的线膨胀系数 α_1=11.5×10⁻⁶，铸铁箱体的线膨胀系数 α_2=10.5×10⁻⁶，小批量生产。试确定小齿轮精度等级，齿厚的上、下允许偏差，检测项目及其公差。

第 10 章　圆锥配合精度设计

引 例

圆锥配合是机器、仪器及工具结构中常用的典型配合。圆锥配合同轴度精度高、紧密性好，可以调整间隙或过盈，可利用摩擦力传递转矩，常用于定位和密封。图 10-1 为钻床夹具，对其钻模板，先用圆锥销、孔配合进行定位，再用螺栓固紧。图 10-2 为汽车的进/排气门，它是利用圆锥面密封的。

圆锥配合

图 10-1　钻床夹具

图 10-2　汽车进/排气门

10.1　概　　述

与圆柱配合相比较，圆锥配合具有同轴精度高、可以调整间隙或过盈、良好的紧密性和自锁性、可利用摩擦力传递转矩等优点。但是，圆锥配合在结构上比较复杂，影响其互换性的参数较多，加工和检测也较困难。为了满足圆锥配合的使用要求，保证圆锥配合的互换性，我国发布了一系列有关圆锥公差与配合及圆锥公差标注方法的标准，它们分别是 GB/T 157—2001《产品几何技术规范（GPS）　圆锥的锥度和角度系列》、GB/T 11334—2005《产品几何技术规范（GPS）　圆锥公差》、GB/T 12360—2005《产品几何技术规范（GPS）　圆锥配合》和 GB/T 15754—1995《技术制图　圆锥的尺寸和公差注法》等国家标准。

10.1.1　圆锥的主要几何参数

圆锥分内圆锥（圆锥孔）和外圆锥（圆锥轴）两种，其主要几何参数为圆锥角、圆锥直径、圆锥长度和锥度，如图 10-3 所示。

圆锥角 α 是指在通过圆锥轴线的截面内的两条素线之间的夹角。圆锥直径是指圆锥在垂直于其轴线的截面上的直径，常用的圆锥直径有最大圆锥直径 D、最小圆锥直径 d 和给定截面圆锥直径 d_x。圆锥长度 L 是指最大圆锥直径截面与最小圆锥直径截面之间的轴向距离。

有时用锥度表示圆锥角的大小。锥度 C 是指两个垂直于圆锥轴线的截面上的圆锥直径之差与这两个截面之间的轴向距离之比，一般用最大圆锥直径 D 和最小圆锥直径 d 之差与它们所在截面之间的轴向距离 L 之比表示锥度，即

$$C=(D-d)/L \tag{10-1}$$

锥度 C 与圆锥角 α 的关系为

$$C = 2\tan\frac{\alpha}{2} = 1 : \frac{1}{2}\cot\frac{\alpha}{2} \tag{10-2}$$

一般用比例或分数形式表示锥度，例如，$C = 1:5$ 或 $C = \dfrac{1}{5}$。

光滑圆锥的锥度已标准化，例如，国家标准 GB/T 157—2001 规定了一般用途和特定用途的锥度与圆锥角系列。

在零件图上，用表示圆锥的图形符号和比例（或分数）形式标注锥度，如图 10-4 所示。图形符号和锥度的标注位置应靠近圆锥轮廓且在平行于圆锥轴线的基准线上，其方向与圆锥方向一致，在基准线的上面标注锥度的数值，用指引线将基准线与圆锥素线相连。如果在零件图上标注了锥度，就不必标注圆锥角，两者不应重复标注。

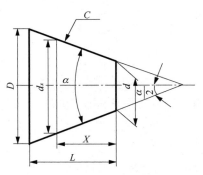

图 10-3　圆锥的主要几何参数

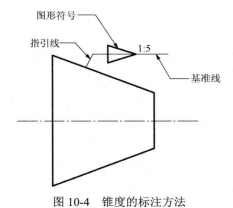

图 10-4　锥度的标注方法

10.1.2　有关圆锥公差的术语

1. 公称圆锥

公称圆锥是指设计时给定的理想形状的圆锥，可用两种形式确定公称圆锥。

（1）一个公称圆锥直径（最大圆锥直径 D、最小圆锥直径 d 和给定截面圆锥直径 d_x）、公称圆锥长度 L、公称圆锥角 α 或公称锥度 C。

（2）两个公称圆锥直径和公称圆锥长度 L。

2. 极限圆锥、圆锥直径公差和圆锥直径公差区

极限圆锥是指与公称圆锥共轴且圆锥角相等、直径分别为上极限直径和下极限直径的两个圆锥，如图 10-5（a）所示。在垂直于圆锥轴线的所有截面上，这两个圆锥的直径之差都相等。

圆锥直径公差 T_D 是指圆锥直径的允许变化量，圆锥直径公差在整个圆锥长度内都适用。两个极限圆锥所限定的区域称为圆锥直径公差区 Z，如图 10-5（b）所示。

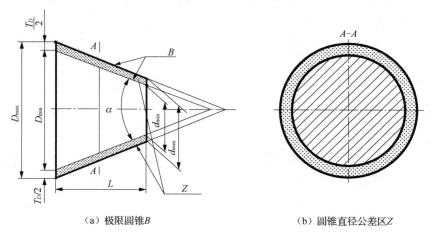

（a）极限圆锥 B　　　　　　　　　（b）圆锥直径公差区 Z

图 10-5　极限圆锥 B 和圆锥直径公差区 Z

3. 极限圆锥角、圆锥角公差和圆锥角公差区

极限圆锥角是指允许的上极限圆锥角或下极限圆锥角，用 $\alpha_{\max}$ 表示上极限圆锥角，用 $\alpha_{\min}$ 表示下极限圆锥角，如图 10-6 所示。圆锥角公差是指圆锥角的允许变化量。当圆锥角公差以弧度或角度为单位时，用代号 AT_α 表示；当它以长度为单位时，用代号 AT_D 表示。上、下限极限圆锥角 $\alpha_{\max}$ 和 $\alpha_{\min}$ 所限定的区域称为圆锥角公差区 Z_α。

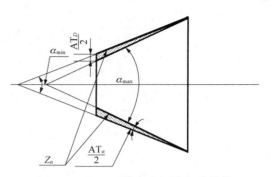

图 10-6　极限圆锥角和圆锥角公差区

10.1.3　有关圆锥配合的术语

1. 圆锥配合及其种类

圆锥配合有结构型圆锥配合和位移型圆锥配合两种。

1）结构型圆锥配合

结构型圆锥配合是指由内、外圆锥的结构或由其结构尺寸确定的装配位置及内、外圆锥公差区之间的相互关系。

结构型圆锥配合可以是间隙配合、过渡配合或过盈配合。在图 10-7 中，由外圆锥 2 的轴肩 1 与内圆锥 3 端面的接触确定装配时最终的轴向相对位置，以获得指定的圆锥间隙配合。这类圆锥间隙配合主要用于有相对转动的机构中，如圆锥滑动轴承。

在图 10-8 中，由外圆锥大端基准平面 1 与内圆锥基准平面 2 之间的结构尺寸 a 确定装配时最终的轴向相对位置，以获得指定的圆锥过盈配合。这类圆锥过盈配合主要用于对中定心或密封。

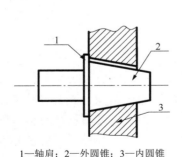

1—轴肩；2—外圆锥；3—内圆锥

图 10-7　由轴肩接触得到的间隙配合

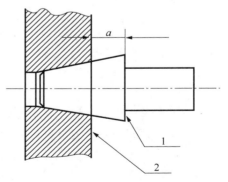

1—外圆锥大端基准平面；2—内圆锥基准平面

图 10-8　由结构尺寸得到的过盈配合

2）位移型圆锥配合

位移型圆锥配合是指由内、外圆锥在装配时产生的一定相对轴向位移量 E_a 确定的相互关系。

位移型圆锥配合可以是间隙配合或过盈配合。在图 10-9 中，在不受力的情况下，内、外圆锥相接触，内圆锥由实际初始位置 P_a 开始向右产生轴向位移量 E_a，到达终止位置 P_f，以获得指定的圆锥间隙配合。

在图 10-10 中，在不受力的情况下，内、外圆锥相接触，由内圆锥的实际初始位置 P_a 开始，对内圆锥施加给定的装配力 F_s，使内圆锥向左产生一定轴向位移量，达到终止位置 P_f，以获得指定的圆锥过盈配合。

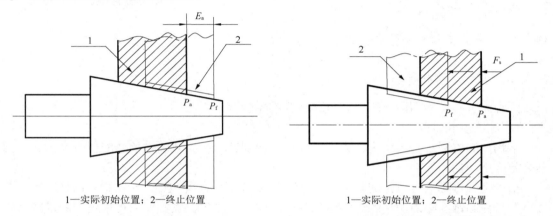

1—实际初始位置；2—终止位置　　　　　　1—实际初始位置；2—终止位置

图 10-9　由轴向位移量 E_a 形成圆锥间隙配合　　　图 10-10　由给定装配力 F_s 形成圆锥过盈配合

轴向位移允许的变化量称为轴向位移公差 T_E，它等于最大轴向位移量 E_{max} 与最小轴向位移量 E_{min} 之差。

轴向位移量 E_a 与间隙 X（或过盈 Y）的关系如下：

$$E_a = \frac{X(或Y)}{C} \tag{10-3}$$

式中，C 为内、外圆锥的锥度。

2. 圆锥直径配合量

圆锥直径配合量是指在配合直径上允许的间隙或过盈的变化量 T_{Df}。

对于结构型圆锥配合，圆锥直径间隙配合量等于最大间隙 X_{max} 与最小间隙 X_{min} 之差的绝对值；圆锥直径过盈配合量等于最大过盈 Y_{max} 与最小过盈 Y_{min} 之差的绝对值；圆锥直径过渡配合量等于最大间隙 X_{max} 与最大过盈 Y_{max} 之差的绝对值；圆锥直径配合量等于内圆锥直径公差 T_{Di} 与外圆锥直径公差 T_{De} 之和。

对于位移型圆锥配合，圆锥直径间隙配合量等于最大间隙 X_{max} 与最小间隙 X_{min} 之差的绝对值；圆锥直径过盈配合量等于最大过盈 Y_{max} 与最小过盈 Y_{min} 之差的绝对值；圆锥直径配合量等于轴向位移公差 T_E 与锥度 C 之积。

10.2 圆锥公差与配合

10.2.1 圆锥公差项目

为了保证内、外圆锥的互换性，使其满足使用要求，对内、外圆锥规定的公差项目如下。

（1）圆锥直径公差。以公称圆锥直径（一般选取最大圆锥直径 D）为公称尺寸，按国家标准 GB/T 1800.1—2020 规定的标准公差选取圆锥直径公差 T_D。该标准的数值适用于圆锥长度范围内的所有圆锥直径。

（2）圆锥角公差。圆锥角公差共 12 个公差等级，分别用 AT1, AT2, …, AT12 表示，等级依次降低。其中，AT1 精度最高，AT12 精度最低。GB/T 11334—2005《圆锥公差》规定的圆锥角公差的数值见表 10-1。当表 10-1 中的数值用于棱体的角度时，以该角短边长度作为基本圆锥长度 L 选取对应的公差值。若需更高等级或更低级精度，则可按公比数 1.6 向两端延伸得到。

表 10-1 圆锥角公差（摘自 GB/T 11334—2005）

基本圆锥长度 L/mm	AT5			AT6			AT7		
	AT_α		AT_D	AT_α		AT_D	AT_α		AT_D
	μrad	(')(")	μm	μrad	(')(")	μm	μrad	(')(")	μm
>25~40	160	33″	>4.0~6.3	250	52″	>6.3~10.0	400	1′22″	>10.0~16.0
>40~63	125	26″	>5.0~8.0	200	41″	>8.0~12.5	315	1′05″	>12.5~20.0
>63~100	100	21″	>6.3~10.0	160	33″	>10.0~16.0	250	52″	>16.0~25.0
>25~40	630	2′10″	>16.0~20.5	1000	3′26″	>25~40	1600	5′30″	>40~63
>40~63	500	1′43″	>20.0~32.0	800	2′45″	>32~50	1250	4′18″	>50~80
>63~100	400	1′22″	>25.0~40.0	630	2′10″	>40~63	1000	3′26″	>63~100

注：1μrad 相当于半径为 1m、弧长为 1μm 的一段圆弧对应的圆心角；5μrad≈1″，300μrad≈1′。

为了加工和检测方便，可由角度值 AT_α 或线值 AT_D 给定圆锥角公差。AT_α 与 AT_D 的换算关系为

$$AT_D = AT_\alpha \times L \times 10^{-3} \qquad (10\text{-}4)$$

式中，AT_D、AT_α 和基本圆锥长度 L 的单位分别为 μm、μrad 和 mm。

AT4~AT12 公差等级的应用举例如下：AT4~AT6 公差等级用于高精度的圆锥量规和角度样板；AT7~AT9 公差等级用于工具圆锥、圆锥销、传递大转矩的摩擦圆锥；AT10~AT11 公差等级用于圆锥套、圆锥齿轮之类的中等精度零件；AT12 公差等级用于低精度零件。

对圆锥角的极限偏差，可按单向取值（$\alpha^{+AT_\alpha}_0$ 或 $\alpha^0_{-AT_\alpha}$），或者按双向对称取值（$\alpha\pm AT/2$），或者按不对称取值。为了保证内、外圆锥接触的均匀性，通常采用的圆锥角公差带对称分布于基本圆锥角。

（3）圆锥的形状公差。对圆锥的形状公差 T_F，可按国家标准 GB/T 1184－1996 中的"图样上注出公差值的规定"选取，参看表 3-7 和表 3-8。常用素线直线度公差和横截面圆度公差表示圆锥的形状公差，在图样上可以按需要对圆锥标注这两项形状公差或其中的一项公差，或者标注圆锥的面轮廓度公差。

10.2.2 圆锥公差的给定及标注方法

在图样上标注内、外圆锥的配合尺寸和公差时，内、外圆锥必须具有相同的公称圆锥角（或基本锥度），需要在内、外圆锥上标注直径公差的圆锥直径必须具有相同的基本尺寸。

圆锥公差的标注方法有下列三种（参看国家标准 GB/T 15754－1995）。

1. 面轮廓度法

面轮廓度法是指给出圆锥的理论正确圆锥角或理论正确锥度、理论正确圆锥直径和基本圆锥长度 L，并标注面轮廓度公差（见图 10-11）。该方法是常用的圆锥公差给定方法，由面轮廓度公差带确定最大与最小极限圆锥，把圆锥的直径偏差、圆锥角偏差、素线直线度误差和横截面圆度误差等都控制在面轮廓度公差带内，这相当于包容要求。

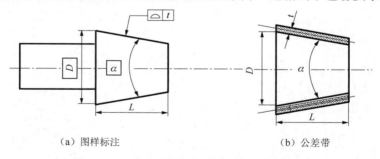

（a）图样标注　　　　　　　　　　　　（b）公差带

图 10-11　采用面轮廓度法标注圆锥公差示例

2. 基本锥度法

基本锥度法是指给出圆锥的公称圆锥角和圆锥直径公差 T_D，并标注公称圆锥直径（D 或 d）及其极限偏差（按相对于该直径对称分布取值）。采用基本锥度法标注圆锥公差示例如图 10-12 所示。

该方法的特点是，按圆锥直径为最大实体尺寸和最小实体尺寸构成的同轴线圆锥面形成两个具有理想形状的包容面公差带，实际圆锥不得超出这两个包容面。当对圆锥角公差、圆锥的形状公差有更高的要求时，可给出圆锥角公差 AT、圆锥的形状公差 T_F。此时，圆锥角公差带和圆锥的形状公差带仅占圆锥直径公差带的一部分。基本锥度法通常适用于有配合要求的结构型内、外圆锥。

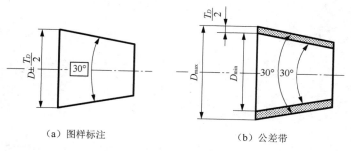

（a）图样标注　　　　　　　（b）公差带

图 10-12　采用基本锥度法
标注圆锥公差示例

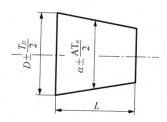

图 10-13　采用公差锥度法标注圆锥
公差示例

3. 公差锥度法

公差锥度法是指同时给出圆锥直径（最大或最小圆锥直径）极限偏差和圆锥角极限偏差，并标注圆锥长度（见图 10-13）。这些要素各自独立，分别满足各自的要求，按独立原则解释。

公差锥度法适用于非配合圆锥，也适用于对给定截面直径有较高要求的圆锥。

应当指出，无论采用哪种标注方法，如果需要，可附加素线直线度、圆度精度要求；对于面轮廓度法和基本锥度法，还可附加圆锥角公差要求。

10.2.3　圆锥配合的一般规定

1. 结构型圆锥配合的一般规定

结构型圆锥的配合性质由内、外圆锥直径公差带之间的关系决定。

对结构型圆锥配合需要的内、外圆锥直径公差带及配合种类，可以根据国家标准 GB/T 1801—2009 选取。如果 GB/T 1801—2009 给出的常用配合种类不能满足设计要求，那么从 GB/T 1800.1—2020 中规定的标准公差和基本偏差中选取所需的直径公差带并组成配合。

结构型圆锥配合也分基孔制配合和基轴制配合。为了减少定值刀具和量规的品种及规格，以获得最佳的技术经济效益，应优先选用基孔制配合。

2. 位移型圆锥配合的一般规定

位移型圆锥的配合性质由内、外圆锥接触时由内圆锥的实际初始位置开始的轴向位移量或由在该实际初始位置上施加的装配力决定。因此，内、外圆锥直径公差带仅影响装配时的内圆锥实际初始位置，不影响配合性质。

对于位移型圆锥配合的内、外圆锥直径公差带代号的基本偏差，推荐采用 H/h 或 JS/js。对轴向位移极限值，按 GB/T 1801—2009 规定的极限间隙或极限过盈计算。

位移型圆锥配合的轴向位移极限值 $E_{a\max}$ 与 $E_{a\min}$ 按式（10-5）、式（10-6）、式（10-8）

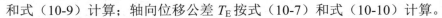

和式（10-9）计算；轴向位移公差 T_E 按式（10-7）和式（10-10）计算。

对于间隙配合，

$$E_{a\,max} = \frac{|X_{max}|}{C} \qquad\qquad (10\text{-}5)$$

$$E_{a\,min} = \frac{|X_{min}|}{C} \qquad\qquad (10\text{-}6)$$

$$T_E = E_{a\,max} - E_{a\,min} = \frac{|X_{max} - X_{min}|}{C} \qquad\qquad (10\text{-}7)$$

对于过盈配合，

$$E_{a\,max} = \frac{|Y_{max}|}{C} \qquad\qquad (10\text{-}8)$$

$$E_{a\,min} = \frac{|Y_{min}|}{C} \qquad\qquad (10\text{-}9)$$

$$T_E = E_{a\,max} - E_{a\,min} = \frac{|Y_{max} - Y_{min}|}{C} \qquad\qquad (10\text{-}10)$$

【例 10-1】 某位移型圆锥配合的锥度 $C = 1:30$，内、外圆锥的公称直径为 60mm，其内、外圆锥直径公差带代号确定为 H7/h6，要求装配后得到 $\phi 60H7/u6$ 的配合性质。试计算由内圆锥实际初始位置开始的最小轴向位移量、最大轴向位移量和轴向位移公差。

解： 根据 $\phi 60H7/u6$，由表 2-3、表 2-5 和表 2-6 查得 IT7=30 mm，IT6=19 mm；$\phi 60H7$ 对应的 EI=0，ES=+0.030 mm；$\phi 60u6$ 对应的 ei=+0.087 mm，es=+0.106 mm。

由此可知，Y_{max}=-0.106mm，Y_{min}=-0.057mm。

按式（10-8）、式（10-9）和式（10-10）计算得到以下 3 个值。

最小轴向位移量：
$$E_{a\,min} = \frac{|Y_{min}|}{C} = 0.057 \times 30 = 1.71 \ (\text{mm})$$

最大轴向位移量：
$$E_{a\,max} = \frac{|Y_{max}|}{C} = 0.106 \times 30 = 3.18 \ (\text{mm})$$

轴向位移公差量：
$$T_E = E_{a\,max} - E_{a\,min} = 1.47 \ (\text{mm})$$

10.3 锥度和圆锥角的检测

10.3.1 直接检测锥度和圆锥角

可用量具或量仪直接检测内、外圆锥的锥度和圆锥角。例如，用万能角度尺、光学测角仪等计量器具测量实际圆锥角的数值。

10.3.2 用量规检测圆锥角偏差

对内、外圆锥的圆锥角偏差，可用圆锥量规检测。在图 10-14 中，对被测内圆锥，用圆锥塞规检测圆锥角偏角；对被测外圆锥，用圆锥环规检测圆锥角偏差。在检测内圆锥的圆锥角偏差时，在圆锥塞规工作面素线上涂 3～4 条极薄的显示剂；在检测外圆锥的圆锥角偏差时，在被测外圆锥表面素线上涂 3～4 条极薄的显示剂，然后把量规与被测圆锥对研（来回旋转，旋转角度应小于 180°）。根据被测圆锥上的着色或量规上被擦掉的痕迹，判断被测圆锥的圆锥角实际值是否合格。

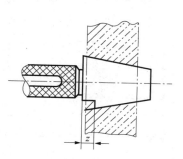
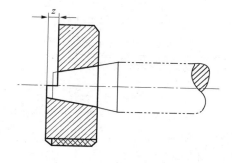

（a）用圆锥塞规检测圆锥角偏差　　　　　　　（b）用圆锥环规检测圆锥角偏差

图 10-14　用圆锥量规检测圆锥角偏差

此外，在量规的基准端部刻有两条刻线（凹缺口），它们之间的距离为 z。该距离用于检测由被测圆锥的实际直径偏差、圆锥角的实际偏差和形状误差的综合结果产生的基面距偏差。若被测圆锥的基准平面位于量规的两条刻线之间，则表示该综合结果合格。

10.3.3　间接检测圆锥角

间接检测圆锥角是指通过测量与被测圆锥的圆锥角有一定函数关系的若干线性尺寸，然后根据该函数计算出被测圆锥角的实际值。通常，使用指示式计量器具、正弦尺、量块组、滚子和钢球测量。

图 10-15 为采用正弦尺、量块组和指示式计量器具检测圆锥角示例。检测时，将高度为 h 的量块组放在平板的工作面（测量基准）上，然后把正弦尺的两个圆柱分别放在平板的工作面上和量块组的上测量面上。

根据被测圆锥的圆锥角 α 和正弦尺的两个圆柱的中心距 L 计算量块组的高度，即

$$h = L\sin\alpha \tag{10-11}$$

如果被测圆锥的实际圆锥角等于 α，那么该圆锥最高的素线必然平行于平板的工作面，由指示表在最高素线两端的 a、b 两点测得的值相同；否则，在 a、b 两点测得的值就不相同。设指示表在 a、b 两点测得的值分别为 M_a（μm）和 M_b（μm），用普通量具测得的 a、b 两点之间的距离为 l（mm），由此可得圆锥角偏差，即

$$\Delta\alpha = \frac{M_a - M_b}{l}(\text{rad}) \approx 206\frac{M_a - M_b}{l}\ (\text{″}) \tag{10-12}$$

图 10-16 所示为采用两个标准钢球（直径分别为 D 和 d）检测圆锥角。通过测量从大小两个标准钢球至零件上平面的距离 L_1 和 L_2，计算出内圆锥角的半角 $\alpha/2$。

$$\sin\frac{\alpha}{2} = \frac{D-d}{2L_1 - 2L_2 + d - D} \tag{10-13}$$

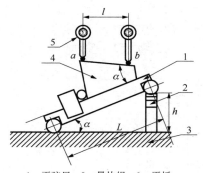

1—正弦尺；2—量块组；3—平板；
4—被测圆锥；5—指示表

图 10-15　采用正弦尺、量块组和指示式
计量器具检测圆锥角示例

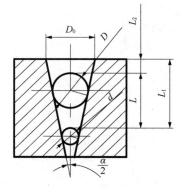

图 10-16　采用两个标准钢球检测圆锥角

本章小结

　　本章主要介绍圆锥的公差及配合的术语、圆锥公差与配合的项目及其给定方法和标注方法、锥度和圆锥角的检测方法。要求掌握圆锥配合与圆柱配合的不同点，掌握圆锥的公差与配合要求。

习　题

　　10-1　圆锥配合与圆柱配合有什么不同？圆锥配合的特点有哪些？

　　10-2　圆锥公差的给定方法有哪几种？标注方法有哪几种？

　　10-3　圆锥配合有哪几种形式？各自的特点是什么？

　　10-4　某位移圆锥配合的内、外圆锥的公称圆锥直径为 80mm，锥度 $C=1：20$，要求形成与 H9/d9 相同的配合性质，试计算其轴向位移极限值和位移公差 T_E。

　　10-5　已知图 10-16 中的两个标准钢球的直径分别为 $D=20mm$ 和 $d=16mm$。通过测量可知，大小两个标准钢球至零件上平面的距离分别为 $L_1=64.64mm$ 和 $L_2=42.56mm$，试计算图 10-16 中的内圆锥角的半角 $\alpha/2$。

第 11 章　精度设计与精度分析

教学重点

精度设计与精度分析的方法，完全互换法和大数互换法的区别，尺寸链的分析和计算。

教学难点

精度分析的方法。

教学方法

讲授法，问题教学法。以案例教学，着重于实际应用能力的训练。

引 例

精度设计与精度分析是机械产品设计中一项很重要的工作。合理地选择几何精度，不仅可以保证产品质量，促进互换性生产的顺利进行，而且还能降低产品成本，提高效益，实现优质、高产、低消耗的目标。

前面章节介绍了有关精度设计的基本理论知识，如何利用这些知识解决生产实际问题是本章的重点。例如，已知装配要求，如何规定各零件的尺寸精度？已知零件的精度要求，如何判断其是否符合使用要求？

本章主要介绍零件的精度设计与精度分析的方法，通过案例的介绍，结合计算机辅助公差分析，使读者了解如何对装配体进行精度设计与精度分析。

11.1　尺寸链的精度设计

通常几何精度设计和选择的方法有类比法、计算法和实验法。类比法作为一种可靠而有效的方法，虽然是设计人员常用的方法，但是随着计算机科学技术的发展，采用计算法和实验法成为趋势。

在精度设计中，要解决的关键问题就是给零件的形体和尺寸规定合理的公差要求。对装配体来说，这些尺寸之间有关联。其中某一尺寸的变化会影响装配要求，对这些相互联系的尺寸，可用尺寸链定义。尺寸链的计算可参考国家标准 GB/T 5847－2004。

11.1.1 尺寸链概述

1. 尺寸链的定义

尺寸链是指在机器装配过程中或零件加工过程中由相互连接的尺寸形成的封闭尺寸组。

装配尺寸链如图 11-1 所示，图 11-1（a）为装配图。其中的尺寸 A_0 为从右边的轴套端面至齿轮端面的距离（间隙），A_1 为齿轮的宽度，A_2 为左边轴套的宽度，A_3 为轴的左右两个端面之间的距离，A_4 为密封套的宽度，A_5 为右边轴套的宽度。A_0 的大小受到 A_1、A_2、A_3、A_4 和 A_5 大小的影响，因此这一组尺寸构成了尺寸链。图 11-2 为角度尺寸链，其中的几何公差要求 α_0、α_1 和 α_2 构成了尺寸链。图 11-3 为工艺尺寸链，其中轴的尺寸 C_0、C_1 和 C_2 构成了尺寸链。

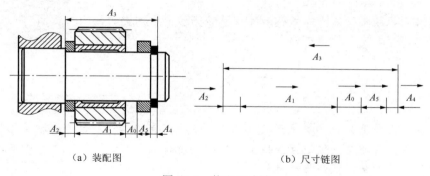

（a）装配图　　　　　　　（b）尺寸链图

图 11-1 装配尺寸链

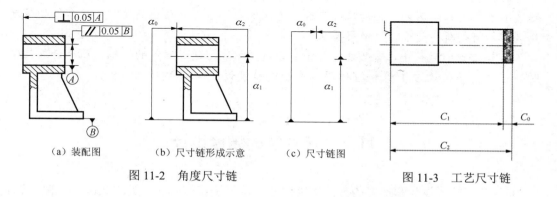

（a）装配图　　（b）尺寸链形成示意　　（c）尺寸链图

图 11-2 角度尺寸链　　　　　　图 11-3 工艺尺寸链

尺寸链的主要特征有两点：一是封闭性，组成尺寸链的各尺寸按一定顺序构成一个封闭系统；二是关联性，其中一个尺寸的大小变化会影响其他尺寸的大小，组成尺寸链的各尺寸彼此之间有确定的函数关系。

2. 环

列入尺寸链中的每个尺寸称为环，例如，图 11-1 中的尺寸 A_0、A_1、A_2、A_3… 都是环。对长度环，用大写的斜体英文字母 A、B、C… 表示；对角度环，用小写的斜体希腊字母 α、β 等表示，如，图 11-2 中的 α_0、α_1 和 α_2。

3. 尺寸链组成

（1）封闭环：尺寸链中最后形成的一环称为封闭环。封闭环的下角标用"0"表示。
在尺寸链中封闭环只有一个。在装配尺寸链中，装配要求（间隙或过盈）使用封闭环，例如，图 11-1（a）中的右边轴套端面至齿轮端面的距离（间隙）A_0 为封闭环。在零件加工过程中自然形成的尺寸为封闭环，如图 11-2 中的尺寸 α_0 和图 11-3 中的尺寸 C_0。
（2）组成环：尺寸链中对封闭环有影响的环称为组成环。该组成环中任意环的变化必然引起封闭环的变化，组成环分为增环和减环。组成环的下角标用阿拉伯数字表示。
① 增环：尺寸链中的某类组成环的变化会引起封闭环同向变化，这类组成环称为增环，如图 11-1（b）中的尺寸 A_3 和图 11-3 中的尺寸 C_2。
② 减环：尺寸链中的某类组成环的变化会引起封闭环的反向变化，这类组成环称为减环，如图 11-1（b）中的尺寸 A_1、A_2、A_4、A_5 和图 11-3 中的尺寸 C_1。
（3）补偿环：在尺寸链中预先选定某一组成环，可以通过改变其大小或位置，使封闭环达到规定的要求，该组成环称为补偿环。例如，图 11-1（a）中轴套的宽度尺寸 A_2 为补偿环，补偿环可以是尺寸链中不重要的环。

4. 尺寸链图

尺寸链图是指去除零件图仅保留其尺寸标注的图形，参考图 11-1（b），通过尺寸链图，可以了解尺寸链的组成和判断其是增环还是减环。通常可采用标箭头的方法判断增环和减环。首先，在封闭环上方标出箭头，箭头的方向可自定。其次，根据箭头指定的方向，由封闭环的一端按顺序在各组成环上方标出箭头，直到与封闭环另一端封闭为止。箭头方向与封闭环箭头方向一致的组成环为减环，箭头方向与封闭环箭头方向相反的组成环为增环。例如，图 11-1（b）中的尺寸 A_1、A_2、A_4、A_5 为减环；A_3 为增环。当尺寸链的环较多时，使用以上方法进行判断，既方便又不容易出错。

5. 传递系数

传递系数是用来表示各组成环对封闭环的影响程度的系数，用 ε_i 表示。如果是直线尺寸链，那么其增环的传递系数 $\varepsilon_i = +1$，减环的传递系数 $\varepsilon_i = -1$。对于平面尺寸链和空间尺寸链，传递系数表示组成环与封闭环的函数关系。平面尺寸链及其角度关系如图 11-4 所示，其中 A_1 的传递系数 $\varepsilon_i = +\cos\alpha$，$A_2$ 的传递系数 $\varepsilon_i = +\sin\alpha$。

6. 尺寸链的分类

尺寸链的分类方法很多，这里仅介绍几种常用的分类方法。

1）按几何特征，尺寸链可分为长度尺寸链和角度尺寸链

（1）长度尺寸链。若尺寸链的所有环都是长度尺寸组成的且表示零件两个要素之间的距离，则该尺寸链为长度尺寸链。其各环位于平行线上，如图 11-1（b）和图 11-3 中的尺寸链都是长度尺寸链。这种尺寸链在机械制造中广泛应用，也是本章介绍的重点。

（2）角度尺寸链。若尺寸链的所有环都是角度尺寸的且表示两个要素之间的位置，则该尺寸链为角度尺寸链。例如，图 11-2（c）中有几何公差要求的尺寸链为角度尺寸链。

2）按构成空间位置，尺寸链可分为直线尺寸链、平面尺寸链和空间尺寸链

（1）直线尺寸链。尺寸链的所有组成环平行于封闭环，并且尺寸链的全部环都位于两条或多条平行直线上，这类尺寸链称为直线尺寸链。例如，图 11-1（b）和图 11-3 中的尺寸链都为直线尺寸链。

（2）平面尺寸链。尺寸链的所有组成环位于一个或多个平行的平面内，但某些组成环不平行于封闭环，这类尺寸链称为平面尺寸链。例如，图 11-4（b）所示尺寸链中的尺寸之间有角度关系。

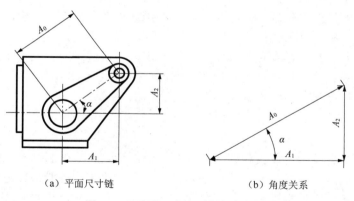

（a）平面尺寸链　　　　　　　　（b）角度关系

图 11-4　平面尺寸链及其角度关系

（3）空间尺寸链。尺寸链中的组成环和封闭环位于不平行的平面内，在空间坐标系中各组成要素之间有一定的距离和角度关系，这类尺寸链称为空间尺寸链，如图 11-5 所示。该图中两个倾斜的板块之间的间隙 A_0 受到尺寸 A_1、A_2、A_3、A_4、A_5、A_6、A_7 及角度尺寸 α、β 和板块安装角度的影响，这些尺寸在空间坐标系中构成空间尺寸链。

3）按用途，尺寸链可分为零件尺寸链、工艺尺寸链、装配尺寸链。

（1）零件尺寸链。由各设计尺寸构成相互联系且封闭的尺寸链，该尺寸链的全部组成环尺寸为同一零件的设计尺寸组成，这类尺寸链称为零件尺寸链，如图 11-6 所示。

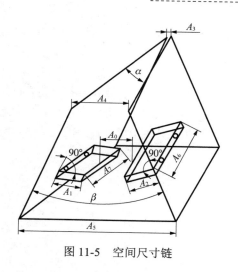

图 11-5　空间尺寸链

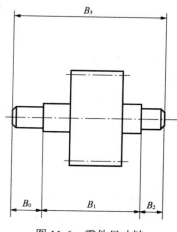

图 11-6　零件尺寸链

（2）装配尺寸链。在机械设计或装配过程中，尺寸链的全部组成环尺寸为不同零件的设计尺寸组成，这类尺寸链称为装配尺寸链，参看图 11-1。

（3）工艺尺寸链。零件在加工过程中，尺寸链的全部组成环尺寸为同一零件的工艺尺寸组成，由各工艺尺寸构成相互联系且封闭的尺寸链，这类尺寸链称为工艺尺寸链。工艺尺寸包括工序尺寸、定位尺寸和基准尺寸，参看图 11-3。

利用尺寸链，可以分析并确定机器零部件的尺寸精度，保证其加工精度和装配精度。

11.1.2　尺寸链的计算

计算尺寸链时，首先，要建立尺寸链，画出尺寸链图。其次，确定封闭环，判断增环和减环。最后，才能利用尺寸链的计算法完成封闭环和（或）组成环的公称尺寸及极限偏差的计算。

常用的尺寸链的计算法有正计算法、反计算法和中间计算法。

（1）正计算法。已知尺寸链各组成环的公称尺寸和极限偏差，就可计算封闭环的公称尺寸和极限偏差，这种尺寸链计算方法称为正计算法。正计算法也称为校核计算法，一般应用于验证装配尺寸链精度设计的正确性。

（2）反计算法。根据封闭环的公差（一般是装配要求），计算各组成环的公差，这种尺寸链计算方法称为反计算法。反计算法也称为设计计算，一般应用于精度设计。

（3）中间计算。已知封闭环和某些组成环的公称尺寸与极限偏差，就可计算某个组成环的公称尺寸和极限偏差，这种尺寸链计算方法称为中间计算。中间计算也称为工艺计算，一般应用于基准换算和工序尺寸的计算。

此外，尺寸链的计算法还有完全互换法和大数互换法两种。

（1）完全互换法要求在全部产品的装配中，不需要挑选或改变各组成环（零件）大小或位置，装配后满足封闭环的精度要求。采用该方法可根据零件的极限值推导出封闭环和组成环的关系式。该方法又称为极值法，即在所有增环都为极大值且所有减环都为极小值时，得到封闭环的极大值；或者在所有增环都为极小值且所有减环都为极大值时，得到封闭环的极小值。

（2）大数互换法也称为统计法或概率法，该方法是以一定的置信水平为依据的，通常尺寸链中的封闭环趋近于正态分布，各组成环也是按正态分布的；各组成环分布中心与公差中心重合且置信概率为99.73%。大数互换法不要求零件的装配成功率为100%，考虑到零件加工精度的统计分布，使用该方法计算封闭环，可扩大零件的制造公差，降低制造成本。

1. 正计算法

1）封闭环公称尺寸的计算

按正计算法计算封闭环的公称尺寸时，计算公式为

$$L_0 = \sum_{i=1}^{n} \varepsilon_i L_i \tag{11-1}$$

式中，L_0 为封闭环的公称尺寸；L_i 为组成环的公称尺寸；n 为组成环的个数；ε_i 为第 i 个组成环的传递系数。

如果要计算的尺寸链是直线尺寸链，并且其增环系数为+1，减环系数为-1，那么计算公式可写成

$$L_0 = \sum_{i=1}^{m} L_i - \sum_{j=m+1}^{n} L_j \tag{11-2}$$

式中，L_i 为各增环公称尺寸；L_j 为各减环公称尺寸；L_0 为封闭环公称尺寸。

2）封闭环公差的计算

（1）当采用完全互换法计算封闭环的公差时，计算公式为

$$T_0 = \sum_{i=1}^{n} |\varepsilon_i| T_i \tag{11-3}$$

式中，T_0 为封闭环的公差；T_i 为第 i 个组成环的公差；ε_i 为第 i 个组成环的传递系数。

如果要计算的尺寸链是直线尺寸链，并且其增环系数为+1，减环系数为-1，那么计算公式可写成

$$T_0 = \sum_{i=1}^{m} T_i - \sum_{j=m+1}^{n} T_j \tag{11-4}$$

由式（11-4）可知，封闭环的公差是所有组成环的公差之和。因此，封闭环的极限尺寸计算公式为

$$\begin{cases} L_{0\,\max} = \sum_{i=1}^{m} L_{i\,\max} - \sum_{j=m+1}^{n} L_{j\,\min} \\ L_{0\,\min} = \sum_{i=1}^{m} L_{i\,\min} - \sum_{j=m+1}^{n} L_{j\,\max} \end{cases} \tag{11-5}$$

式中，$L_{0\,\max}$ 和 $L_{0\,\min}$ 分别为封闭环的上极限尺寸与下极限尺寸；$L_{i\,\max}$ 和 $L_{i\,\min}$ 分别为增环的

上极限尺寸与下极限尺寸；$L_{j\max}$ 和 $L_{j\min}$ 分别为减环的上极限尺寸与下极限尺寸。

封闭环的上极限尺寸等于所有增环的上极限尺寸减去所有减环的下极限尺寸，封闭环的下极限尺寸等于所有增环的下极限尺寸减去所有减环的上极限尺寸。

完全互换法简单可靠、计算量小。该方法通过改变零件的尺寸公差控制装配要求，能保证装配成功率为 100%和零件的互换性。按完全互换法计算时，要求组成环处于极限尺寸内，组成环公差减小，会使加工成本升高。这种方法往往用于单件或小批量生产的零件装配公差的分析。

（2）当采用大数互换法计算封闭环的公差时，计算公式为

$$T_0 = \sqrt{\sum_{i=1}^{n} \varepsilon_i^2 T_i^2} \tag{11-6}$$

式中，T_0 为封闭环的公差；T_i 为第 i 个组成环的公差；ε_i 为第 i 个组成环的传递系数。

如果要计算的尺寸链是直线尺寸链，并且其增环系数为+1，减环系数为-1，那么计算公式可写成

$$T_0 = \sqrt{\sum_{i=1}^{n} T_i^2} \tag{11-7}$$

由式（11-7）可知，封闭环的公差为所有组成环公差的平方和的开平方。显然采用该方法计算的封闭环公差比采用完全互换法计算的封闭环公差小，提高了封闭环的精度。这种方法往往用于大批量生产的零件装配公差的分析。

（3）封闭环的极限偏差计算公式。无论是用完全互换法还是用大数互换法，对尺寸链组成环的极限偏差，都可以用式（11-8）～式（11-10）计算；对封闭环的极限偏差，都可以用式（11-11）～式（11-13）计算。

组成环的中间偏差计算公式：

$$\varDelta = \frac{\mathrm{ES} + \mathrm{EI}}{2} \tag{11-8}$$

组成环的上偏差计算公式：

$$\mathrm{ES} = \varDelta + \frac{T}{2} \tag{11-9}$$

组成环的下偏差计算公式：

$$\mathrm{EI} = \varDelta - \frac{T}{2} \tag{11-10}$$

封闭环的中间偏差 $\varDelta_0$ 与各组成环的中间偏差 $\varDelta$ 关系式：

$$\varDelta_0 = \sum_{i=1}^{m} \varDelta_i - \sum_{j=m+1}^{n} \varDelta_j \tag{11-11}$$

封闭环的上偏差计算公式：

$$\mathrm{ES}_0 = \varDelta_0 + \frac{T_0}{2} \tag{11-12}$$

封闭环的下偏差计算公式：

$$EI_0 = \Delta_0 - \frac{T_0}{2}$$

(11-13)

【例 11-1】 以图 11-1 为例，已知其中 $A_1 = 30_{-0.1}^{0}\text{mm}$ ，$A_2 = A_5 = 5_{-0.05}^{0}\text{mm}$ ，$A_3 = 43_{+0.1}^{+0.2}\text{mm}$ ，$A_4 = 3_{-0.05}^{0}\text{mm}$ ，求封闭环的尺寸和极限偏差。

解：

（1）画尺寸链图，判断其是增环还是减环。

由图 11-1（b）可知，箭头方向与封闭环箭头方向相同的组成环为减环，反之，则为增环，因此，尺寸 A_1、A_2、A_4、A_5 为减环；尺寸 A_3 为增环。

（2）计算封闭环的公称尺寸。

$$A_0 = \sum_{i=1}^{m} A_i - \sum_{j=m+1}^{n} A_j = A_3 - (A_1 + A_2 + A_4 + A_5) = 43 - (30 + 5 + 5 + 3) = 0 \text{（mm）}$$

（3）计算封闭环的公差。根据题目的已知条件计算出各组成环的公差：

$$T_1 = 0.1\text{mm}, \quad T_2 = T_5 = T_4 = 0.05\text{mm}, \quad T_3 = 0.1\text{mm}$$

按完全互换法计算封闭环的公差：

$$T_0 = \sum_{i=1}^{m} T_i - \sum_{j=m+1}^{n} T_j = 0.1 + 3 \times 0.05 + 0.1 = 0.35 \text{（mm）}$$

按大数互换法计算封闭环的公差：

$$T_0 = \sqrt{\sum_{i=1}^{n} T_i^2} = 0.1658\text{mm}$$

由上述计算结果可知，按完全互换法计算得到的封闭环公差比按大数互换法计算得到的封闭环公差大，说明精度降低。

（4）计算封闭环的极限偏差。

计算封闭环的中间偏差：

$$\Delta_1 = -0.05\text{mm}, \quad \Delta_2 = \Delta_5 = \Delta_4 = -0.025\text{mm}, \quad \Delta_3 = +0.15\text{mm}$$

$$\Delta_0 = \sum_{i=1}^{m} \Delta_i - \sum_{j=m+1}^{n} \Delta_j = +0.15 - (-0.05 + 3 \times -0.025) = +0.275 \text{（mm）}$$

按完全互换法计算封闭环的上、下偏差：

$$ES_0 = \Delta_0 + \frac{T_0}{2} = +0.275 + \frac{0.35}{2} = +0.45 \text{（mm）}$$

$$EI_0 = \Delta_0 - \frac{T_0}{2} = +0.275 - \frac{0.35}{2} = +0.1 \text{（mm）}$$

按大数互换法计算：

$$ES_0 = \Delta_0 + \frac{T_0}{2} = +0.275 + \frac{0.1658}{2} = +0.358 \text{（mm）}$$

$$EI_0 = \Delta_0 - \frac{T_0}{2} = +0.275 - \frac{0.1658}{2} = +0.192\text{mm}$$

由上述计算结果可知，按完全互换法计算得到的封闭环的上、下偏差与按大数互换法计算得到的封闭环的上、下偏差是不同的，但封闭环的中间偏差 Δ_0 是相同的。

2. 反计算法

反计算法的计算公式是根据正计算法中封闭环的计算公式反推得到的，并且根据零件的精度要求和工艺进行适当的调整。具体计算步骤如下：

（1）应用等公差法计算各组成环的公差，即认为尺寸链中各组成环的公差相等： $T_1 = T_2 = T_3 = T_4$ 。那么根据封闭环的公差计算公式反推得到组成环公差计算公式： $T_1 = T_2 = T_3 = T_4 = \dfrac{T_0}{4}$

（2）根据零件的等精度原则和工艺等价要求调整某些组成环公差。等精度原则是指对加工精度要求相同的零件查标准公差值表，以确定其公差值。例如，对于公差等级相同的零件，由于公称尺寸不同，其公差值不同。工艺等价要求是指对配合零件，可根据其允许其公差等级不同。例如，装配孔和轴时，允许孔的公差等级比轴低一级。

（3）确定各组成环的极限偏差。首先根据组成环的特征，判断该环是内尺寸（孔）还是外尺寸（轴）或是中间尺寸。然后按照"偏差入体原则"确定内、外尺寸（组成环）的极限偏差，按照"极限对称原则"确定中间尺寸（组成环）的极限偏差。

【例 11-2】　仍以图 11-1 为例，已知其中各组成环的公称尺寸： $A_1 = 30\text{mm}$ ， $A_2 = A_5 = 5\text{mm}$ ， $A_3 = 43\text{mm}$ ， $A_4 = 3\text{mm}$ ，封闭环的公称尺寸和极限偏差为 $A_0 = 0^{+0.45}_{+0.1}\text{mm}$ ，求各组成环的公差和极限偏差，要求按完全互换法计算。

解：

（1）按等公差法计算各组成环的公差。

$$T_1 = T_2 = T_3 = T_4 = T_5 = \frac{T_0}{5} = \frac{0.45 - 0.1}{5} = 0.07 \text{ （mm）}$$

（2）按零件的等精度原则和工艺等价要求，调整各组成环的公差。也就是说，查标准公差值表，按组成环的公称尺寸查其公差值。

并且要求：尺寸≤3mm，IT11=0.06mm，IT10=0.04mm；6mm≥尺寸＞3mm，IT11=0.075mm；IT10=0.048mm；30mm≥尺寸＞18mm，IT10=0.084mm；50mm≥尺寸＞30mm，IT10= 0.10mm；从图 11-1 可知，组成环 A_2、A_5 为轴套尺寸，A_4 为密封圈，其尺寸精度要求不高，选取的公差等级为 IT11 或 IT10；A_3 为轴的两个端面之间的距离，A_1 为齿轮的宽度，这两个尺寸要求的加工精度较高，选取的公差等级为 IT10。若各组成环的公差等级均为 IT10，则 T_0=0.32mm，满足题目要求。

（3）确定各组成环的极限偏差。因为 A_1、A_2、A_4、A_5 是外尺寸，所以确定其上偏差为 0；下偏差为负值，$A_1 = 30^{0}_{-0.084}\text{mm}$ ，$A_2 = A_5 = 5^{0}_{-0.048}\text{mm}$ ，$A_4 = 3^{0}_{-0.04}\text{mm}$ 。因为 A_3 是内尺寸，所以确定其上偏差为正值，下偏差为 0，即 $A_3 = 43^{+0.1}_{0}\text{mm}$ 。

（4）验算：计算封闭环的极限偏差。首先计算尺寸的中间偏差，可得

$$\Delta_1 = -0.042\text{mm}, \quad \Delta_2 = \Delta_5 = -0.024\text{mm}, \quad \Delta_3 = +0.05\text{mm}, \quad \Delta_4 = -0.02\text{mm}$$

$$\Delta_0 = \sum_{i=1}^{m}\Delta_i - \sum_{j=m+1}^{n}\Delta_j = +0.05 - (-0.042 + 2\times -0.024 - 0.02) = +0.16 \text{（mm）}$$

按完全互换法计算：$\text{ES}_0 = \Delta_0 + \dfrac{T_0}{2} = +0.16 + \dfrac{0.32}{2} = +0.32 \text{（mm）}$

$$\text{EI}_0 = \Delta_0 - \frac{T_0}{2} = +0.16 - \frac{0.32}{2} = 0 \text{（mm）}$$

显然，计算结果与题目的要求不符，封闭环的下偏差值偏小。为了达到封闭环的间隙要求，将内尺寸 A_3 作为补偿环，对其进行适当的调整。已知 $T_0 = 0.32\text{mm}$，假设 $\text{ES}_0 = +0.042\text{mm}$，$\text{EI}_0 = +0.010\text{mm}$，$\Delta_0 = +0.026\text{mm}$，求 A_3 的极限偏差。根据式（11-11）可得

$$\Delta_3 = \Delta_0 + \sum_{j=m+1}^{n}\Delta_j = +0.26 + (-0.042 + 2\times -0.024 - 0.02) = +0.15 \text{（mm）}$$

$$\text{ES}_3 = \Delta_3 + \frac{T_3}{2} = +0.15 + \frac{0.1}{2} = +0.20 \text{（mm）}$$

$$\text{EI}_3 = \Delta_3 - \frac{T_3}{2} = +0.15 - \frac{0.1}{2} = +0.1 \text{（mm）}$$

再次验算计算结果：

$$\text{ES}_0 = \sum_{i=1}^{m}\text{ES}_i - \sum_{j=m+1}^{n}\text{EI}_j = +0.20 - (-0.084 + 2\times -0.048 - 0.04) = +0.42 \text{（mm）}$$

$$\text{EI}_0 = \sum_{i=1}^{m}\text{EI}_i - \sum_{j=m+1}^{n}\text{ES}_j = +0.1 - (0 + 2\times 0 + 0) = +0.1 \text{（mm）}$$

验算的计算结果满足题目的要求。实际上，在调整的过程中，补偿环的计算类似中间计算问题，所以关于中间计算的例题不再介绍。

11.2　精度设计案例

本章通过减速器的零部件精度设计实例，介绍如何采用类比法选择和确定精度，包括尺寸精度、几何精度、表面粗糙度、键和键槽公差与配合的选择和确定等。

图 11-7 是单级圆柱齿轮减速器装配图。该减速器由齿轮、轴、轴套、轴承、轴承盖、键和键槽、箱体等零件组成的，其作用是将原动机与工作机械相连接，实现减速目的，它是一般用途的机械。下面采用类比法确定其主要零部件的尺寸精度、输出轴的几何精度、表面粗糙度等。

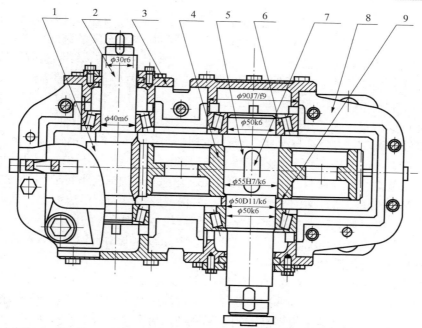

1—小齿轮；2—输入轴；3—轴承盖；4—大齿轮；5—输出轴；6—轴承；7—键槽；8—箱体；9—轴套

图 11-7　单级圆柱齿轮减速器装配图

11.2.1　尺寸精度设计

上述减速器的用途一般，根据其使用要求（见第 6 章），其中的轴承为圆锥滚子轴承，这种轴承可承受轴向力和径向力。根据相关国家标准，圆锥滚子轴承的精度分为 0 级（普通级）、6X 级、5 级、4 级、2 级，共 5 个精度等级，选用中等精度的 6X 级，可满足要求。该减速器齿轮精度应在 6~9 级范围（见第 9 章），传动的准确性、传动的平稳性和载荷分布的均匀性，选择 8 级精度；对与之相配合的轴颈和箱体孔，仍按较为重要的配合对待，两者的公差等级分别为 IT6（轴颈及其与齿轮孔配合处）和 IT7（箱体孔、齿轮孔）。

（1）齿轮孔和轴之间的公差与配合。为保证对中性和装拆方便，同时考虑齿轮与轴之间通过键传递运动和动力，可适当增大配合的间隙，因此选择公差带代号为 H7/k6 的过渡配合。

（2）轴承内圈和轴颈处的公差与配合。为保证该减速器正常工作，按滚动轴承标准的有关规定（见第 6 章），同时考虑从输入轴到输出轴，转速依次降低，所选配合的松紧程度也应依次降低，即所选的过盈依次减小。因此，选择的轴颈处的公差带代号依次为 m6 和 k6。

（3）轴承外圈和箱体孔之间的公差与配合。为保证轴在受热伸长时有轴向游隙，所采用的轴承外圈为游动套圈。装配轴承后，通过调整轴承盖与箱体连接处的垫片，实现轴向游隙的精度要求。因此，轴承外圈和箱体孔之间采用最松的过渡配合。此处箱体孔的公差带代号为 J7。

（4）轴承盖和箱体孔之间的公差与配合。为保证轴承盖的装拆方便，轴承盖和箱体孔应采用间隙配合（间隙稍大一些）。前面已对轴承外圈与箱体孔之间的装配精度提出了要求，为简化加工工艺，此外箱体孔应为光孔，所选的公差带代号为 J7，轴承盖所选的公差带代号为 f9。因为此处间隙的变化不影响其使用要求，所以选择较低的公差等级不仅给加工制造带来方便，而且加工成本也会降低。在图 11-7 的装配图上，轴承盖与箱体孔之间的配合代号为 J7/f9，该配合种类属于根据零部件使用要求选定的非基准制混合配合。

（5）轴套和轴之间的公差与配合。轴套的作用是防止轴上的零部件发生轴向移动。为使轴套拆装方便，一般采用较低的公差等级和较大的最小间隙。选择的轴套孔公差带代号为 D11。它与轴的配合代号分别为 D11/m6 和 D11/k6。这些配合种类也属于非基准制的混合配合。

（6）输入轴和联轴器之间的公差与配合。为保证连接可靠，所选配合应该偏紧一些，应该适当增大过盈。按联轴器标准，推荐选用配合代号为 H7/r6 的配合。

（7）平键连接的公差与配合。下面以图 11-7 中的减速器输出轴为例，讨论与键相连接的轴键槽公差与配合的选择。

参考表 7-1，根据普通平键的使用要求，两个轴键槽宽分别为 14mm 和 16mm 这两个尺寸是配合尺寸，其他尺寸均为非配合尺寸。平键同时与轴键槽、轮毂槽形成配合，配合性质不同；平键又是标准件，根据基准制选择原则，对平键，应选用基轴制。平键的键槽宽 b 的基本偏差标示符为 h，公差带代号为 h8。

由于该轴键槽与键之间属于一般键连接，根据国家标准 GB/T 1095－2003，正常连接轴键槽宽的公差带代号应为 N9，并将其标注在图样中。输出轴的精度设计及其标注如图 11-8 所示，其中齿轮的轮毂槽公差代号为 JS9。

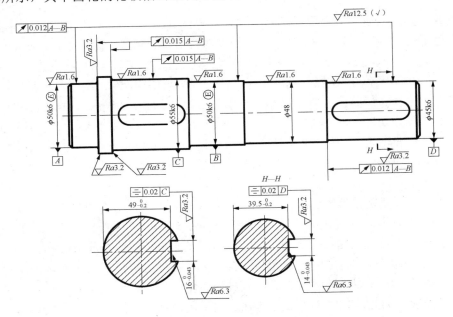

图 11-8　输出轴的精度设计及其标注

11.2.2　输出轴的几何精度设计

以图 11-7 的减速器输出轴为例，讨论几何公差的选用和标注。该输出轴见图 11-8。

如第 3 章所述，加工后的零件都会有形状几何和位置误差。在一般情况下，几何误差大多由尺寸公差或所用机床设备本身精度控制，无须标注出几何公差的要求，可参考 GB/T 1184－1996 中的未注几何公差的规定。

如果要求在图样上标出几何公差，那么应选择几何公差特征项目、基准、公差值，确定所采用的公差原则。选择时，通常采用类比法。关于各项几何公差及其等级的大致特征和选用，参看本书 3.5.4 节。

（1）安装轴承的圆柱面。$2×\phi 50k6$ 圆柱面用于安装滚动轴承，并且通过滚动轴承将输出轴安装在减速器箱体中，其轴线是该输出轴的装配基准。为了使输出轴和轴承工作时运转灵活，受载均匀和便于装配，应对 $2×\phi 50k6$ 圆柱面的公共轴线规定同轴度公差。但是，考虑到测量方便，这里用 $2×\phi 50k6$ 圆柱面的径向圆跳动公差代替。为了使设计基准与装配基准重合，选择 $2×\phi 50k6$ 圆柱面的公共轴线作为基准。关于径向圆跳动公差值，参考类似零件，并且参考表 3-10，确定采用 6 级，该公差值为 0.012mm。因为 $2×\phi 50k6$ 圆柱面是较重要的配合面，为了保证其配合性质，要求该圆柱面的实际轮廓不得超越最大实体边界（采用包容要求）。

（2）安装齿轮的圆柱面。$\phi 55k6$ 圆柱面用于安装齿轮，其轴线是齿轮的装配基准。为了控制其几何误差和对 $2×\phi 50k6$ 圆柱面公共轴线的同轴度误差，使齿轮传动准确，同时考虑测量方便，规定该圆柱面对 $2×\phi 50k6$ 圆柱面公共轴线的径向圆跳动公差，该公差值为 0.015mm（采用 6 级）。另外，该圆柱面也是比较重要的配合面，为了保证其配合性质，对其尺寸公差与几何公差，也采用包容要求。

（3）安装链轮的圆柱面。$\phi 45k6$ 圆柱面轴线是安装链轮的装配基准。对该圆柱面，也提出了对 $2×\phi 50k6$ 圆柱面的公共轴线的径向圆跳动公差，该公差值为 0.012mm（采用 6 级）。

（4）轴肩。$\phi 50k6$ 轴肩、$\phi 55k6$ 轴肩和 $\phi 45k6$ 轴肩分别是齿轮、轴承与链轮的轴向定位基准。为了使齿轮、轴承与链轮在轴上正确定位，受载均匀，对它们规定了轴向圆跳动要求。根据功能要求其基准应分别为各自的轴线，即 $\phi 55k6$ 圆柱面和 $\phi 45k6$ 圆柱面的轴线。但是，为了使基准统一，便于检测，可采用 $2×\phi 50k6$ 圆柱面的公共轴线作为基准。

按照滚动轴承公差标准和齿轮接触精度的要求，确定 $\phi 55k6$ 轴肩和 $\phi 45k6$ 轴肩的轴向圆跳动的数值，分别为 0.015mm（对应 $\phi 55k6$ 轴肩）和 0.012mm（对应 $\phi 45k6$ 轴肩），它们都是按照 6 级选取的。

（5）轴键槽。宽度分别为 14mm 和 16mm 的轴键槽都用于安装普通平键，是普通平键的装配基准。为了使普通平键受载均匀和便于拆卸，相关国家标准规定轴键槽的中心平面分别对各自所在轴的轴线的对称度公差。

根据普通平键的公差标准确定对称度公差值为 0.02mm（按 8 级选取）。

（6）其他要素。对退刀槽、倒角、没有配合要求的结构尺寸，不严格要求几何公差。

11.2.3　零部件表面粗糙度参数值的选择

零部件表面的微观几何特性对零部件使用性能的影响是多方面的，因此，所选的表面粗糙度参数值，应能充分、合理地反映微观空间表面或曲面的真实情况。对于一般零部件的多数表面，只须给定表面粗糙度的高度特征参数，就基本上能够满足零部件的功能要求。至于间距特征参数和几何特征参数，可根据要求选择。

对于参数值的选择，应从零部件的功能要求、与尺寸公差及几何公差相协调及加工的经济性这三个方面考虑。选择方法一般采用类比法。有关表面粗糙度参数值的选用推荐可参考表 4-5。

下面仍以图 11-7 的减速器输出轴为例，讨论以下 4 类情况下的表面粗糙度 Ra 值的选用和标注。

（1）与轴承、齿轮、链轮配合的表面。对这些表面，要求配合件的配合性质稳定、可靠，其表面粗糙度 Ra 值应为较小值，同时该值还应和尺寸公差、几何公差相协调。因此，这些表面选用的 Ra 值一般为 1.6μm。

（2）各轴肩表面。这些表面都是输出轴的工作面，但不是配合面，这些表面与相连的零部件之间没有相对运动。因此，这些表面选用的 Ra 值一般为 3.2μm。

（3）两个键槽的侧面和底面。两个键槽的侧面是键的配合面，底面为非配合面。根据普通平键国家标准，侧面选用的 Ra 值不大于 3.2μm，底面选用的 Ra 值为 6.3μm。

（4）其他表面。其他表面都是输出轴上的非工作面，从加工的经济性和外观出发，选用的 Ra 值为 12.5μm。

11.3　计算机辅助精度分析软件介绍

精度分析是指在满足产品功能、性能、外观和装配性等要求的前提下，合理地定义和分配产品零部件的公差，优化产品设计，从而以最小的成本和最高的质量制造产品。精度分析是面向制造和装配的产品设计中非常重要的一个环节，对于降低产品成本、提高产品质量具有重大意义。

随着计算机技术的快速发展，计算机辅助设计（CAD）已普遍应用于机械的结构设计、力学分析及仿真等方面。计算机辅助精度分析也称为计算机辅助公差分析（Computer Aided Tolerance，CAT），它是指在已建立的零部件三维模型基础上，利用计算机对零部件进行精度分析。这种方法可以使设计人员在设计阶段及时了解零部件的技术要求是否得到满足，从而可以在样品生产之前发现设计的不足，避免造成材料的浪费和成本的增加。

借助计算机辅助设计时，首先需建立计算机辅助精度分析模型，该模型是零部件的三维实体模型。目前，国内外的三维设计软件很多，在三维设计软件平台上开发的精度分析软件也很多。下面简单介绍一些当前市面上的精度分析软件。

1. Geometric Stackup

Geometric Stackup 是 HCL Technologies 公司发布的一款实用的装配公差叠加分析软件，它能对所有主要 CAD 文件执行公差叠加分析。该软件是一个多 CAD 平台，集连续选择、自动标尺、捕捉标注等功能于一体，可对关键的零部件或装配体使用快速、简单和精准的公差叠加分析，还可使用最坏情况假设（统计差异）方法自动化评估最小公差和最大公差，帮助设计人员最大限度地实现零部件的互换性和改进设计。该软件支持诸如 CATIA，Pro/ENGINEER，UG NX，SolidWorks，SolidEdge，Inventor 和中性文件（如 STEP / STP，IGES / IGS，ParaSolid）的主要 CAD 文件；遵循全球 ISO 2768-1 线性尺寸标准，将公差分析时间从几小时缩短到几分钟。该软件界面如图 11-9 所示。

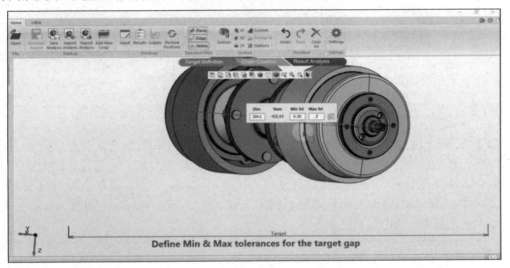

图 11-9　　Geometric Stackup 软件界面

2. 3DCS Variation Analyst

3DCS Variation Analyst 简称 3DCS，该软件是三维尺寸控制系统分析专家，也是图形化的公差仿真软件。3DCS 是非常先进的尺寸偏差分析工具，用于模拟产品的设计、制造和装配，它能够预测所设计产品固有的偏差量，确定该偏差的来源。3DCS 提供了必要的公差分析方法，以便预测装配过程中的工序变化，容易识别额外变化的来源并最终改进设计的稳健性，使用户能够在设计阶段早期，分析和优化设计，以改善产品质量和降低成本。3DCS 已被广泛应用于汽车制造、航空航天、3C 产品、科研高校等领域。3DCS 支持目前市场上所有主流 CAD 系统及其文件格式，如 Inventor, CATIA, PTC Creo, SolidWorks, NX 等。该软件既可以作为独立软件使用，又可以作为主流软件的扩展模块使用，确定最大公差和最小公差，可以使用 CAD 中的 FTA 和嵌入式 GD&T 模拟构建，产品以验证公差，优化质量和控制更新进度。该软件界面如图 11-10 所示。

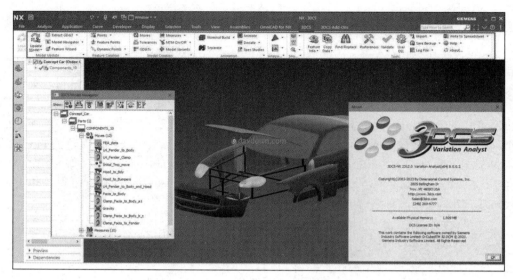

图 11-10　3DCS Variation Analyst 软件界面

3. CETOL 6σ

CETOL 6σ 软件能够使设计人员轻松、全面地了解尺寸和装配变化量对所设计产品的复杂影响。该软件利用先进的数学解决方案、公差分析解决方案、加速设计的改进，实现稳健的设计和精度分析，无须数据转换便可直接使用 CAD 文件，设计上的更改被自动反映在公差中，对公差的更改也会立即更新结果。该软件适用于 PTC Creo, SolidWorks, CATIA 和 NX 平台，其界面如图 11-11 所示。

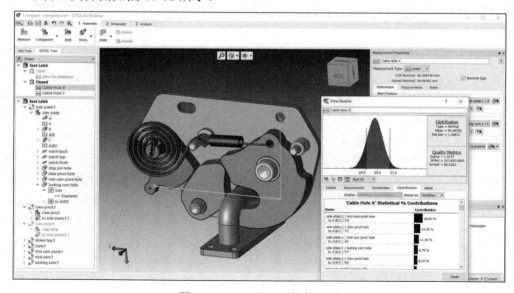

图 11-11　CETOL 6σ 软件界面

4. Graphic Tolerance Analysis

图形公差分析软件 Graphic Tolerance Analysis（简称 GTA）提供在零件图上直接画尺寸链的方法，用于帮助用户快速建立尺寸链，能够自动检查尺寸链中的环并判断其是增环还是减环。在判断错尺寸链中的环时，GTA 能够给出其错误位置及错误原因，指导用户修改尺寸链并进行公差分析计算，预测偏差量，对尺寸数据进行管理分析。该软件可以大大提高公差分析效率，提高分析精度，其界面如图 11-12 所示。

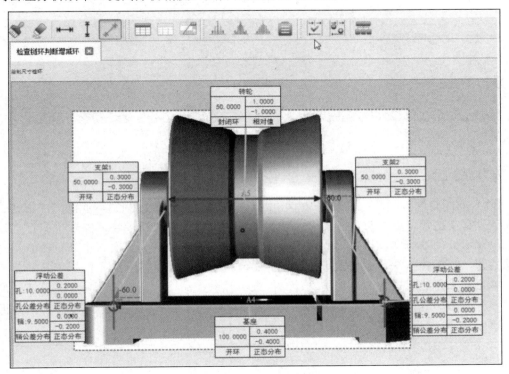

图 11-12　GTA 软件界面

5. DCC

DCC 软件是尺寸链计算和公差分析软件，它提供极值法、概率法、蒙特卡洛仿真法三种计算法，能快速求解线性、平面、空间尺寸链问题，主要用于装配尺寸链的校核与精度设计。该软件独具公差分配及热膨胀处理功能，能准确地分析现有公差在实际生产阶段的合格率，并生成满足相关标准的计算报告。该软件还可自动计算传递系数，完成精度设计中的尺寸公差、几何公差、角度公差和装配误差的计算、分析和优化，实现设计精度和加工精度的统一，能够有效地解决产品设计中由公差不合理引起的装配干涉、质量性能不达标，以及计算效率低、不准确的问题。该软件界面如图 11-13 所示。

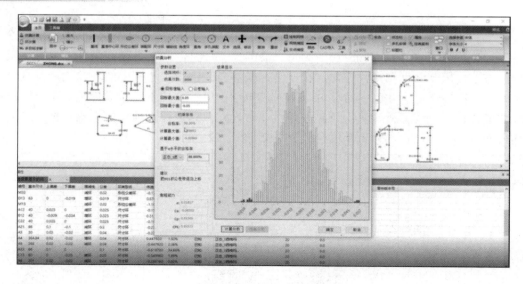

图 11-13　DCC 软件界面

6. DTAS 3D

DTAS 3D 软件是国产三维尺寸公差分析软件，主要用于精密制造行业的产品设计、工艺设计过程中的尺寸链计算及公差分析和优化。该软件内置绘图模块，能够快速且有效地建立尺寸链，用户可自行选择尺寸链公差分布类型。该软件还具有热膨胀分析功能及公差分配功能，利用极值法、概率法进行公差计算，基于蒙特卡洛仿真法，依据产品的公差及装配关系建模，然后进行解析、仿真计算，最终预测产品设计是否满足其关键尺寸要求，同时预测产品的合格率，并能实现根源分析。该软件引入 AI、FEA 等功能，使公差分析建模效率更高，适用场景更全面，其界面如图 11-14 所示。

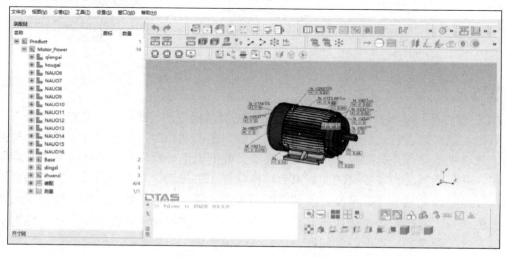

图 11-14　DTAS 3D 软件界面

7. Enventive 3D&T

Enventive 3D&T 公差分析软件遵循六西格玛设计原则（DFSS），内聚几何建模、方程求解、反向求解和设计优化功能，通常用于解决因过去的错误而导致的关键制造问题。该软件采用蒙特卡洛仿真法、最坏情况或 RSS 容差分析技术，支持变分法建模、运动学、联立方程求解、多标准分析等方法，并可结合尺寸、几何和物理变化执行公差分析。该软件允许设计人员在设计早期对临界标称值和公差作出正确选择，有利于缩短设计周期，其界面如图 11-15 所示。

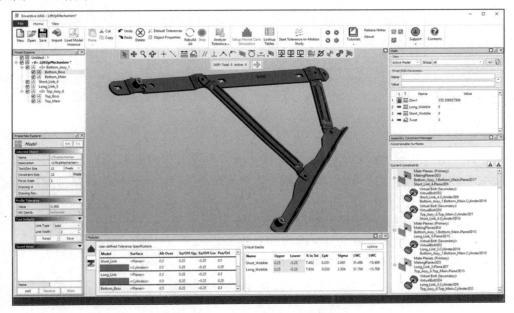

图 11-15　Enventive 3D&T 软件界面

计算机辅助精度分析（CAT）是计算机辅助设计的一个重要环节。由于所用分析模型建立在三维实体模型的基础上，零部件的尺寸与位置处于三维空间，所以该软件能够充分考虑各零部件、各方位之间的尺寸和位置关系，特别是对于复杂的装配体，借助该软件可以实现公差的快速计算，而且计算结果比一般的平面尺寸链的计算精准得多。

本章小结

机械零部件几何精度的设计是机械设计必不可少的重要环节，该环节的设计直接关系到能否实现零部件的制造与加工，关系到零部件的制造成本和市场的竞争力。进行几何精度设计时，要求理论与实际结合，还需要经常实践，多练习才能设计出合格的产品。同时，需要随时了解计算机辅助精度分析软件的发展情况，掌握这类软件的常用功能。

习 题

11-1 填空题

（1）直线尺寸链中公差最大的环是_____。

（2）在建立尺寸链时应遵循_____原则。

（3）在尺寸链的组成环中，减环是指它的变化引起封闭环的_____变化的组成环；增环是指它的变化引起封闭环_____变化的组成环。

（4）每个尺寸链至少有_____个环。

（5）在尺寸链中预先选定某个组成环，可以通过改变其大小或位置，使封闭环达到规定的要求，该组成环为_____。

11-2 判断题

（1）在尺寸链中封闭环只有一个。   （   ）

（2）一般在装配精度要求较高而环数又较多的情况下，应用极值法计算装配尺寸链。

                                                                       （   ）

（3）补偿环是指根据装配精度指标确定组成环公差。   （   ）

（4）计算机辅助精度分析的英文缩写为 CAT。   （   ）

（5）大数互换法也称为完全互换法。   （   ）

11-3 计算题

（1）加工图 11-16 所示的某零件时，按图样要求保证尺寸 6±0.1mm（本题中的尺寸单位都为 mm）。因为这一尺寸不便直接测量，只能通过工序尺寸 L 间接保证，试求工序尺寸 L 及其上、下偏差。

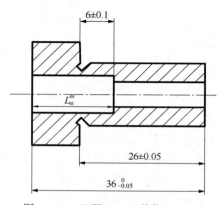

图 11-16 习题 11-1（单位：mm）

（2）图 11-17 所示为齿轮箱部件，根据使用要求，齿轮轴肩与轴承端面之间的轴向间隙应在 1～1.75mm 范围内。若已知各零件的公称尺寸为 $A_1=101mm$，$A_2=50mm$，$A_3=A_5=5mm$，$A_4=140mm$，试确定这些尺寸的公差及偏差。

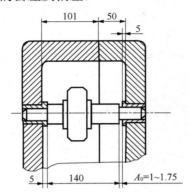

图 11-17　习题 11-2（单位：mm）

11-4　图 11-18 所示为一般机构中使用的轴，根据使用要求，完成下列零件的几何精度设计（包括尺寸公差和几何公差的选择）。

（1）在轴 d_3 处安装一般精度的齿轮。

（2）在左右轴 d_1 处安装轴承。

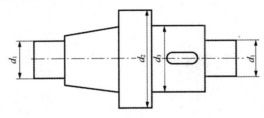

图 11-18　习题 11-3

11-5　请解释本章图 11-8 中输出轴的图样标注的含义。

参 考 文 献

[1] 李柱，徐振高，蒋向前. 互换性与测量技术[M]. 北京：高等教育出版社，2005.

[2] 韩进宏，王长春. 互换性与测量技术基础[M]. 北京：中国林业出版社，北京大学出版社，2007.

[3] 甘永立. 几何量公差与检测[M]. 10版. 上海：上海科学技术出版社，2012.

[4] 廖念钊. 互换性与技术测量[M]. 6版. 北京：中国计量出版社，2012.

[5] 孔晓玲. 公差与技术测量[M]. 北京：北京大学出版社，2009.

[6] 王伯平. 互换性与测量技术基础[M]. 北京：机械工业出版社，2008.

[7] 陈于萍，高晓康. 互换性与测量技术（修订版）[M]. 北京：高等教育出版社，2009.

[8] 邢闽芳. 互换性与技术测量[M]. 北京：清华大学出版社，2007.

[9] 汪恺，唐保宁. 形位公差原理和应用[M]. 北京：机械工业出版社，1991.

[10] 张帆，宋绪丁. 互换性与几何量测量技术[M]. 西安：西安电子科技大学出版社，2007.

[11] 庞学慧. 互换性与测量技术基础[M]. 北京：电子工业出版社，2009.

[12] 毛平准. 互换性与测量技术基础[M]. 北京：机械工业出版社，2010.

[13] 万书亭. 互换性与技术测量[M]. 2版. 北京：电子工业出版社，2012.

[14] 方昆凡. 公差与配合实用手册[M]. 北京：机械工业出版社，2005.

[15] 费业泰. 误差理论与数据处理[M]. 6版. 北京：机械工业出版社，2010.

[16] 孔晓玲. 几何量精度设计与测量技术[M]. 2版. 北京：电子工业出版社，2017.

[17] 陈顺华，吴仲伟. 互换性与测量技术[M]. 合肥：合肥工业大学出版社，2022.

[18] 马惠萍. 互换性与测量技术基础案例教程[M]. 3版. 北京：机械工业出版社，2023.

[19] 赵秀荣，鲁昌国. 互换性与测量技术[M]. 北京：北京理工大学出版社，2018.

[20] 楼应侯，卢桂萍，蒋亚南. 互换性与技术测量[M]. 2版. 武汉：华中科技大学出版社，2016.

[21] 朱文峰，李晏，马淑梅. 互换性与技术测量[M]. 2版. 上海：上海科技出版社，2016.

[22] 庞学慧，崔宝珍. 互换性与测量技术基础[M]. 3版. 北京：电子工业出版社，2023.

[23] 全国人民代表大会常务委员会. 中华人民共和国标准化法（2017年修订）［Z］. 2017.

[24] 国家质量监督检验检疫总局，国家标准化管理委员会. 标准化工作指南 第1部分：标准化和相关活动的通用术语：GB/T 20000.1—2014[S]. 北京：中国标准出版社，2015.

[25] 国家质量监督检验检疫总局，国家标准化管理委员会. 优先数和优先数系：GB/T 321—2005[S]. 北京：中国标准出版社，2005.

[26] 国家市场监督管理总局，国家标准化管理委员会. 产品几何技术规范（GPS） 线性尺寸公差ISO代号体系 第1部分：公差、偏差和配合的基础：GB/T 1800.1—2020[S]，北京：中国标准出版社，2020.

[27] 国家市场监督管理总局，国家标准化管理委员会. 产品几何技术规范（GPS） 线性尺寸公差ISO代号体系 第2部分：标准公差带代号和孔、轴的极限偏差表：GB/T 1800.2—2020[S]，北京：中国标准出版社，2020.

[28] 国家质量监督检验检疫总局. 极限与配合 尺寸至18mm孔、轴公差带：GB/T 1803—2003[S]. 北京：中国标准出版社，2003.

[29] 国家质量技术监督局. 一般公差 未注公差的线性和角度尺寸的公差：GB/T 1804—2000[S]. 北京：中国标准出版社，2000.

[30] 国家市场监督管理总局，国家标准化管理委员会. 产品几何技术规范（GPS） 几何公差 形状、方向、位置和跳动公差标注：GB/T 1182—2018[S]. 北京：中国标准出版社，2018.

[31] 国家质量技术监督局. 形状和位置公差 未注公差值：GB/T 1184—1996[S]. 北京：中国标准出版社，1997.

[32] 国家市场监督管理总局，国家标准化管理委员会. 产品几何技术规范（GPS） 基础概念、原则和规则：GB/T 4249—2018[S]. 北京：中国标准出版社，2018.

[33] 国家市场监督管理总局，国家标准化管理委员会. 产品几何技术规范（GPS） 几何公差 最大实体要求（MMR）、最小实体要求（LMR）和可逆要求（RPR）：GB/T 16671—2018[S]. 北京：中国标准出版社，2018.

[34] 国家市场监督管理总局，国家标准化管理委员会. 产品几何技术规范（GPS） 几何公差 基准和基准体系：GB/T 17851—2022[S]. 北京：中国标准出版社，2022.

[35] 国家市场监督管理总局，国家标准化管理委员会. 产品几何技术规范（GPS） 几何公差 成组（要素）与组合几何规范：GB/T 13319—2020[S]. 北京：中国标准出版社，2020.

[36] 国家质量监督检验检疫总局，国家标准化管理委员会. 产品几何技术规范（GPS） 几何公差 检测与验证：GB/T 1958—2017[S]. 北京：中国标准出版社，2017.

[37] 国家质量监督检验检疫总局，国家标准化管理委员会. 产品几何技术规范（GPS）表面结构 轮廓法 表面粗糙度 术语 参数测量：GB/T 7220—2004[S]. 北京：中国标准出版社，2004.

[38] 国家质量监督检验检疫总局，国家标准化管理委员会. 产品几何技术规范（GPS） 表面结构 轮廓法 术语、定义及表面结构参数：GB/T 3505—2009[S]. 北京：中国标准出版社，2009.

[39] 国家质量监督检验检疫总局，国家标准化管理委员会. 产品几何技术规范（GPS） 技术产品文件中表面结构的表示法：GB/T 131—2006[S]. 北京：中国标准出版社，2006.

[40] 国家质量监督检验检疫总局，国家标准化管理委员会. 产品几何技术规范（GPS） 表面结构 轮廓法 表面粗糙度参数及其数值：GB/T 1031—2009[S]. 北京：中国标准出版社，2009.

[41] 国家质量监督检验检疫总局，国家标准化管理委员会. 产品几何技术规范（GPS） 表面结构 轮廓法 评定表面结构的规则和方法：GB/T 10610—2009[S]. 北京：中国标准出版社，2009.

[42] 国家质量监督检验检疫总局. 量块：JJG 146—2011[S]. 北京：中国计量出版社，2011.

[43] 国家质量监督检验检疫总局. 通用计量术语及定义：JJF 1001—2011[S]. 北京：中国计量出版社，2011.

[44] 国家质量监督检验检疫总局，国家标准化管理委员会. 产品几何技术规范（GPS）光滑工件尺寸的检验：GB/T 3177—2009[S]. 北京：中国标准出版社，2009.

[45] 国家质量监督检验检疫总局，国家标准化管理委员会. 光滑极限量规 技术条件：GB/T 1957—2006[S]. 北京：中国标准出版社，2006.

[46] 国家质量监督检验检疫总局，国家标准化管理委员会. 滚动轴承 通用技术规则：GB/T307.3—2017[S]. 北京：中国标准出版社，2017.

[47] 国家质量监督检验检疫总局. 滚动轴承 公差 定义：GB/T 4199—2003[S]. 北京：中国标准出版社，2003.

[48] 国家质量监督检验检疫总局，国家标准化管理委员会. 滚动轴承 向心轴承 产品几何技术规范（GPS）和公差值：GB/T 307.1—2017[S]. 北京：中国标准出版社，2017.

[49] 国家质量监督检验检疫总局，国家标准化管理委员会. 滚动轴承 配合：GB/T 275—2015[S]. 北京：中国标准出版社，2015.

[50] 国家质量监督检验检疫总局，国家标准化管理委员会. 滚动轴承 游隙 第 1 部分：向心轴承的径向游隙：GB/T 4604.1—2012[S]. 北京：中国标准出版社，2012.

[51] 国家市场监督管理总局，国家标准化管理委员会. 滚动轴承 外形尺寸总方案 第 3 部分：向心轴承：GB/T 273.3—2020[S]. 北京：中国标准出版社，2020.

[52] 国家市场监督管理总局，国家标准化管理委员会. 滚动轴承 部分立式轴承座 外形尺寸：GB/T 7813—2018[S]. 北京：中国标准出版社，2018.

[53] 国家标准化管理委员会. 平键 键槽的剖面尺寸：GB/T1095—2003[S]. 北京：中国标准出版社，2003.

[54] 国家标准化管理委员会. 普通型 平键：GB/T1096—2003[S]. 北京：中国标准出版社，2003.

[55] 国家标准化管理委员会. 矩形花键尺寸、公差和检验：GB/T1144—2001[S]. 北京：中国标准出版社，2002.

[56] 国家质量监督检验检疫总局. 导向型 平键：GB/T 1097—2003[S]. 北京：中国标准出版社，2003.

[57] 国家质量监督检验检疫总局，国家标准化管理委员会. 键 技术条件：GB/T 1568—2008[S]. 北京：中国标准出版社，2008.

[58] 国家质量监督检验检疫总局. 普通螺纹 基本牙型：GB/T 192—2003[S]. 北京：中国标准出版社，2004.

[59] 国家质量监督检验检疫总局. 普通螺纹 直径与螺距系列：GB/T 193—2003[S]. 北京：中国标准出版社，2004.

[60] 国家质量监督检验检疫总局. 普通螺纹 基本尺寸：GB/T 196—2003[S]. 北京：中国标准出版社，2004.

[61] 国家质量监督检验检疫总局，国家标准化管理委员会. 普通螺纹 公差：GB/T 197—2018[S]. 北京：中国标准出版社，2018.

[62] 国家质量监督检验检疫总局. 普通螺纹 基极限偏差：GB/T 2516—2003[S]. 北京：中国标准出版社，2004.

[63] 国家质量监督检验检疫总局. 普通螺纹 优选系列：GB/T 9144～9146—2003[S]. 北京：中国标准出版社，2004.

[64] 国家市场监督管理总局，国家标准化管理委员会. 圆柱齿轮 ISO 齿面公差分级制 第 1 部分：齿面偏差的定义和允许值：GB/T 10095.1—2022[S]. 北京：中国标准出版社，2022.

[65] 国家市场监督管理总局，国家标准化管理委员会. 圆柱齿轮 ISO 齿面公差分级制 第 2 部分：径向综合偏差的定义和允许值：GB/T 10095.2—2023[S]. 北京：中国标准出版社，2022.

[66] 国家质量监督检验检疫总局，国家标准化管理委员会. 圆柱齿轮 检验实施规范 第 1 部分：轮齿同侧齿面的检验：GB/Z 18620.1—2008[S]. 北京：中国标准出版社，2008.

[67] 国家质量监督检验检疫总局，国家标准化管理委员会. 圆柱齿轮 检验实施规范 第 2 部分：径向综合偏差、径向跳动、齿厚和侧隙的检验：GB/Z 18620.2—2008[S]. 北京：中国标准出版社，2008.

[68] 国家质量监督检验检疫总局，国家标准化管理委员会. 圆柱齿轮 检验实施规范 第 3 部分：齿轮 1、轴中心距和轴线平行度的检验：GB/Z 18620.3—2008[S]. 北京：中国标准出版社，2008.

[69] 国家质量监督检验检疫总局，国家标准化管理委员会. 圆柱齿轮 检验实施规范 第 4 部分：表面结构和轮齿接触斑点的检验：GB/Z 18620.4—2008[S]. 北京：中国标准出版社，2008.

[70] 国家质量监督检验检疫总局，国家标准化管理委员会. 渐开线圆柱齿轮精度 检验细则：GB/T 13924—2008[S]. 北京：中国标准出版社，2008.

[71] 国家质量监督检验检疫总局，国家标准化管理委员会. 产品几何技术规范（GPS） 圆锥公差：GB/T 11334—2005[S]. 北京：中国标准出版社，2005.

[72] 国家质量监督检验检疫总局，国家标准化管理委员会. 产品几何技术规范（GPS） 圆锥配合：GB/T 12360—2005[S]. 北京：中国标准出版社，2005.

[73] 国家技术监督局. 技术制图 圆锥的尺寸和公差注法：GB/T 15754—1995[S]. 北京：中国标准出版社，1995.

[74] 国家质量监督检验检疫总局，国家标准化管理委员会. 尺寸链 计算方法：GB/T 5847—2004[S]. 北京：中国标准出版社，2004.